冶金职业技能培训丛书

煤气安全作业应知应会 300 问

主编　张天启

北　京

冶 金 工 业 出 版 社

2016

内 容 提 要

本书前 6 章以问答形式介绍了煤气基础知识、煤气事故的预防与处理、煤气设施的检修与作业、煤气管理及防护器材、煤气管道的安装与验收、煤气柜和加压机等方面的内容，第 7 章介绍了典型煤气事故案例分析，附录为煤气安全作业考试习题和习题答案。

本书可作为企业职工的安全培训教材，也可供相关职业技术院校的师生及技术人员参考。

图书在版编目（CIP）数据

煤气安全作业应知应会 300 问/张天启主编 . —北京：
冶金工业出版社，2016.8
（冶金职业技能培训丛书）
ISBN 978-7-5024-7303-7

Ⅰ.①煤… Ⅱ.①张… Ⅲ.①煤气—安全生产—
问题解答 Ⅳ.①TQ548-44

中国版本图书馆 CIP 数据核字（2016）第 188514 号

出 版 人 谭学余
地 址 北京市东城区嵩祝院北巷 39 号 邮编 100009 电话 (010)64027926
网 址 www.cnmip.com.cn 电子信箱 yjcbs@cnmip.com.cn
责任编辑 戈 兰 陈慰萍 美术编辑 彭子赫 版式设计 彭子赫
责任校对 石 静 责任印制 李玉山
ISBN 978-7-5024-7303-7
冶金工业出版社出版发行；各地新华书店经销；三河市双峰印刷装订有限公司印刷
2016 年 8 月第 1 版，2016 年 8 月第 1 次印刷
850mm×1168mm 1/32；11.25 印张；303 千字；340 页
46.00 元
冶金工业出版社 投稿电话 (010)64027932 投稿信箱 tougao@cnmip.com.cn
冶金工业出版社营销中心 电话 (010)64044283 传真 (010)64027893
冶金书店 地址 北京市东四西大街 46 号(100010) 电话 (010)65289081(兼传真)
冶金工业出版社天猫旗舰店 yjgycbs.tmall.com
（本书如有印装质量问题，本社营销中心负责退换）

序

新的世纪刚刚开始，中国冶金工业就在高速发展。2002 年中国已是钢铁生产的"超级"大国，其钢产总量不仅连续 7 年居世界之冠，而且比居第二位和第三位的美、日两国钢产量总和还高。这是国民经济高速发展对钢材需求旺盛的结果，也是冶金工业从 20 世纪 90 年代加速结构调整，特别是工艺、产品、技术、装备调整的结果。

在这良好发展势态下，我们深深地感觉到我们的人员素质还不能完全适应这一持续走强形势的要求。当前不仅需要运筹帷幄的管理决策人员，需要不断开发创新的科技人员，也需要适应这新变化的大量技术工人和技师。没有适应新流程、新装备、新产品生产的熟练技师和技工，我们即使有国际先进水平的装备，也不能规模地生产出国际先进水平的产品。为此，提高技工知识水平和操作水平需要开展系列的技能培训。

冶金工业出版社根据这一客观需要，为了配合职业技能培训，组织国内有实践经验的专家、技术人员和院校老师编写了《冶金职业技能培训丛书》，以支持各钢铁企业、中国金属学会各相关组织普及和培训工作的需要。这套丛书按照不同工种分类编辑成册，各册根据不同工种的特点，从基础知识、操作技能技巧到事故防范，采用一问一答形式分章讲解，语言简练，易读易懂易记，适合于技术工人阅读。冶金工业出版社的这一努力是希望为更好地发展冶金工业而做出的贡献。感谢编著者和出版社的辛勤劳动。

借此机会，向工作在冶金工业战线上的技术工人同志们致意，感谢你们为冶金行业发展做出的无私奉献，希望不断学习，以适应时代变化的要求。

原冶金工业部副部长
中国金属学会理事长

2003 年 6 月 18 日

前　言

煤气是钢铁冶金企业的副产品，也是钢铁企业生产中不可缺少的一种能源，在钢铁企业能源平衡中占有重要的地位。但是由于煤气具有易中毒、易燃烧、易爆炸的特殊性，也为钢铁企业带来安全隐患，造成经济损失。煤气事故在钢铁企业的各类事故中位居前列，2004～2013 年，仅河北省冶金企业共发生各类工亡事故 181 起，死亡 305 人。其中：煤气事故 38 起，死亡 129 人。煤气事故数量占事故总数的 21%，煤气事故死亡人数占总死亡人数的 42%。

冰冷的数据背后，是人民生命财产的巨大损失，是监管部门、企业必须直面的千斤重担。

"煤气"之殇，殇在"群死群伤"，殇在"因小失大"。几乎每一起事故，都是因为一人涉险，他人施救，情急"奋不顾身"，实同"飞蛾扑火"，一而再，再而三，前仆后继，救人反误了多人性命。

"煤气"之殇，殇在"不思悔改"。每一个血的教训都是一次迟到的警示，然而即便是这样，仍然有人屡步后尘，明知不归路，偏往路上行，什么通风检测、什么个人防护、什么安全规程，平时成了应付，急时不起作用。

面对此殇，只有鉴往知来，引"故"证今，提高认识、全程管理、强化监管、扎实培训，提高安全防风险意识，杜绝"三违"现象，落实各项作业规程和管理制度，增强作业人员避险自救技能，举一反三，多措并举。

　　纵观各类煤气事故，穷其根源，主要是对煤气设施安装、验收过程国家相关标准执行不严格，同时在使用过程中没能完全按照《工业企业煤气安全规程》操作，违章操作、违章指挥的情况也时有发生。特别值得提出的是，有些接触煤气岗位的操作工对煤气应知应会知识相当缺乏，有些企业没有煤气安全操作规程，没有完整的煤气事故救援预案，甚至没有适合生产一线员工学习的煤气安全知识教材。当发生煤气事故时盲目施救，不采取任何可靠的防护措施，群死群伤的事故时有发生。

　　针对以上状况，我们编写了《煤气安全作业应知应会300问》一书，作为企业员工培训教材。资深煤气工程师陈军对全书进行了修改。

　　本书在编写过程中，参考了大量的文献资料，在此对文献作者表示衷心的感谢。由于编者水平有限，书中不妥之处，敬请广大读者批评指正。

2016 年 5 月

目 录

第1章 煤气基础知识

第2章　煤气事故的预防与处理

第3章 煤气设施的检修与作业

第4章　煤气管理及防护器材

第6章　煤气柜　加压机

第7章　典型煤气事故案例分析

第 1 章　煤气基础知识

1. 《工业企业煤气安全规程》哪年颁布，适用范围有哪些?

答:《工业企业煤气安全规程》于 1986 年 12 月 1 日首次颁布施行。现行《工业企业煤气安全规程》于 2005 年修订。

《工业企业煤气安全规程》(GB 6222—2005)适用于工业企业厂区内的发生炉、水煤气炉、半水煤气炉、高炉、焦炉、直立连续式炭化炉、转炉等煤气及压力小于或等于 $12 \times 10^5 Pa$ ($1.22 \times 10^5 mmH_2O$) 的天然气(不包括开采和厂外输配)的生产、回收、输配、贮存和使用设施的设计、制造、施工、运行、管理和维修等。

本规程不适用于城市煤气市区干管、支管和庭院管网及调压设施、液化石油气等。

2. 煤气工业简要发展史是怎样的?

答: 煤制气是 18 世纪末 19 世纪初才开始被制造和利用的。1812 年,被称为"煤气工业之父"的苏格兰人威廉·默多克,在伦敦建成了世界上第一座煤气制造工厂,但其生产的煤气最初只是用于室内和街道的照明,后来也用作取暖。直到 1855 年德国化学家罗伯特·威廉·本生发明了引射式燃烧器,才使煤气在居民生活和工业炉中得到广泛的应用。

我国于 1885 年 11 月 1 日在上海建成了国内第一座煤制气工厂,以后在东北的几个城市建立了煤气企业。新中国建立后,煤气工业发展迅速。由于最早制取燃气的原料是煤,故称之为"煤气",一直延续至今。所以,现在我们将常用的燃气都统称为"煤气",主要包括人工煤气、重油裂解气、液化石油气、天然气等，其中以煤为原料生产人工煤气为主。

3. 煤气在钢铁企业能源平衡中起到哪些重要作用？

答： 由于我国煤炭资源比较丰富，油、气资源相对来说比较少，因此，我国对能源的基本方针是以煤为主，以油、气为辅。从钢铁工业实际的能源结构来看，在目前和今后较长时间内，我国煤在能源结构中仍占 70% 以上。

毫无疑问，在以煤为主的能源结构中，副产煤气量就会占总能耗的相当大的比例。钢铁企业在生产过程中副产的高炉煤气、焦炉煤气、转炉煤气都是一种优质的气体燃料，是宝贵的能源财富，而且副产煤气量占企业总能耗的比例很大。据统计，副产煤气量平均约占总能耗的 30% 以上。如何充分回收与利用副产煤气，在钢铁企业能源平衡中占有重要的地位。

在钢铁企业中，副产煤气的用途、种类及其热值情况见表 1-1。

表 1-1 煤气需用情况统计表

炉窑名称	煤气种类	需要热值/kJ·m⁻³	备　注
烧结机	混合煤气	6000 ~ 7500	可用转炉或发生炉煤气
球　团	混合煤气	10500 ~ 12500	
高炉热风炉	高炉煤气	3350 ~ 3800	可用焦炉煤气富化
焦炉（单热式）	焦炉煤气	16800 ~ 18000	可混 10% 高炉煤气
焦炉（复热式）	富化高炉煤气	4200 ~ 4400	
平　炉	混合煤气	10500	
均热炉（蓄热式）	高炉煤气	3350	
均热炉（换热式）	混合煤气	7500 ~ 7950	
均热炉（单烧式）	混合煤气	6000 ~ 7500	
加热炉	混合煤气	6000 ~ 7500	可用发生炉煤气
石灰窑	混合煤气	3800 ~ 4200	
工业（电站）锅炉	多余各种煤气	>3200	
民用其他	焦炉煤气	16300 ~ 16800	可利用低热值煤气

4. 煤气的种类有哪些?

答：随着煤气工业技术的革新，煤气应用范围也得到了飞快的发展。根据其应用目的不同，煤气可分为化工原料煤气、电力生产煤气和燃气煤气。根据热值不同，煤气可分为低热值煤气和中热值煤气。

标准状态下热值低于 $13MJ/m^3$ 的为低热值煤气，可燃成分主要为 H_2 和 CO，同时含有相当数量的不可燃惰性组分，其含量甚至达到半数。高炉煤气、转炉煤气等气化煤气多为低热值煤气。

中热值煤气热值在 $20MJ/m^3$ 左右，可燃成分除含有 H_2 和 CO 外，还含有甲烷和其他烃类，或可燃成分为甲烷，但伴有大量非可燃成分。焦炉煤气属中热值煤气。

工厂常用的煤气种类主要有：高炉煤气、焦炉煤气、转炉煤气、发生炉煤气、铁合金煤气、天然气、石油液化气。

钢铁企业副产煤气有高炉煤气、焦炉煤气、转炉煤气、铁合金煤气四种。

注：$1kcal(千卡)/m^3 = 4.1868kJ/m^3$。

5. 什么是高炉煤气?

答：高炉煤气是高炉炼铁过程中产生的一种副产品。

焦炭和喷吹物在风口前燃烧，在高温下状态下，过剩的碳素进行下列反应：

$$C + O_2 = CO_2$$
$$CO_2 + C = 2CO$$

生成了由 CO、N_2 和少量 H_2 组成的煤气，称为炉缸煤气。而炉缸煤气在向炉顶上升的过程中，一部分 CO 被氧化物氧化而变成 CO_2。所以，最终出炉的煤气有 CO、CO_2、N_2 和少量的 H_2 组成，称为高炉煤气。

高炉煤气成分一般为23% ~ 30% CO，1% H_2，0.2% ~ 0.5% CH_4，16% ~ 18% CO_2，51% ~ 56% N_2。其发热值为3350 ~ 4000kJ/m^3，理论燃烧温度为1400 ~ 1500℃。这种煤气的质量较差，但产量很大，每生产1t生铁可得到大约1800m^3高炉煤气，即高炉燃料的热量约有60%转移到高炉煤气中。因此，充分有效地利用这一煤气资源对节约能源有重要意义。在冶金企业中，单独采用高炉煤气作为燃料的煤气用户主要有高炉热风炉、烧结球团、化工的炼焦炉、发电厂的锅炉等。在使用高炉煤气时，为了提高其燃烧温度，一般与高热值煤气混合使用，有时也把空气和煤气都预热到较高的温度以达到需要的燃烧温度。

高炉煤气与空气混合到一定比例（爆炸极限30.8% ~ 89.5%），遇明火或750℃左右的高温就会爆炸，属乙类爆炸危险级。

高炉煤气含有大量的CO，毒性很强，吸入会中毒死亡，车间CO的允许含量为30mg/m^3。另外，高炉煤气还有易燃、易爆特性。因此在使用时，应充分注意。

6. 高炉煤气如何回收与净化？

答： 高炉冶炼是一系列错综复杂的物理、化学反应过程。高炉煤气作为炼铁过程中的一种副产品，从高炉炉顶被回收，但煤气中含有大量灰尘，称荒煤气，一般每1m^3荒煤气带出10 ~ 40g炉尘。煤气中的灰尘易堵塞管道、磨损管道，不利于输送，所以从炉顶出来的煤气必须经过净化处理后，达到用户使用的要求，方可输送使用。

通常冶炼1t生铁，高炉的炉尘量为40 ~ 100kg。

高炉煤气净化系统流程为：高炉→上升管→下降管→重力除尘器→布袋除尘（见图1-1）。

重力除尘器是一种干式除尘器，它靠惯力使颗粒与气体分离，炉尘直落器底进入灰斗，是粗大炉尘除尘设备。

布袋除尘是经过布袋过滤，将尘气分开，除去高炉煤气中的细小粉尘，然后产生干净的煤气送往热风炉和其他用气单位。

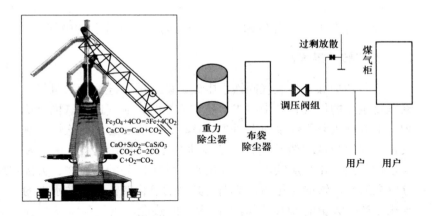

图 1-1　高炉煤气净化系统

重力除尘器应符合下列规定：

（1）除尘器应设置蒸汽或氮气的管接头。

（2）除尘器顶端至切断阀之间，应有蒸汽、氮气管接头。

（3）除尘器顶及各煤气管道最高点应设放散阀。

电除尘器应符合下列规定：

（1）电除尘器入口、出口管道应设可靠的隔断装置。

（2）电除尘器应设有当煤气压力低于 500Pa 或含氧量达到 1% 时，能自动切断高压电源并发出声光信号装置。

（3）电除尘器应设有放散管、蒸汽管、泄爆装置。

（4）电除尘器沉淀管（板）间，应设有带阀门的连通管，以便放散其死角煤气或空气。

布袋除尘器应符合下列规定：

（1）布袋除尘器每个出入口应设有可靠的隔断装置。

（2）布袋除尘器每个箱体应设有放散管。

（3）布袋除尘器应设有煤气高、低温报警和低压报警装置。

（4）布袋除尘器箱体应采用泄爆装置。

（5）布袋除尘器反吹清灰时，不应采用在正常操作时用粗煤气向大气反吹的方法。

（6）布袋箱体向外界卸灰时，应有防止煤气外泄的措施。

7. 什么叫转炉煤气？

答： 转炉煤气是氧气同铁水中碳、硫、磷、硅、锰和钒等元素氧化生成的炉气和炉尘组成。转炉冶炼时，氧气通过氧枪，从炉口上方伸入到距铁水面上适当位置，以一定压力进行吹炼。氧气在熔池内与铁水激烈搅拌，使铁水中的各种元素（杂质）及少量铁受到氧化，从铁水中分离出来。除碳以外的氧化物，大部分留在渣中。铁的氧化物，特别是其中的氧化亚铁，与铁水中的碳化合产生大量的CO，同时放出大量的热能。氧气顶吹转炉在吹炼过程中排出大量的红棕色浓烟气，即是转炉煤气。转炉煤气中，含有50%～70%CO，其热值为7500～9300kJ/m³。因各冶金企业要求不同，转炉煤气的吨钢回收量和其中的CO含量也有很大区别。一些企业规定只要转炉煤气中氧含量合格（即氧含量小于2%）就可回收。这样的回收工艺中，转炉煤气中的CO含量通常为50%左右，而回收量则正常在100m³左右，但是随着回收量的增加，相应的发热值也就没有那么高了。如唐钢的转炉煤气回收量在100～120m³/t，CO含量在40%～45%，热值在5000～6000kJ/m³之间。

在未经过除尘净化之前，转炉炉气中含尘量达150～200g/m³，即使经过除尘后，尚含有一定的炉尘，为简便我们统称为转炉煤气。

转炉煤气是无色、无味、有剧毒的可燃气体，净化后转炉煤气极易造成人身中毒。转炉煤气与空气混合到一定比例（爆炸极限18.22%～83.22%），遇明火或700℃左右的高温就会爆炸。

每炼1t钢可以回收转炉炉尘15～20kg。

8. 转炉煤气如何回收与净化？

答： 转炉煤气主要来自铁水中碳的氧化，其产气量多少主要取决于铁水含碳量，没净化的转炉煤气含尘量较高，使用前必须经过净化。

转炉煤气的回收方法主要有燃烧法和未燃法两种。

燃烧法是烟气中含有大量的可燃成分 CO，排出炉口时与空气混合，在烟道内大部分燃烧形成高温废气，经冷却、净化后通过风机抽出并放散到大气中。

未燃法是烟气排出炉口时不与空气接触，经过冷却、净化后，通过风机抽入回收系统中贮存起来，加以利用。

两者比较，未燃法烟气量小（是燃烧法烟气量的 1/8 ~ 1/3），温度低。由于烟气未燃，烟尘的颗粒较大，易于后续净化。出炉烟气温度可高达 1400 ~ 1600℃，烟气中含有 50% ~ 70% 的 CO，并有含铁量为 60% 左右的粉尘（占铁水装入量的 1% ~ 2%），用未燃法加以回收，每冶炼 1t 钢可得 50 ~ 70m³ 的转炉煤气，15 ~ 20kg 粉尘，并回收约 60 ~ 70kg 蒸汽。

转炉煤气净化系统工艺流程为：

炉前冶炼→气化烟道冷却→一级文氏管→溢流文氏管（一文）→重力脱水器→可调文氏管（二文）→喷淋箱→湿旋脱水器→风机→煤气柜→煤气加压站→用户。

溢流文氏管以一定压力（30Pa）喷水，降温除粗尘。

可调文氏管主要是除细尘也降温。

重力脱水器兼有除尘脱水作用。

喷淋箱是借助于喷出的水雾捕集粉尘的湿式除尘器。喷水另一作用是降低烟气中温度，在降温同时，使部分水蒸气冷凝析出。

湿旋脱水器除尘和脱水的效率都比较高，能分离的最小粒径可达 5 ~ 10mm，是整个除尘系统中进入风机前的最后一环。

转炉煤气电除尘器应符合下列规定：

（1）电除尘器入口、出口管道应设可靠的隔断装置。

（2）电除尘器应设有当转炉煤气含氧量达到 1% 时，能自动切断电源并发出声光信号装置。

（3）电除尘器应设有放散管及泄爆装置。

9. 什么是焦炉煤气？

答：焦炉煤气是炼焦生产过程中的一种副产品。

炼焦生产分洗煤、配煤、炼焦和产品处理四个过程，炼焦是在焦炉的炭化室内进行的。煤在与空气隔绝的条件下由两侧燃烧室供给热量进行干馏，随温度升高，煤经历了干燥、预热、热分解、软化、半焦和成焦，而后经冷却即为成品焦。炼焦过程生成的煤气由炉顶上升管引导到回收系统。炼焦过程中所产生的煤气叫做荒煤气，荒煤气中含有大量各种化学产品，如氨、焦油、萘、粗苯等。经过净化，分离出净煤气，即焦炉煤气。

焦炉煤气可燃物多，属于中热值煤气。发热量较高，一般为 $16300 \sim 18500 \mathrm{kJ/m^3}$ 左右。其成分大致为：$55\% \sim 60\%$ H_2，$23\% \sim 28\%$ CH_4，$2\% \sim 4\%$ C_mH_n，$5\% \sim 8\%$ CO，$1.5\% \sim 3\%$ CO_2，$3\% \sim 5\%$ N_2，$0.4\% \sim 0.8\%$ O_2。

焦炉煤气是无色、微有臭味的有毒的气体，含有 7% 左右的 CO，焦炉煤气中的 CO 含量较高炉煤气少，但仍会造成人身中毒。

焦炉煤气含有较多的碳氢化合物，具有易燃性。焦炉煤气与空气混合到一定比例（爆炸极限为 $4.5\% \sim 35.8\%$），遇明火或 $650 \mathrm{℃}$ 左右的高温就会发生强烈的爆炸，属甲类爆炸危险级。

$1\mathrm{t}$ 干煤在炼焦过程中可以得到 $730 \sim 780 \mathrm{kg}$ 焦炭和 $300 \sim 350 \mathrm{m^3}$ 焦炉煤气。

着火温度为 $550 \sim 650 \mathrm{℃}$，理论燃烧温度为 $2150 \mathrm{℃}$ 左右。在冶金工厂与高炉煤气配成发热值为 $5000 \sim 10000 \mathrm{kJ/m^3}$ 的混合煤气供给各种冶金炉使用。焦炉煤气也适于民用燃烧或作为化工原料。

10. 焦炉煤气如何回收与净化？

答：焦炉煤气是在炼焦过程中产生的一种气体，焦炉煤气可燃物质较多，其发热值在 16300 ~ 18500kJ/m³，没有净化的焦炉煤气称荒煤气，有强烈的刺激性，呈淡黄色，净化后的焦炉煤气称为净煤气。

焦炉煤气净化系统流程为：

焦炉→荒煤气→初冷器→鼓风机→电捕焦油器→脱萘→脱硫→洗氨→终冷→洗苯→净煤气→气柜→加压→用户。

煤气回收系统的设备结构应符合下列规定：

（1）装煤车的装煤漏斗口上应有防止煤气、烟尘泄漏的设施。

（2）上升管内应设氨水、蒸汽等喷射设施。

（3）一根集气管应设两个放散管，分别设在吸气弯管的两侧；并应高出集气管走台 5m 以上，放散管的开闭应能在集气管走台上操作。

（4）集气管一端应装有事故用工业水管。

（5）集气管上部应设清扫孔，其间距以及平台的结构要求，均应便于清扫全部管道，并应保持清扫孔严密不漏。

（6）采用双集气管的焦炉，其横贯管高度应能使装煤车安全通过和操作，在对着上升管口的横贯管管段下部设防火罩。

（7）焦炉地下室、机焦两侧烟道走廊、煤塔底层的仪表室、煤塔炉间台底层、集气室、仪表间，都属于甲类火灾危险厂房。

（8）煤气冷却及净化系统中的各种塔器应设有吹扫用的蒸汽管。

（9）回收系统中应设自动的连续式氧含量分析仪，当煤气含氧量达到 1% 时报警，达到 2% 时切断电源。

11. 什么是发生炉煤气？

答：发生炉煤气不是钢铁企业生产过程中的副产煤气，它是煤在专用的气化炉中燃烧产生的煤气。

在高温下由于氧的作用把固体燃料中的可燃部分转变成气体燃料的操作过程叫做气化。用以气化固体燃料的设备叫做煤气发生炉。

粗煤气中的产物是 CO、H_2 和 CH_4，伴生气是 CO_2、H_2O 和 N_2 等，此外还有硫化物、烃类产物和其他微量成分。根据气化方法不同，发生炉煤气又可分为多种。各种煤气组成取决于煤的种类、气化工艺、气化剂的组成、影响气化反应的动力学和热力学等多种因素。

在煤气发生炉中使固体燃料转化为气体燃料的介质称为气化剂。目前工业上所使用的气化剂有空气、空气水蒸气、水蒸气和富氧水蒸气。

按气化过程所采用的气化剂不同发生炉煤气可分为下列几种（见表 1-2）。

表 1-2　发生炉煤气分类

煤气名称	气化剂	煤气发热量/kJ·m^{-3}	用　途
空气煤气	空　气	3800 ~ 4600	化学原料燃料
水煤气	蒸　汽	10000 ~ 11300	化学原料
富氧煤气	氧 + 蒸汽	10000 ~ 10900	燃　料
混合煤气	空气 + 蒸汽	5000 ~ 6000	燃　料

（1）空气煤气：以空气为气化剂，主要成分是 CO 和 N_2，理论计算含 CO 为 34.7%、N_2 为 65.3%，热值为 3800 ~ 4600kJ/m^3。空气煤气由于其发热量低，炉温过高，易于使灰渣熔结的缺点，限制了它的使用，主要用于化工和某些特殊用煤气的小型加热器。

（2）水煤气：以水蒸气为气化剂，采用空气和水蒸气分阶段吹入发生炉而得到，主要成分是 CO 和 H_2，热值为 10000 ~ 11300kJ/m^3，水煤气有较高的发热量，可以用管道作远距离输送。但因热效率低，成本高，设备复杂没有被广泛利用，对特殊要求的汽油合成，氮肥制造等化学工业上才应用。

（3）富氧煤气：以氧气和蒸汽作为气化剂，具有煤气热值高、生产量大、可以气化劣质煤等特点，但由于氧气价较贵，未被普遍采用。

（4）混合发生炉煤气：以空气和水蒸气混合气体作为气化剂生产的煤气，也简称发生炉煤气，该煤气可燃成分主要是 CO 及 H_2，因含有大量的 N_2，故热值一般为 5000 ~ 6600kJ/m³。混合发生炉煤气克服了空气煤气和水煤气的气化效率低和耗热高、散热大的缺点，提高了热效率，是近代冶金、建筑及化工用燃料的最普遍的生产方法。

净化后的发生炉煤气是无色、有焦炉煤气味道的可燃气体。理论燃烧温度通常在 1500℃ 左右，发生炉煤气的热值虽较低，但与其他燃气相比，不受产地的限制，同时负荷调节幅度较大，因而得到了广泛的应用。由于发生炉煤气含有较高的 CO，在使用时应特别注意防止煤气中毒事故。

12. 发生炉煤气如何回收与净化？

答：煤气从发生炉出来时，一般都含有灰尘、焦油及水分。为了不堵塞管道，减少水分和输送方便，必须对粗煤气进行净化。

（1）发生炉煤气净化系统流程为：旋风除尘→双竖管→洗涤塔→电除尘→加压机→用户。

1）旋风除尘：热煤气的除尘一般都采用旋风除尘器，其作用原理是：具有一定速度带有灰尘的煤气以与除尘器相切的方向从进口管进入旋风除尘器，在除尘器的圆筒内以螺旋线的形式向下回转运动，悬浮的灰尘颗粒在离心力的作用下被抛向圆筒的内表面，而由于与圆筒的摩擦而失去其动力，在本身重量的作用下落向下边，除去灰尘的煤气流向除尘器的轴心，形成上升的螺旋气流以 4 ~ 8m/s 的流速流出，下面的灰尘可以通过干式或湿式定期排出。

2）竖管式洗涤器：竖管式洗涤器有单竖管和双竖管两种，一般煤气站多采用双竖管，竖管是所有的冷煤气采用的粗洗涤设备，它的主要作用是：

① 洗去煤气中所含有的大部分灰尘，小部分焦油。

② 把煤气从 500℃ 左右冷却到 80~90℃。

③ 在煤气炉停炉期间，将煤气炉与半净总管切断。

竖管上所选用的喷头多为蜗壳型喷头，水量大，不易堵，喷淋效果好，在竖管中耗水量，对烟煤为 $4L/m^3$。

3）洗涤塔：洗涤塔的作用是将煤气中的灰尘和焦油进一步的去除，同时降低煤气温度以减少煤气中的水分。

4）电除尘器：煤气在电除尘器内主要是除去煤气中所含的焦油和灰尘，效率达 95% 左右。

（2）发生炉煤气的生产与净化设备结构要求：

1）发生炉顶设有探火孔的，探火孔应有汽封，以保证从探火孔看火及插扦时不漏煤气。

2）带有水夹套的煤气炉设计、制造、安装和检验应遵守现行有关锅炉压力容器的安全管理规定。

3）水套集汽包应设有安全阀、自动水位控制器，进水管应设止回阀，严禁在水夹套与集汽包连接管上加装阀门。

4）煤气发生炉的进口空气管道上，应设有阀门、止回阀和蒸汽吹扫装置。空气总管末端应设有泄爆装置和放散管，放散管应接至室外。

5）煤气发生炉的空气鼓风机应有两路电源供电。两路电源供电有困难的，应采取防止停电的安全措施。

6）从热煤气发生炉引出的煤气管道应有隔断装置，如采用盘形阀，其操作绞盘应设在煤气发生炉附近便于操作的位置，阀门前应设有放散管。

7）竖管、除尘器顶部或煤气发生炉出口管道，应设能自动放散煤气的装置。

8）电捕焦油器入口和洗涤塔后应设隔断装置；电捕焦油器应设泄爆装置，以及当煤气含氧量达 1%，煤气压力低于 500Pa 时快速切断装置。

9）每台煤气发生炉的煤气输入网路（或加压）前应进行含

氧量分析，含氧量大于 1% 时，禁止并入网路。

13. 什么是铁合金煤气？

答：铁合金煤气是在封闭式电炉中冶炼铁合金时，由于大多是还原反应，电炉产品除金属、非金属元素外，还生成了大量的 CO 气体，即铁合金煤气。

净化后的铁合金炉煤气是有剧毒的可燃气体，发热值一般在 $10500kJ/m^3$，理论燃烧温度比转炉煤气稍高。含有 70% 左右的 CO，泄漏出来极易造成人身中毒。铁合金炉煤气与空气混合到一定比例（爆炸极限为 10.8% ~75.1%），遇明火就会发生爆炸。

很多冶金企业没有回收利用这种煤气。

14. 工业生产对煤气质量有哪些要求？

答：（1）高炉煤气：

1）含尘量：高炉净煤气含尘量应小于 $10mg/m^3$。

2）含湿量：高炉煤气的含湿量为煤气中饱和水含量和机械水含量的总和。为满足热风炉对煤气质量的要求，净高炉煤气的温度一般应不大于 35℃，在特殊情况下应不大于 40℃。煤气中的机械水分应尽量脱除。

（2）焦炉煤气：由焦炉出来的煤气因含有焦油蒸气，一般叫做荒焦炉煤气。荒焦炉煤气中含有水、焦油及其他可作化工原料的气态化合物；必须将荒焦炉煤气进行加工处理，使其中的焦油蒸气和水蒸气冷凝下来，并将有关的化工原料回收，净化然后才送入煤气管网作燃料使用。

（3）转炉煤气：

1）含尘量应不大于 $10mg/m^3$。

2）含氧量要求不大于 2%，有的企业要求不大于 1%。

15. 常见的几种煤气的性质和成分有哪些？

答：煤气的性质主要取决于煤气的成分，不同成分的煤气性质不同，但易燃、易爆、易中毒是煤气的三大特性。

中毒、着火、爆炸通称为煤气三害。

（1）高炉煤气的特性：无色、无味、有剧毒、易燃易爆。

（2）焦炉煤气特性：无色、有臭味、有毒、易燃易爆。

（3）转炉煤气特性：无色、无味、有剧毒、易燃易爆。

（4）发生炉煤气特性：无色、有臭味、有剧毒、易燃易爆。

（5）天然气特性：无色、无味（出厂时加入臭味剂）、有窒息性、有麻醉性、易燃易爆。

表1-3所示为几种燃气的主要成分，表1-4所示为几种燃气的主要性质。

表1-3　几种燃气的主要成分　　　　（％）

名　称	CO	CO_2	H_2	N_2	CH_4	碳氢化合物
高　炉	23 ~ 30	16 ~ 18	1.0	51 ~ 56	0.2 ~ 0.5	0
焦　炉	5 ~ 8	1.5 ~ 3.0	55 ~ 60	3 ~ 5	23 ~ 28	2
转　炉	50 ~ 70	15 ~ 20	1.0	10 ~ 20	0	0
发生炉	26 ~ 31	5.0 ~ 8	0.1 ~ 2	48 ~ 60	0.3 ~ 1.3	≤0.5
天然气					95 以上	

表1-4　几种燃气的主要性质

名　称	发热量 /kJ·m^{-3}	重度 /kg·m^{-3}	燃点/℃	空气中爆炸 极限/%	理论空气量 /m³·m^{-3}
高　炉	3350 ~ 4000	1.29	750	30.84 ~ 89.49	0.83 ~ 0.85
焦　炉	16300 ~ 18500	0.45	650	4.5 ~ 35.8	3.6 ~ 4.0
转　炉	7500 ~ 9300	1.36	650	18.22 ~ 83.22	
发生炉	6000 ~ 7100	1.10	700	14.6 ~ 76.8	
天然气	36000 ~ 39000	0.80	550	4.96 ~ 15.7	9.0 ~ 9.5

16. 煤气中单组可燃气体的性质有哪些？

答：任何一种煤气都是由一些单一气体混合而成的，其中可燃气体成分有一氧化碳（CO）、氢气（H_2）、甲烷（CH_4）、不可燃气体有二氧化碳（CO_2）、氮气（N_2）。

（1）甲烷：无色微有葱味气体、发热值 35700kJ/m³，着火点 538℃，难溶于水，与空气混合可引起激烈爆炸，爆炸浓度范围为 4.9% ~15%，燃烧时火焰呈亮光，这种气体属于单纯性窒息气体。当空气中甲烷浓度达 25% ~30% 时才有毒性。

（2）氢气：无色无味气体，其发热值为 10760kJ/m³，难溶于水，与空气混合到一定比例也会引起爆炸。爆炸范围为 4% ~75%，着火点为 590℃。

（3）一氧化碳：无色无味气体，其发热值为 12640kJ/m³，其爆炸范围为 12% ~74.5%，着火点 610℃，燃烧时火焰呈蓝色，毒性极大，这种气体属于化学性窒息气体，国家标准最高允许浓度为 30mg/m³。

（4）硫化氢：无色、具有臭蛋味，易溶于水，发热值 23700kJ/m³，与空气混合到一定比例会引起爆炸，爆炸范围为 4.3% ~46%，着火点 364℃，燃烧时火焰呈蓝色，毒性较大，高浓度时麻痹人的嗅觉神经。

（5）二氧化碳：略有气味的无色气体，能溶于水，高浓度时会刺激人的呼吸中心，引起呼吸加快，这种气体属于单纯性窒息气体。

（6）氮气：无色无味气体，不燃烧气体。空气中 N_2 含量超过 78.12% 时，随着 N_2 含量的逐渐增加，会缺氧窒息。

煤气中单组分可燃物质的燃烧性质见表 1-5。

表 1-5　煤气中单组分可燃物质的燃烧性质

名　称	密度 /kg·m⁻³	着火点 /℃	燃烧热（$Q_{低}$） /kJ·m⁻³	爆炸范围 （体积分数）/%	毒　性
氢　气	0.0899	590	10760	4.0 ~75	—
甲　烷	0.7174	538	35700	4.9 ~15	25% ~30% 以上有毒
一氧化碳	1.2506	610	12640	12 ~74.5	卫生标准 0.02g/m³；达 0.25g/m³ 可中毒死亡
硫化氢	1.5363	364	23700	4.3 ~46	0.01% 可中毒；0.1% 可致死

17. 为什么煤气有腐蚀性和毒性？

答：副产煤气中具有腐蚀性的成分主要有硫化氢（H_2S）、二氧化碳（CO_2）及氧气（O_2）。这些气体只有在有水时才具有腐蚀性。H_2S、CO_2 在水中呈酸性，O_2 在水中则具有氧化性腐蚀。因此，为减少煤气对管道的腐蚀，应去掉煤气中的水分。

具有毒性的煤气成分（有的副产煤气中无其中一些成分）有：硫化氢（H_2S）、氨（NH_3）、苯（C_6H_6）等。

18. 煤气作为工业燃料有哪些特点？

答：煤气是一种混合气体。可燃气体通常为碳氢化合物、氢气和一氧化碳，不可燃气体为氮气、二氧化碳和氧气。此外，还含有少量的混杂气体及其他杂质，如水蒸气、氨、硫化氢、萘、焦油和灰尘。作为工业燃料，与煤、燃料和油比较，煤气具有以下特点：

（1）使用煤气不必建设燃料储存场所和设备，输送结构简单，燃烧设备简单易操作，可节省占地、投资和操作费用。

（2）煤气燃烧后产生的 CO_2 较少，产生的 SO_x、NO_x 和颗粒物极少，无灰渣生成，对环保有利。

（3）燃烧的工业炉便于温度控制，炉膛温度均匀，升温平稳，火焰清洁，有利于生产优质产品，有利于提高装置生产率。

（4）煤气能与其他燃料灵活掺配燃烧，达到增产、节能、降耗的目的。如煤气与煤粉共燃，可使燃煤装置排放符合环保规定的要求。20 世纪 80 年代以来，美、英、德等国家已有相当部分的高炉炼铁采用喷吹燃气工艺。

（5）锅炉是工业中的最大能耗设备，中国燃煤锅炉效率约为 50% ~60%，而燃烧煤气的锅炉效率可达 80% ~90%。

（6）燃气工业炉运行时，由于煤气与空气混合物易形成爆炸极限气体，运行前的泄漏，运行中的熄火、回火，可燃混合物在未着火的状态下进入炉内或火焰倒入混合管中等都容易引起爆炸，因此燃气工业锅炉的操作和管理比其他燃料更严格。

19. 如何合理充分利用煤气资源？

答：煤气在钢铁联合企业的能源平衡中占有重要地位，如何合理和充分利用煤气的能量，就显得更加突出。要合理、充分、有效地使用煤气，应该努力采取各种措施，包括采用最先进的技术，最大限度的合理利用和平衡煤气资源，具体措施如下：

（1）完善计量仪表，包括流量、压力、热值等计量仪表。

（2）开辟新用户，最大限度地减少各种煤气的放散。国家要求钢铁企业的副产煤气要逐步做到不放散，具体煤气放散率应达到以下表 1-6 的要求。

表 1-6　煤气放散率参考数据　（%）

等　级	一　等	二　等	三　等	等　外
高炉煤气	≤1.5	≤3.0	≤6.0	>6.0
焦炉煤气	≤0.5	≤1.5	≤2.5	>2.5

（3）按不同窑炉的设计要求，供给设计要求热值的煤气，不要只图方便，乱用高热值煤气，造成能源浪费，要节约高热值煤气，如焦炉煤气，以供民用。

（4）由于高炉冶炼工艺的发展，现代高炉多用高压冶炼，要及时做好炉顶煤气余压的回收用来发电。利用高炉余压发电装置回收的电能，相当于高炉鼓风所耗电能的 1/4～1/3 左右，回收的能量是相当可观的。

（5）高炉煤气采用干法除尘，一方面可节省冷却煤气用水，另一方面可维持煤气有相当高的温度，可以设法回收这一部分显热。

（6）改进对加压混合站的管理，像宝钢、包钢用户外式，同时采用计算机集中控制，这样可以节省建设费用和减少操作人员。

（7）转炉煤气和铁合金炉煤气应合理回收，既回收了煤气，同时又充分利用了煤气的显热，用余热锅炉来产生蒸汽。

除以上措施外，还要对各使用煤气用户燃烧器进行改造，提高各种热工设施的效率，如预热空气、预热煤气或采用富氧燃烧等，提高炉窑热效率，也就是有效地利用了煤气的化学能，节约了煤气。

20. 什么叫闪燃和闪点？

答：易燃或可燃液体液面上的蒸发气体会与空气形成混合物，当火源接近时会发生瞬间（持续时间少于 5s）火苗或闪光，这种现象称为闪燃。

引起闪燃时的最低温度称为闪点。在闪点时，液体的蒸发速度并不快，蒸发出来的蒸气仅能维持一刹那的燃烧，还来不及补充新的蒸气，所以一闪即灭。从消防角度来说，闪燃是将要起火的先兆。

根据闪点可评定可燃液体的火灾危险性大小。闪点越低的液体，其火灾危险性就越大。通常把闪点低于 45℃ 的液体，称易燃液体；把闪点高于 45℃ 的液体，称可燃液体。

按火灾爆炸危险性分类标准：

闪点 <28℃ 易燃液体为甲类危险物质；

28℃ ≤闪点 <60℃ 的易燃可燃液体为乙类危险物质；

闪点≥60℃ 的可燃液体为丙类危险物质。

有些可燃液体在常温下，甚至在冬季的低温环境，只要遇到明火就能发生闪燃。例如：苯的闪点为 −11℃，酒精的闪点为 +11℃，苯的火灾危险性就比酒精大。某些可燃液体的闪点见表 1-7。

表 1-7　某些可燃液体的闪点

液体名称	闪点/℃	液体名称	闪点/℃	液体名称	闪点/℃
苯	−11.1	萘	80	沥　青	232
甲　苯	4.4	焦　油	96 ~ 105	汽　油	42.8
二甲苯	28.3 ~ 46.1	洗　油	100		

21. 什么叫自燃？

答：自燃是可燃物质自行燃烧的现象。可燃物质在没有外界火源的直接作用下，常温下自行发热，或由于物质内部的物理、化学或生物反应过程所提供的热量聚积起来，使其达到自燃温度，从而发生自行燃烧。可燃物质发生自燃的最低温度称为自燃点。

22. 为什么说硫化物是煤气安全生产的"隐形杀手"？

答：焦炉煤气中的氧含量在 0.4% ~ 0.6% 时，在金属表面上会形成相应的氧化物，而金属氧化物会与煤气中的硫化氢反应，煤气中的硫化氢还会与铁反应：

$$Fe_2O_3 + 3H_2S \longrightarrow Fe_2S_3 + 3H_2O$$

$$Fe + H_2S \longrightarrow FeS + H_2$$

从上面反应可看到，运行的煤气管道内存在大量的铁的硫化物 Fe_2S_3 和 FeS，在进行煤气作业时，硫化物会与空气中的氧气接触，又发生下面的化学反应：

$$2Fe_2S_3 + 3O_2 \longrightarrow 2Fe_2O_3 + 6S$$

$$4FeS + 3O_2 \longrightarrow 2Fe_2O_3 + 4S$$

上述反应为放热反应，一般的情况下，如果硫化物比较致密，氧气不能进入其内部，不会形成热量积聚，仅在其表面生成黄色的晶体即硫单质。如果铁的硫化物比较松散，氧气极易与其内部接触反应置换出单质硫，产生大量的热能瞬时积累，使得局部温度瞬时升高，达到硫的着火点后，就会导致硫的燃烧而自燃。抽堵盲板时煤气一旦与其接触就会发生着火；如果是煤气置换时煤气与空气混合气达到爆炸极限，一旦与其接触即可发生爆炸。

在较长时间停运的煤气管道中发现过这种现象。因此，硫化物是煤气安全生产的"隐形杀手"。

23. 什么叫着火？

答：无论是固体、液体或气体的可燃物质，如与空气共同存在，当达到某一温度或与火源接触即开始燃烧，这时将火源移走后仍然能继续燃烧，直至将可燃物质燃尽为止。这种持续燃烧的现象叫着火。

可燃物质开始继续燃烧所需要的最低温度叫做燃点或着火点。燃点低的物质比燃点高的物质容易着火，一切可燃液体的燃点都高于闪点。一般规律是，易燃液体的燃点比闪点高 1～5℃，而且液体的闪点越低，这一差数越小。

24. 什么是着火温度？

答：着火温度表示可燃混合物化学反应可以自动加速而达到自燃着火的最低温度。但必须明确，着火温度是随着具体的热力条件不同而不同，着火温度不是一个严格的常数，它与可燃气体的种类、混合物中可燃气体与空气或氧气的体积比、混合物的混合程度（均匀程度）和混合物的压力有关，同时还与加热容器的结构（尺寸大小、形状）、加热速度、加热方法及周边介质等外部热力条件等因素有关。各种可燃物质的着火温度见表 1-8。

表 1-8　各种可燃物质的着火温度（常压下在空气中燃烧）

物质名称	着火温度/℃	物质名称	着火温度/℃
氢（H_2）	510～590	高炉煤气	750
一氧化碳（CO）	610～650	发生炉煤气	650
甲烷（CH_4）	537～750	焦炉煤气	550～650
乙烷（C_2H_6）	510～630	天然气	540
乙烯（C_2H_4）	540～547	汽　油	390～685
乙炔（C_2H_2）	335～480	煤　油	250～609
丙烷（C_3H_8）	466	石　油	360～367
丁烷（C_4H_{10}）	430	褐　煤	250～450
丙烯（C_3H_6）	455	煤　烟	400～500
苯（C_6H_6）	570～740	无煤烟	600～700
转炉煤气	650～700	焦　炭	700

人们对各种物质的着火温度进行实验测定，并把所测定的着火温度数值作为可燃物质的燃烧和爆炸性能的参考指标。

25. 什么是燃烧温度？

答：可燃气体燃烧时火焰的温度叫燃烧温度。可燃物的种类、成分、燃烧条件和传热条件等都影响到燃烧温度，燃烧温度实际为燃烧时燃烧产物所能达到的温度，而燃烧产物中所含热量的多少，取决于燃烧过程中热量的收入和支出。

理论燃烧温度是燃料燃烧过程的一个重要指标，它表明某种成分的燃料在某一燃烧条件下所能达到的最高温度。

从理论计算和实践都证明，空气、煤气的预热温度越高，有益于燃料的完全燃烧，则燃烧温度就增高，同时可以节约燃料。所以在一切可以预热的燃烧装置上，都要求利用余热来预热空气和煤气。

各种煤气的理论燃烧温度为：焦炉煤气 2150℃ 左右；发生炉煤气 1300℃ 左右；炭化炉煤气 1990 ~ 2000℃；高炉煤气 1500℃ 左右；转炉煤气理论的燃烧温度比高炉煤气高；铁合金炉煤气的理论燃烧温度比转炉煤气稍高。

26. 什么是煤气发热量？

答：所谓煤气的发热量是指 $1 m^3$ 的煤气完全燃烧时所放出的热量。发热量又分为高发热量和低发热量两种。而煤气的发热量可以由实验来测定，或者通过专门的仪表测出。也可用计算的方法来计算，在计算中我们用的是湿成分。

（1）高发热量：单位燃料完全燃烧后，将燃烧产物中的水蒸气冷却到零度的水所放出的热量也计算在内的发热量，称为高发热量，用 $Q_高$ 表示，单位为 kJ/m^3。

（2）低发热量：单位燃料完全燃烧后，燃烧产物中的水蒸气冷却到20℃时所放出的热量，称为低发热量，用 $Q_低$ 表示，单位为 kJ/m^3。

实际上燃料燃烧排放的温度较高，即使有少量蒸汽也不能凝结，故汽化潜热并不能利用。所以高热值减去不能利用的汽化潜热就等于低热值（净热值）。

在工程应用上一般采用低热值。

对于不含氢的燃料，由于燃烧时不产生水蒸气，故高热值等于低热值。

27. 什么是燃烧速度？

答：燃烧速度又称为正常火焰传播速度，用来表示燃气燃烧的快慢。火焰沿火焰锋面垂直方向向未燃气体传播的速度称为火焰传播速度，其单位为 m/s。它也是单位时间内在单位火焰面积上所烧掉的气体的体积，其单位可写作 $m^3/(m^2 \cdot s)$，故也称为燃烧速度。

燃烧速度的大小，与可燃气体种类、浓度、压力、温度等条件有关。

（1）可燃气体成分中碳、氢、硫、磷等可燃元素的相对含量越多，燃烧速度越快。

（2）混合气中惰性气体浓度增加时，火焰传播速度降低；惰性气体的热容越大，火焰传播速度降低越快，甚至会使火焰熄灭。

（3）可燃气体混合物起始温度越高，燃烧后放热越多，火焰传播速度越快。

（4）与混合物中可燃气体的浓度有关。从理论上讲，火焰传播速度应在化学当量浓度时达到最大值。但实际测试表明，火焰传播的最大速度并不是在混合气中可燃气体与氧化剂按化学当量比例燃烧时的速度，而是在可燃气体浓度稍高于化学当量浓度燃烧时的速度。

（5）与火焰传播方向有关。即是向上最快，横向次之，向下最慢。

（6）与管径有关。随着管径的减小，火焰传播速度随之减小，小到某个极限直径时，火焰就不能传播，此时管径称为临界直径；当大于临界直径时，随管径的增加，火焰传播速度增大，但当达到某个极限数值时，火焰传播速度就不再增大，此时即为最大燃烧速度。常见的一些可燃气体的最大燃烧速度见表 1-9。

表 1-9　一些可燃气体与空气混合物的最大燃烧速度

燃气种类	燃烧速度 /cm·s^{-1}	混合比/%	燃气种类	燃烧速度 /cm·s^{-1}	混合比/%
一氧化碳	45.0	51.0	丙　烷	39.0	4.54
氢	270	43.0	乙　烯	38.6	2.26
甲　烷	33.8	9.96	乙　炔	163	10.2
乙　烷	40.1	6.28	苯	40.7	3.34

28. 什么是煤气燃烧、完全燃烧和不完全燃烧？

答：煤气中的可燃成分，在一定条件下，与氧气发生激烈的氧化反应，并产生大量的光和热的物理化学过程，称为煤气燃烧。这个过程包括三个阶段：（1）煤气与空气混合。（2）混合后的可燃气体的加热与着火。（3）完成燃烧化学反应并转入正常燃烧。

完全燃烧指燃料中可燃物质和氧进行了充分的燃烧反应，燃烧产物中不存在可燃物质。完全燃烧需要过剩的空气系数，一般在 1.05～1.15 之间。

不完全燃烧指燃料中的可燃物质未能和氧进行完全反应，燃烧产物中存在可燃物质。

29. 怎样正确使用石油液化气？

答：石油液化气是一种把石油尾气收集、加压、液化而成的混合物。石油液化气具有易燃易爆的特性，处理不当，将会造成火灾或爆炸。因此，在使用石油液化气时，应注意以下几个方面：

（1）石油液化气的气体和空气混合达到一定比例时，遇明火能引起爆炸。如果泄漏在室内，只要达到2%浓度时，遇火就能爆炸。因此，在使用后，一定要关紧瓶阀，防止漏气。

（2）气瓶内的液化气不能用尽应留有一定的剩余压力，一般应不低于0.05MPa表压，这样就可以防止空气进入气瓶，如果空气混入瓶内有可能发生爆炸事故。

（3）石油液化气比空气重1.5倍，容易积聚在地面或低洼处，一遇明火，将会造成火灾。因此，石油液化气气瓶应该放于通风良好的地方，在一定距离的范围内不能有明火。气瓶阀门和管路接头等处要保证不漏气，要经常用肥皂水检查，禁止用明火试漏。室内如有液化气泄漏，必须打开门窗，待气味消失为止。石油液化气用完后，瓶内所剩的残液也是一种易燃物，不能自行倾倒。

（4）气瓶在充气时，不能灌满，必须留出一定的空间，以供液化气体膨胀时占用，一般充满度不应超过气瓶容积的80%～85%。气瓶必须直立使用，不得卧放。

（5）石油液化气气瓶属受压容器，应认真维护定期检查。在搬运和使用过程中，要防止气瓶坠落或撞击，不准用铁器敲击开启瓶阀。使用的气瓶每隔两年要进行一次定期检查。

30. 充装液化石油气需注意哪些事项？

答： 液化石油气是当前居民使用较为普遍的生活燃料，它既方便又卫生，但在充装、使用和运输过程中存在一定的危险，因此，要特别注意在充气、使用、运输液化石油气过程中的安全，严格遵守以下事项：

（1）在充装液化石油气前，首先应对使用的钢瓶进行检验，发现钢瓶存在下列情况之一的均不得充气：

1）气瓶的外观损坏或有缺陷的（包括裂缝、严重腐蚀、显著变形等）。

2）定期检验期限已过的；气瓶上的钢印标记不全或不能识别的。

3）瓶体污染严重或沾有油脂的。

4）气瓶的安全附件不全或不符合安全要求的，如阀门不完好的。

（2）在充装液化石油气时，首先应确定气瓶内所剩的物质与准备充装的液化石油气是否一致，避免混装。充装气体时严禁过量（不许超过气瓶容积80% ~85%），并要做好充装的详尽记录，以备查询。

（3）在运输和使用液化石油气瓶时，禁止撞击或震动气瓶；禁止将气瓶置于高温热源处或在烈日下曝晒。平时注意将气瓶阀闭紧，并不得使瓶阀冻结。在放置液化石油气瓶的室内，应保持通风良好，室温不得超过40℃。

31. 安全使用液化石油气应注意哪些要点？

答：液化石油气是多种烃的混合物，其中丙烯占5% ~25%，丙烯占10% ~30%，丁烷占15% ~25%，丁烯占30% ~40%，另外含少量的甲烷、乙烷、戊烷、臭味剂等，液化石油气挥发性极强，与空气混合的爆炸极限约为1.5% ~9.5%，发生爆炸时，对墙壁的推力约为700kN/m²。液化石油气可使人窒息，有一定毒性和腐蚀性。在使用中，应注意以下事项：

（1）使用石油气的房间应安装抽排烟机。

（2）使用石油气的房间不要堆放易燃物品。

（3）贮气钢瓶与燃气灶距离要大于1m以上。

（4）导气软管一般应取1.5~2m为宜，使用寿命为2年。

（5）检验气瓶和灶具开关是否漏气时，要将肥皂水刷在气瓶截门接口输气管和灶具开关上，看是否冒气泡，冒气泡即为漏气，严禁用明火试漏。

（6）用完毕，要先关燃气灶开关，再关钢瓶角阀（开的顺序与此相反），人员方可离开房间。

（7）禁止用火烤、水煮或热水烫钢瓶。

（8）使用石油气时，应注意汤水溢出来浇灭火焰，而使石油气泄漏出来，造成事故。

（9）绝对禁止用户自倒钢瓶中的残液。

32. 天然气对人体有什么伤害？

答：天然气是一种发热量很高的优质燃料。它的主要可燃成分是甲烷（CH_4），其含量达 90% 以上。发热值约为 36000 ~ 39000kJ/m³。天然气的理论燃烧温度可高达 2000℃。

从气井喷出的天然气具有很高的压力，有的高达 100 个大气压以上，并含有大量矿物质和水分，必须经过净化之后再送往用户。

天然气中的碳氢化合物含量高，它不能在预热器内进行预热，因为碳氢化合物在高温下裂化会产生炭黑而堵塞通路。

天然气除作工业燃料外，也是一种宝贵的化工原料，用于制造化肥或化纤产品。

天然气中虽然不含 CO，但仍有以下危害：

（1）天然气有窒息性。即天然气冲淡了空气中氧气的浓度，使人感到呼吸困难，当空气中甲烷的含量达到 10% 以上时，人体的反应是虚弱、眩晕，进而失去知觉，直至窒息死亡。

（2）天然气含有一定量的不饱和碳氢化合物。这些不饱和碳氢化合物对人体神经系统都具有不同程度的刺激性和麻醉性，人体神经麻醉，使心脏失去支配和调节作用而停止跳动，造成死亡，所以不能对天然气丧失警惕。

33. 有关煤气常用单位的换算关系是怎样的？

答：（1）热量单位：常说的大卡/米³，即是 kcal/m³；法定计量单位是千焦/米³，即是 kJ/m³；二者的换算关系是 1kcal/m³ = 4.1868kJ/m³。

（2）压力单位：$1mmH_2O = 9.8Pa$。

1bar(巴,原压强单位) $= 0.1MPa = 1.0kgf(公斤力)$

（3）国际单位常用一些字母表示倍数，M 表示 10^6；k 表示 10^3；m 表示 10^{-3}；即 $1MJ/m^3 = 1000kJ/m^3$，$1mm = 10^{-3}m$，$1kJ = 10^3J$。换算例如：高炉发热量 $3.35MJ/m^3 = 3350kJ/m^3 = 800kcal/m^3$。

第2章 煤气事故的预防与处理

34. 当前煤气事故比较多的原因是什么？

答：当前煤气事故比较多的主要原因是：煤气安全管理仍比较落后，对煤气的特点及危害性没有完全掌握；不少单位管理混乱，规章制度不健全，没有建立起必要的煤气安全防护和抢救体制；安全干部素质差，尤其是煤气作业人员，缺乏较完整的煤气安全知识；违章违制现象严重等。

据统计，我国工厂煤气中毒事故50%以上是违章作业造成的，同时也有作业环境、设备、管理等方面的因素。我国工厂煤气中毒事故类别见表2-1。

表2-1 我国工厂煤气中毒事故类别

类　别	违章作业	作业环境	设备因素	泄　漏	管理原因	其　他
比例/%	50.5	18.5	16	11.1	3	0.9

35. 煤气事故的突出特点有哪些？

答：在煤气生产和使用较多的行业系统中煤气事故主要是煤气中毒的重大伤亡事故多。高炉煤气事故在钢铁企业的各类煤气事故中位居前列。2002年2月~2006年1月全国发生的有案可查的32起工业煤气事故，死亡112人，其中，中毒死亡84人，占总数的75%。死亡3人及以上的有26起，占81%，特大事故1起，占总死亡人数的11.6%。

2004~2013年，仅河北省冶金企业共发生各类工亡事故181起，死亡305人。其中：煤气事故38起，死亡129人。煤气事故数量占事故总数的21%，煤气事故死亡人数占总死亡人数的42%。

36. 有害气体如何危害人体健康？

答：有害气体主要通过呼吸道、皮肤和消化道侵入人体，危害人体健康。有害气体进入人体的主要方式是通过呼吸器官进入人体，即吸入如 CO、CO_2 等；其次是由皮肤侵入，人的皮肤有许多毛细孔与体内相通，某些有毒气体能通过毛细孔进入人体内，如氨气、H_2S、SO_2 等；有些可溶性气体，如氨气、硫化物气体、氮化物气体等形成溶液，通过口腔进入人体。

根据有害气体对人体的有害作用，有害气体主要分为以下几类。

（1）窒息性气体。窒息性气体分为三类：

第一类为单纯窒息性气体，其本身毒性很小或无毒，但由于它们的大量存在而降低了含氧量，人因为呼吸不到足够的氧而使机体窒息，正常空气中氧的含量为 20.9%，空气中含氧量低于 17% 时，即可发生呼吸困难，低于 10% 时会引起昏迷，甚至死亡，人体缺氧症状与空气中氧含量的关系见表 2-2。属于这类的窒息性气体有氮气、惰性气体、氢气、甲烷等。

表 2-2　人体缺氧症状与空气中含氧量的关系

含氧量/%	主 要 症 状
17	静止状态时无影响，工作时会引起喘息、呼吸困难、心跳加快
15	呼吸及心跳急促，耳鸣，目眩，感觉及判断能力减弱，肌肉功能被破坏，失去劳动能力
10～12	失去理智，时间稍长即有生命危险
6～9	失去知觉，呼吸停止，心脏在几分钟内还能跳动，如不进行急救，会导致死亡
<6	立即死亡

第二类为血液窒息性气体，这类气体主要对红血球的血红蛋白发生作用，阻碍血液携带氧的功能及在组织细胞中释放氧的能力，使组织细胞得不到足够的氧而发生机体窒息，一氧化碳即属此类物质。

第三类为细胞窒息性气体，这类气体主要因其毒作用而妨碍细胞利用氧的能力，从而造成组织细胞缺氧而产生所谓"内窒息"，硫化氢、氰化氢气体即属此类物质。

（2）刺激性气体。刺激性气体如氨、二氧化氮、光气、氯等。此类气体以局部损害为主，当刺激作用过强时可引起全身反应。刺激作用的部位常发生在眼部、呼吸道，并可分为急性作用和慢性作用。急性作用会导致眼结膜和上呼吸道炎症、喉头痉挛水肿、化学性气管炎、支气管炎，伴有流泪、咳嗽、胸闷、胸痛、呼吸困难，甚至引起肺水肿。长期接触低浓度刺激性气体可引起慢性作用，常出现慢性结膜炎、鼻炎、支气管炎等炎症，还可伴有神经衰弱综合症及消化道病症。

（3）对中枢神经有损伤的气体。此类气体进入人体后，易使中枢神经麻痹、麻醉，损伤中枢神经，如苯、汽油等。

37. 煤气为什么会使人中毒？

答：因为煤气中含有大量的 CO，化学活动性很强，能长时间与空气混合在一起，CO 被吸入人体后与血液中的血红蛋白（Hb）结合，生成高能缓慢的碳氧血红蛋白（HbCO），使血色素凝结，破坏了人体血液的输氧机能，阻断了血液输氧，使人体内部组织缺氧而引起中毒。

CO 与血红蛋白的结合能力比氧与血红蛋白的结合能力大 300 倍，而碳氧血红蛋白的分离要比氧与血红蛋白的分离慢 3600 倍。

当人体 20% 血红蛋白被 CO 凝结时，人即发生喘息。

当人体 30% 血红蛋白被 CO 凝结时，头痛、疲倦。

当人体 50% 血红蛋白被 CO 凝结时，发生昏迷。

当人体 70% 血红蛋白被 CO 凝结时，呼吸停止，并迅速死亡。

CO 中毒后，受损最严重的组织乃是那些对缺氧最敏感的组织，如大脑、心脏、肺及消化系统、肾脏等，这些病理变化主要是由于血液循环系统的变化，如充血、出血、水肿等，而后由于营养不良而发生继发性改变，如变性、坏死、软化等。

38. 急性煤气中毒症状的表现有哪些？

答：急性煤气中毒是指一个工作日或更短的时间内接触了高浓度毒物所引起的中毒。急性中毒发病很急，变化较快，临床上可分为轻度、中度、重度三级。

（1）轻度中毒：表现为头疼、脑晕、耳鸣、眼花、心悸、胸闷、恶心、呕吐、全身乏力、两腿沉重软弱，一般不发生昏厥或仅有为时很短的昏厥，体症仅脉搏加快，血液中碳氧血红蛋白的含量仅在 20% 以下，病人如能迅速脱离中毒现场，吸入新鲜空气，症状都能很快消失。

（2）中度中毒：患者如果仍然停留在中毒现场或短期吸入较高浓度的 CO，上述症状明显加重，全身软弱无力，双腿沉重麻木，不能迈步，最初意识还保持清醒，但已淡漠无欲，故此时虽然想离开危险区域，但已力不从心，不能自救；继而很快意识模糊，大小便失禁，嘴唇呈樱桃红色或紫色，呼吸困难、脉搏加快，进而昏迷，对光反射迟钝，血液中碳氧血红蛋白含量在 20%～50%，如及时抢救，数小时内苏醒，数日恢复，一般无后遗症出现。

（3）重度中毒：当中度中毒患者继续吸入 CO 或短时间内大量吸入高浓度 CO，中毒症状明显加重，很快意识丧失，进入深度昏迷，并出现各种并发症：脑水肿、休克或严重的心肌损害、肺水肿、呼吸衰竭、上消化道出血。病人体内碳氧血红蛋白在 50% 以上，如不抓紧救治，就有死亡的危险。

重度 CO 中毒比较容易引起后遗症，少数患者在清醒后三周内可出现神经系统后遗症，称为"急性 CO 中毒神经系统后发症"。

39. 慢性煤气中毒症状的表现有哪些？

答：慢性中毒是指长时期不断接触某种较低浓度工业毒物所引起的中毒，慢性中毒发病慢，病程进展迟缓，初期病情较轻，与一般疾病难以区别，容易误诊。如果诊断不当，治疗不及时，会发展成严重的慢性中毒。

长期吸入少量的 CO 可引起慢性中毒，慢性中毒者数天或数星期后才出现神经衰弱综合症状，表现为贫血、面色苍白、疲倦无力、呼吸表浅、头痛、注意力不集中、失眠、记忆力减退、对声光等微小改变的识别能力较差，并有心悸、心电图异常等。这些症状大多数是可以慢慢恢复，也有极少数不能恢复而引起后遗症。

40. 发生煤气中毒事故应如何处理？

答：（1）启动煤气中毒紧急救援预案。

1）首先以最快速度通知调度、煤气防护站和医疗救护单位，同时应迅速弄清事故现场情况，采取有效措施，严禁冒险抢救致使事故扩大。

2）抢救事故的所有人员都必须服从统一指挥，事故现场应划出危险区域，布置岗哨，禁止非抢救人员进入事故现场。禁止在无防护的情况下盲目指挥和进行抢救，严禁佩戴纱布口罩或其他不适合防煤气中毒的器具进入危险区域。

3）煤气防护站应尽快组织好抢救人员，携带救护工具、设施，迅速赶赴现场；进入煤气危险区的抢救人员必须佩戴空气呼吸器；先关闭阀门切断毒源，防止煤气扩散；同时要打开门窗和通风装置，排除过量的 CO 气体。监测人员要赶赴现场，采集空气样品，分析 CO 浓度，为医师诊断抢救患者提供依据。

（2）对中毒者进行抢救。

1）将中毒者迅速及时地抢救出煤气危险区域，抬到安全、通风的地方，解除一切阻碍呼吸的衣物，并注意保暖，抢救场应保持清静，通风，并派专人维护秩序。

2）对中毒者进行现场救治，或送往医院治疗。

① 对于轻微中毒者，如出现头痛、恶心、呕吐等症状的，要立即吸入新鲜空气或补氧气，根据情况，可直接送附近医院治疗。

② 对于中度中毒者，如出现失去知觉，口吐白沫等症状，应立即通知煤气防护站和医务部门到现场急救。并采取以下措施：将中毒者双肩垫高 10~15cm，四肢伸开，头部尽量后仰，并将中毒者的头偏向一侧，以免呕吐物阻塞呼吸道引起窒息或吸入肺。要适当保暖，以防受凉；在中毒者有自主呼吸的情况下，使中毒者吸氧气。使用苏生器的自主呼吸功能调整好进气量，观察中毒者的吸氧情况。

在煤气防护站人员未到前，可将岗位用的氧气呼吸器的氧气瓶卸下，缓慢打开气瓶阀门对在中毒者口腔、鼻孔部位，让中毒者吸氧。

③ 对重度中毒患者，如出现失去知觉，呼吸停止等症状，应在现场立即做人工呼吸，或使苏生器的强制呼吸功能，成人 12~16 次/min。对于心跳停止者，应立即进行人工复苏胸外挤压术，每分钟 100 次，使其恢复心跳功能。

中毒者未恢复知觉前，应避免搬动、颠簸，不得用急救车送往较远医院，需送往就近医院，进行高压氧舱抢救的，运送途中必须有医务人员护送。

（3）做好检查和复产工作。做好以上救护工作后，要认真检查事故发生原因，并进行处理。在未查明事故原因和采取必要安全措施前，不得实施任何动火作业和向煤气设施恢复送气。

41. 如何将中毒者迅速撤离现场？

答：参与煤气作业人员，特别是专职煤气防护人员都必须熟练掌握将中毒者及时撤离现场的技术。必须提醒注意的是，救护人员进入煤气区域都必须佩戴与毒气有效隔离的防护器具并设警戒区，以防中毒事故扩大。

抢救煤气中毒患者，应禁止采用大声呼叫、用力摇撼、生拉硬拖等不正确的搬运方法，这样不仅无助于抢救，反而会使病情加重。注意在搬运前首先检查确认中毒者是否有内伤，如有应采取不同的方法进行撤离，以防伤势加重。根据伤者具体情况主要采取双人拉车式、双人平托式、单人肩扛式等法进行搬运，有条件的可采用担架运送。

（1）双人拉车式（见图2-1）。具体做法是：

1）将中毒者面部朝上，并使双手交叉于胸前。

2）将中毒者上半身扶起，其中一名救护员迅速转身至中毒者身后，将其腰部抱紧。

3）另一救护员站于中毒者两腿中间，从膝关节处将两腿夹于自己的两腋下，迅速将中毒者抬出煤气区域。

4）从高处向下抬运时，后面一位救护人员要配合好，以免摔倒。

（2）双人平托式（见图2-2）。具体做法是：

1）将中毒者平放，面部向上。

2）两救护员站于中毒者一侧或两侧，分别将双臂伸在中毒者腋下背部和膝弯处，同时将中毒者平托起，迅速脱离现场。

（3）单人背扛式（见图2-3）：将中毒者平放，面部朝下，

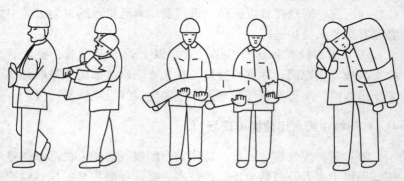

图2-1　双人拉车式　　图2-2　双人平托式　　图2-3　单人背扛式

将其双臂置于身前，扶起中毒者上身，双手从其腋下穿过，左手扶住后背，右手拉住裤腰，向上拉起使其坐在救护人员弓步右腿上，然后左手拉住中毒者右手，自己头从其腋下钻过，右手从中毒者胯间伸出，抓住其右手，身体下沉，尽量让中毒者腹部置于自己的肩上，迅速脱离煤气危险区。

42. 护送中毒者途中应采取哪些有效的急救措施？

答：（1）简单诊断和救治：中毒者脱离煤气危险区域以后，其中毒程度往往可见于中毒者的口鼻处。用听觉及面部的感觉来判断中毒者是否有因呼吸所产生的气体流动，并侧头观察中毒者的胸部及上腹部有否呼吸时所产生的起伏，如果有起伏和吹拂感则判断中毒者呼吸存在，反之，则呼吸已停止。当不便观察时，也可用手触摸胸部或腹部，以感觉有无呼吸运动。有呼吸时，用苏生器中自主呼吸阀进行补氧；无呼吸时，用苏生器中强制呼吸的人工肺进行复苏急救或采取口对口人工呼吸、体外人工心脏按压等方法进行急救。

（2）由专业医护人员陪送：

1）将中毒者的头偏向一侧，以免呕吐物阻塞呼吸道引起窒息或吸入肺。

2）避免车辆剧烈颠簸。要适当保暖，以防受凉。

43. 如何进行心肺复苏？

答：心肺复苏术（CPR）即是恢复心跳和肺呼吸的方法，用人工的力量来帮助，最终达到自主心跳和呼吸的目的。心肺复苏分为心复苏——恢复心跳，肺复苏——恢复呼吸。

生理学家早就指出，人体对于氧气的需求是很高的，尤其是娇嫩的脑组织、勤劳的心肌。如果体内血液循环停止，就意味着血液供应中断，而脑的剩余氧气仅够脑细胞用 10s，心脏的剩余氧只够心脏跳动几下。

由于人身体内没有氧库，脑细胞在常温下如果缺血缺氧

4min 以上，就会受到损伤，超过 10min，脑细胞损伤十分严重，几乎是"不可逆"即"无法恢复"的。这样，即使侥幸被救活，智力也将受到极大影响，甚至成为没有任何意识的"植物人"。所以国内外专家们几乎众口一词地提示我们：循环停止 4min 内实施正确的 CPR 效果好；4～6min 予以 CPR 者，部分有效；6～10min 进行 CPR 者，少有复苏者；超过 10min 者，几乎无成功可能。

在日常生活中经常会遇到因各种急性中毒、溺水、触电等引起的心跳和呼吸骤然停止的患者。此时如果有人掌握急救方法，往往可以挽救病人的生命，或为争取进一步到医院治疗而赢得时间。如果不懂急救方法，而是晕头转向，手忙脚乱，或者只顾四处找医生，结果贻误了抢救时间，往往造成病人死亡。

医学家认为非医务人员在现场第一时间对呼吸骤停的病人所给予的急救措施是十分关键的一个环节，是抢救成功的有力保障。那么，究竟应当怎样进行家庭急救呢？目前美国心脏学会公布的心肺复苏七步骤是实用有效的措施。

步骤 1：首先检查病人是否还存在着知觉。如病人已失去知觉，又是呈俯卧位，则应小心地将其翻转过来。

步骤 2：必须保持病人的呼吸道畅通，使病人头向后仰，以防止因舌根后坠堵塞喉部影响呼吸。

步骤 3：若病人确已无呼吸，应立即进行口对口人工呼吸，即救护者深吸一口气后，对着病人之口，将气吹入。注意在吹气时要先捏住病人的鼻子，不让吹入的气从鼻孔跑出，而使之进入肺内。吹气时若看到病人的胸、腹随之起伏，证明肺部已经通气。应该连吹下去，直到病人恢复自主呼吸为止。如果病人在恢复呼吸后出现呕吐，必须防止呕吐物进入气管。

步骤 4：救护者一手放在病人额头上，使其维持头部后仰的位置；另一手的指尖要轻摸位于气管或喉两例的颈动脉血管，细心感觉有无脉搏跳动，如有则说明心跳恢复，抢救成功。

步骤 5：如果没有摸到颈动脉的跳动，说明心跳尚未恢复，需立即作胸外心脏按压术：病人仰卧，救护者右手掌置于病人胸前的胸骨上，左手压在右手上，两肘伸直，有节律地垂直用力下压病人的胸骨。由于胸受力而下陷 2~4cm，正好压在心脏上，而且一压一松使心脏被动收缩和舒张，可以促进心跳恢复，一般要求每分钟按压心脏 80 次。

步骤 6：救护者跪于病人胸部左侧施压，这点很重要，因为胸外心脏按压和口对口呼吸要交替进行。最好两人同时参与急救。

步骤 7：如果现场只有一个人，在抢救过程中，每按压心脏 15 次，口对口吹气 2 次，每隔 1min 检查一次颈动脉有无跳动。

44. 如何对中毒者进行通畅气道？

答：如中毒者呼吸停止时，最主要的是要始终确保其气道通畅；解开中毒者身上妨碍呼吸的衣物，如领子、衣扣、腰带以保障呼吸通畅。若发现中毒者口内有异物，则应清理口腔阻塞。即将其身体及头部同时侧转，并迅速用一个或两个手指从口角处插入以取出异物，操作中要防止将异物推向咽喉深处。

采用使中毒者鼻孔朝天、头后仰的"仰头抬颌法"（见图2-4）通畅气道。具体做法是用一只手放在中毒者前额，另一只手指将中毒者下颌骨向上抬起，两手协同将头部推向后仰，此时舌根抬起，气道即可通畅（见图2-5）。为保持这一姿势，应在

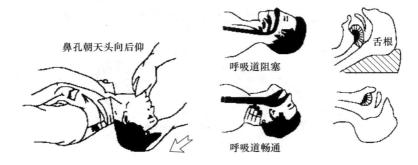

图 2-4　仰头抬颌法　　　　图 2-5　气道阻塞与通畅

肩胛骨下垫衣服或其他软质物品，垫高约 10~15cm，使头稍后仰。禁止用枕头或其他物品垫在中毒者头下，因为头部太高更会加重气道阻塞，且使胸外按压时流向脑部的血流减少。

45. 如何进行人工呼吸？

答：当中毒者呼吸停止，而心跳也随之停止或还有微弱的跳动，用人工的方法帮助病人进行呼吸活动，达到气体交换的目的。口对口人工呼吸常用在溺水、触电、煤气中毒、缢死呼吸停止的现场。人工呼吸对挽救以上病人的生命是举足轻重的，否则即使心跳恢复了，呼吸不恢复，心跳也不能持久。所以在心肺复苏过程中，心脏挤压和人工呼吸缺一不可。具体操作方法（见图 2-6）：

步骤 1：病人仰卧，头后仰，颈下可垫一软枕或下颌向前上推，也可抬颈压额，这样使咽喉部、气道在一条水平线上，易吹进气去。同时迅速清除病人口鼻内的污泥、土块、痰、涕、呕吐物，使呼吸道通畅。必要时用嘴对嘴吸出阻塞的痰和异物。解开病人的领带、衣扣，包括女性的胸罩，充分暴露胸部。

步骤 2：救护人员深吸一口气，捏住病人鼻孔，口对口将气吹入，为时约 2s，吹气完毕，立即离开中毒者的口，并松开中毒者的鼻孔，让其自行呼气为时约 3s（小孩可以小口吹气），如果发现中毒者胃部充气膨胀，可以一面用手轻轻加压于中毒者上腹部，然后观察病人胸廓的起伏，每分钟吹气 12~16 次。

贴嘴吹气胸扩张　　　　放开鼻孔好换气

图 2-6　口对口人工呼吸法

　　如果口腔有严重外伤或牙关紧闭，可对鼻孔吹气即口对鼻人工呼吸。救护者吹气力量的大小依病人的具体情况而定，一般以吹气后胸廓略有起伏为宜。

　　如果中毒较深，可以人工呼吸和按压交替进行，每次吹气 2～3 次再按压 10～15 次，而且吹气和按压的速度部应加快一些，以提高抢救效果。

　　怀疑有传染病的人可在唇间覆盖一块干净纱布。口对口吹气应连续进行，直至病人恢复自主呼吸或确诊已死亡者方可停止。

46. 如何进行胸外心脏挤压？

　　答：心复苏术过去只提到心脏挤压的方法。这里要强调的是在挤压前，还应有一个重要的内容即胸外叩击法。

　　（1）胸外叩击法（见图 2-7）。在某些严重伤病和意外发生时，病人呼吸微弱，面色苍白青紫，大叫一声，全身抽动，口吐白沫，神志不清，这就很可能是发生了室颤。室颤现象指当心肌和心脏传导系统发生严重病变时，心脏就会发生节律紊乱，心房心室"各自为政"，心肌纤维跳动失去节律，心脏没有收缩舒张功能，称为心室纤颤。一般急性心肌梗塞、药物中毒、触电、淹溺病人可以见到。

　　怀疑病人发生室颤时，立即将手握成拳状，在胸骨中下段，距胸壁 15～25cm，较为有力地叩击 1～2 下。相当于 100～200J 的直流电，有时可以起到除颤的作用，使病人恢复心跳和神志。叩击无效则不再进行，随即进行胸外心脏挤压。

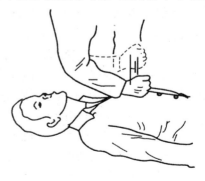

图 2-7　胸外叩击法

　　室颤一般是用除颤器去除，这在装备良好的救护车和医院里是不难做到的，称

"非同步电击除颤"。在家庭中，拳头的叩击有时也能发挥奇特的除颤作用。

任何原因导致的心脏跳动停止，首先要进行的就是心脏挤压术。室颤时最初除颤后随之进行的也是胸外心脏挤压术。这在CPR 技术中是关键的一环。

（2）胸外心脏挤压的意义。胸外心脏挤压，顾名思义是在胸廓外用人工的力量通过胸壁间接地压迫心脏，从而使心脏被动收缩和舒张，挤压血液到血管维持血液循环。尽管心脏深居胸腔内，但是心包紧靠着胸骨和肋骨后方。如果我们在胸骨肋骨表面施加较大的力量，使胸肋骨下陷 3~4cm，这种外力就能使胸肋骨下方的心脏受到挤压，达到使心脏被动心缩的目的。在挤压心脏时，心脏的血液被挤向大动脉内，然后送到全身；放松挤压时，下陷的胸骨、肋骨又恢复到原来位置，心脏被动舒张，同时胸腔容积增大，胸腔负压增加，吸引静脉血回流到心脏，使心室内流满了血液，然后再挤压，再放松，反复进行，维持血液循环。

大量的实践经验和研究表明，只要胸外挤压心脏及时，方法正确，同时配合有效的人工呼吸，救助效果非常好。所以，人人应力争学会这种简单有效的使心脏复跳的救命方法。

（3）病人的躺卧要求。进行胸外心脏挤压的病人应取平卧位。根据当时的情况，不要乱加搬动，可以尽量就近就便。这里，特别要指出的是平卧的具体情况。在家庭抢救中，常常是"卧不恰当"，如病人平卧在沙发床、弹簧床、棕床上。病人卧在柔软的物体上，直接影响了胸外心脏挤压的效果。因此，必须让病人尽可能平卧在"硬"物体上，如地板上、木板床上，或背部垫上木板，这样才能使心脏挤压行之有效。

（4）胸外心脏挤压的方法。

1）正确的挤压位置：正确的挤压位置是保证胸外挤压效果的重要前提，确定正确挤压位置的步骤如图 2-8(a)所示。

① 右手食指和中指沿中毒者右侧肋弓下缘向上，找到肋骨和胸骨结合处的中点。

图 2-8　胸外挤压的准备工作

（a）确定正确的按压位置；（b）压区和叠掌

② 两手指并齐，中指放在切迹中点（剑突底部），食指平放在胸骨下部。

③ 另一手的掌根紧挨食指上缘，置于胸骨上，此处即为正确的挤压位置。

2）正确的挤压姿势：正确的挤压姿势是达到胸外挤压效果的基本保证，正确的挤压姿势为：

① 使中毒者仰面躺在平硬的地方，救护人员站（或跪）在中毒者一侧肩旁，两肩位于伤员胸骨正上方，两臂伸直，肋关节固定不屈，两手掌根相叠，如图 2-8（b）所示。此时，贴胸手掌的中指尖刚好抵在中毒者两锁骨间的凹陷处，然后再将手指翘起，不触及中毒胸壁或者采用两手指交叉抬起法，如图 2-9 所示。

② 以髋关节为支点，利用上身的重力，垂直地将成人的胸骨压陷 4～5cm（儿童和瘦弱者酌减，约 2.5～4cm）。

③ 挤压至要求程度后，要立即全部放松，但放松时救护人员的掌根不应离开胸壁，以免改变正确的挤压位置（如图 2-10 所示）。

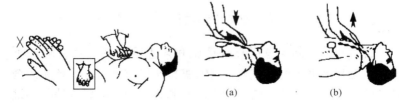

图 2-9　两手指交叉抬起法　　图 2-10　胸外心脏挤压法

（a）下压；（b）放松

挤压时正确的操作是关键。尤应注意，抢救者双臂应绷直，双肩在患者胸骨上方正中，垂直向下用力挤压。挤压时应利用上半身的体重和肩、臂部肌肉力量（如图2-11(a)所示），避免不正确的挤压（如图2-11(b)、(c)所示）。挤压救护是否有效的标志是在施行挤压急救过程中再次测试中毒者的颈动脉，看其有无搏动。由于颈动脉位置靠近心脏，容易反映心跳的情况。此外，因颈部暴露，便于迅速触摸，且易于学会与记牢。

3）胸外挤压的方法：

① 胸外挤压的动作要平稳，不能冲击式地猛压。而应以均匀速度有规律地进行，每分钟80～100次，每次挤压和放松的时间要相等（各用约0.4s）。

② 胸外挤压与口对口人工呼吸两法必须同时进行。

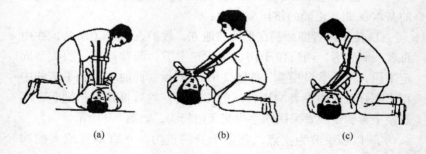

(a)　　　　　　　(b)　　　　　　　(c)

图2-11　挤压姿势正确和错误

(a) 正确；(b)，(c) 错误

47. 心脏挤压与人工呼吸如何协调进行？

答： 心肺复苏术包括心脏挤压和人工呼吸两方面，缺一不可。人工呼吸吸入的氧气要通过心脏挤压形成的血液循环流经全身各处。含氧较多的血液滋润着心肌和脑组织，减轻或消除心跳呼吸停止对心脑的损害，进而使其复苏。

在现场，如为两人进行抢救，则一人负责心脏复苏，一人负责肺复苏（见图 2-12(b)）。具体步骤为一人做 5～10 次心脏挤压（频率 100 次/分钟），另一人吹一口气（频率 12～16 次/分钟），同时或交替进行。但要注意正在吹气时避免做心脏挤压的压下动作，以免影响胸廓的起伏。

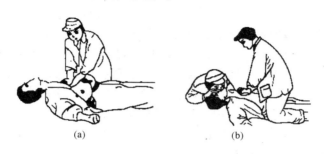

(a)　　　　　　　　　　(b)

图 2-12　胸外挤压与口对口人工呼吸同时进行

（a）单人操作；（b）双人操作

如现场只有一人救护，也可以按两人步骤进行，吹一口气，做 5～10 次心脏挤压，交替进行，效果也很好，只是单人操作容易疲劳（见图 2-12(a)）。

现在也有一些书籍中提到心肺复苏只有一人操作时，可做两次口对口吹气，然后做 15 次心脏挤压。实践和研究表明两种方法是同样有效的。

无论是什么情况，如果单一采用挤压或吹气，对于心跳呼吸骤停病人是无效的。这里要强调的是：心脏挤压与口对口吹气必须同时协调进行。

48. 造成煤气中毒的主要原因有哪些？

答：煤气中毒是冶金企业较易发生的人身伤害事故，导致发生这类事故主要有以下几方面原因：

（1）贯彻执行安全制度不严格，违规作业造成。管理混乱，缺乏必要的安全监护。

（2）由于煤气设备、设施的设计有缺陷，留下了先天性隐患，如相关的安全距离不符合规范要求等。

（3）新建、改建、扩建或经大修后的煤气设备、设施，未经主管部门检查验收及试压就急于投产，造成煤气泄漏。

（4）煤气设备有泄漏煤气现象且没有及时被发现，工作人员没有采取任何措施而在煤气区域内作业或逗留。

（5）进入煤气设备、管道内作业，没有可靠地切断煤气，没有进行吹扫，没有进行安全检测，贸然蛮干不戴防护面具。

（6）吹扫煤气管道（设备）的蒸汽未及时断开，当蒸汽压力低于煤气压力时，造成煤气倒窜到蒸汽管道，引起中毒。

（7）缺乏安全知识，用煤气取暖或在煤气设施附近休息。生活设施与煤气设施相通，煤气窜入生活设施。在煤气设备或设施附近盖房子设休息室，处于煤气泄漏危险区域内。

（8）用水封煤气管道、设备时，由于水压低，煤气倒窜到水管中，引起中毒。煤气水封停水，而水封排污阀漏水使水封水位降低泄漏煤气。

（9）对煤气管网、V 形水封、排水器等设施缺乏管理，检查不到位，造成亏水，补水量不足，使大量煤气泄漏。

（10）当煤气管网压力波动大，或煤气压力超过水封高度要求时，造成水封水位被击穿，煤气泄漏。

（11）煤气地区的管道、设备附近未设明显警示标志，致使他人贸然进入煤气地区或乱动煤气设备设施。

（12）停送煤气作业发生误操作或煤气设施未封闭就送煤气，造成大量煤气外泄。

（13）煤气设备或设施年久失修腐蚀泄漏煤气。

（14）煤气放散管的高度不够或距生活区较近，或煤气没有点燃就放散等。

49. 如何建章立制以预防煤气中毒事故？

答：（1）加强煤气安全管理，严格执行《工业企业煤气安全规程》（GB 6222—2005），建立与健全煤气安全管理的各项规章制度、措施。

（2）新安装使用的煤气设备、设施在设计上必须符合《工业企业煤气安全规程》规定的要求；煤气设备、设施新建、改建、扩建或经大修后，必须由主管部门检查、验收，经过试压、试漏合格后方可投入使用。

（3）从事煤气作业人员上岗前，必须经过煤气安全知识教育培训，考试合格后方能上岗工作。

（4）严格执行煤气岗位作业制度。

1）双人操作制：操作煤气设备或在煤气区域工作，需配备两个以上的操作人员，最低要求是一人作业，另一人监护。

2）定期检测制度：对已确定煤气易泄漏区定时、定点进行检测，分析其产生较高浓度的原因，并作详细的记录，同时汇报安全部门，便于根据不同情况采取不同的安全防护措施。

3）监护制度：对于较大的煤气作业，临时抢修及有计划的煤气作业，应确定监护措施及监护人员。从作业准备开始，到作业全部工作的完成，监护人员应始终监督措施的执行情况和人员的作业情况，发生异常并马上进行指正。

4）巡检制度：各设备管理部门对所属煤气设备、设施应建立巡回检查制度，除当班作业人员对岗位设备进行检查外，煤气管道、设施均应定期进行检查，使设备的安全状况。

5）签证制度：进入煤气设备内部作业，应建立严格的签证制度，签证内容包括作业内容、作业时间、安全措施、监护人等，对设备内 CO 浓度进行严格的测定，同时进行氧含量测定，在作业期间发现异常情况立即停止作业。

（5）在划定煤气危险区域之后，对进入危险区域作业的人员应配备 CO 便携式检测仪，在作业区域一旦发生 CO 超标现象，立即发出声光报警信号，作业人员可采取相应措施。

（6）在煤气区域值班室、操作室、控制室及重要设备等有人作业固定场所设置固定式 CO 报警装置。装置一般采用集控方式（单点方式），在若干点设置探头，将报警信号传递监控室，监控人员根据不同地点，不同的超标浓度，采用有效的防护手段，并通知组织救护抢修人员赶赴现场，处理事故。

（7）煤气区域应悬挂明显的安全警示牌，以防误入造成煤气中毒。

50. 如何划分煤气区域危险级别？

答：推行煤气区域三类划分和分类管理的制度，根据可能引起中毒的概率及煤气容易泄漏和扩散的程度，一般将其危险区域分为三级：

（1）甲级危险区，有中毒和致死的危险，包括未经吹扫的洗涤塔、隔离水封、电气滤清器等设备空间，停炉后未经吹扫的发生炉内部空间及未经吹扫的煤气管道内部。带压力煤气进行抽堵盲板、更换孔板，管道法兰盘等工作场所。

在此区域工作必须持有煤气作业许可证，戴上空气呼吸器，并应有人在现场监护。

（2）乙级危险区，包括已经吹扫和清洗过的煤气设备、管道内部及周围场所，正在运行的煤气管道上或有关的设备周围场地及打开盖的煤气排送机周围场地，在经过吹扫的煤气设备和管道上进行焊接工作的周围场地，吹扫煤气设备、管道及放散残余煤气或点燃放散火炬时的周围场地，不带压力煤气进行抽堵盲板及更换法兰等工作的周围场地。

在此区域工作必须持有煤气作业许可证，备有空气呼吸器，并要求有人监护。

（3）丙级危险区，包括煤气加压机间、煤气发生炉操作间及化验室等操作场所，煤气使用部门的煤气操作场所，厂区煤气管道及附属设施周围场地。

在此区域允许工作，但需有人定期巡视检查。

51. 防止煤气密封设施泄漏的措施有哪些？

答：防止煤气密封设施泄漏的措施有：

（1）煤气鼓风机、加压机的轴头密封要严密，防止因泄漏发生煤气中毒。

（2）煤气排水器应定期检查溢流情况，冬季要伴随蒸汽保温，避免因亏水造成煤气压力超过水封的安全要求，使水封被压穿。

（3）采用 V 形水封与隔断装置并用的煤气切断方式，不准单独将 V 形水封作为切断装置使用。使用 V 形水封时，补水量要充足，必须保持高水位溢流，泄水管不准泄水，水封要设专人检查监护，防止水封亏水。

（4）蒸汽管道不能与煤气管道长期联通，防止煤气倒窜造成煤气中毒。水管应装逆止阀，以防断水时倒窜煤气。

（5）热风炉开炉点火前，要按工艺要求进行烘炉和烟道烘烤工作。烟道要有足够负压，避免废气外溢，造成煤气中毒。

（6）高炉冷却设备与炉壳、风口、渣口以及箱体、孔盖的法兰都应保持密封。

（7）对新建、扩建、改建或大修后的煤气设备，在投产前必须进行气密性试验，合格后方可投产，试验时间为 2h，泄漏率每小时小于 1%。

52. 防止煤气中毒有哪些安全作业规定？

答： 防止煤气中毒的安全作业规定有：

（1）在煤气设备上的动火作业，必须办理动火证，防护人员要到现场检测和监护，否则不能施工。

（2）进入煤气设备内工作（如除尘器、煤气管道）必须先可靠地切断煤气来源，经过氮气置换，检测合格后，经煤防人员同意，方可入内工作，并设有专人监护。

（3）凡是从事带煤气作业，如抽堵盲板、堵漏等，必须佩戴防护面具，做好监护，防止无关人员进入煤气区域。

（4）在煤气放散过程中，放散上风侧 20m，下风侧 40m 禁止有人，并设有警示线，防止误入。

（5）煤气设备管道打开人孔时，要侧开身子，防止煤气中毒。

（6）高炉出铁口外逸煤气，要用明火点燃；到炉身以上工作时，要两人以上，携带监测仪。

（7）严禁在煤气地区停留、睡觉或取暖。高炉热风炉、除尘器区域是极易发生煤气泄漏的地方，因此禁止在此区域周围停留。

（8）对煤气设备，特别是室内煤气设备（如水封、阀门、仪表管道），应有定期检查泄漏规定，发现泄漏及时处理。

（9）煤气岗位人员检查时，必须携带 CO 报警器，发现 CO 超标及时处理。

（10）在生产、操作、施工中，如 CO 含量超过 $50mg/m^3$ 时，应采取通风或佩戴防护面具。

（11）发生煤气中毒事故或煤气设备和管网发生泄漏时，抢救人员须佩戴空气呼吸器等隔绝式防毒面具，严禁冒险抢救或进入泄漏区域。

53. 在煤气区域内工作，CO 含量有何规定？

答：在煤气设施内部和环境工作时，要遵守以下规定：

当 CO 含量不超过 $30mg/m^3$ 时，可以较长时间工作；

当 CO 含量不超过 $50mg/m^3$ 时，连续工作时间不得超过 1h；

当 CO 含量达到 $100mg/m^3$ 时，连续工作时间不得超过 30min；

当 CO 含量达到 $200mg/m^3$ 时，连续工作时间不得超过 $15\sim20min$。

根据以上规定，在进入煤气区域工作时必须经煤气防护站工作人员检测完确认达到规定标准后才能允许进入工作。

各岗位人员（指煤气区域内）也要随时对岗位中所安装的固定煤气检测仪进行观察，CO 含量超过 $50mg/m^3$ 时，检测仪就会发出报警，当发现煤气超标时要及时对工作区域进行通风，如开窗通风或用风机强制通风，以降低煤气含量，从而保证我们自身的安全。作业环境中 CO 浓度与人体的反应情况参见表 2-3。

表 2-3　作业环境中 CO 浓度与人体的反应情况

空气中 CO 含量/mg·m^{-3}	工作时间	后　果
30	8h	无反应
50	2h	无明显后果
100	1h	头痛恶心
200	30min	头痛眩晕
500	20min	中毒严重或致死
1000	1~2min	中毒死亡

注：1mg/m^3 = 0.8ppm。

54. 如何预防煤气烘烤作业中毒？

答：使用煤气对设备、设施进行烘烤作业。如铁厂的铁口、铁水沟、铁水罐；钢厂的钢包，钢锭模和保温帽，还有铸造翻砂用的烘烤散头等。在这些岗位进行煤气烘烤作业，一般比较分散，均是明火烘烤。

使用煤气对设备、设施进行烘烤时，应注意掌握以下预防煤气中毒的措施：

（1）用于烘烤设备、设施的煤气应为毒性小，容易点燃的煤气，一般是焦炉煤气。

（2）烘烤使用过程中，作业人员应经常检查，防止熄灭。

（3）不准在烘烤作业区域附近取暖和休息。

（4）发现有煤气泄漏要及时处理，要保持作业环境通风良好，防止煤气积存。

（5）用于连接煤气的胶管应定期更换，并且应该用卡子将其卡牢固。

（6）烘烤作业后应及时关严煤气阀门，煤气开关应采取旋塞。

（7）烘烤作业结束后，停止使用煤气时应堵盲板。

55. 采用高炉蒸汽取暖如何当心中毒？

答：使用高炉蒸汽取暖时，高炉蒸汽中常混有高炉煤气，特别是在压力不足的情况下，要十分注意预防煤气中毒，其措施如下：

（1）室外管道外壁要包裹一层保温层，以防温度下降达不到保温效果。

（2）注意检查闸门是否有泄漏。严禁蒸汽外泄，防止煤气混杂在空气中，引起煤气中毒。一经发现闸门关闭不严，应立即更换。

（3）室内管道要定期检查是否有"沙眼"，管道焊接处不得有脱焊，室内的管道要处于密封状态，不允许有丝毫泄漏。室内空间小，轻微的泄漏不易觉察，更容易使人煤气中毒。

（4）蒸汽管道尾气排水管，要远离值班室 3m 以外，并且不得正对着门、窗排放。也不准用蒸汽尾气排水管加热水来洗手或洗衣服，防止烫伤和煤气中毒。

（5）室内环境不能全封闭，要经常开窗通风换气，以保持室内空气对流，有新鲜空气进入，保证人体有足够的氧气，这也是防止煤气和二氧化碳中毒的有效方法。

56. 为什么说可燃性气体是无形的隐患？

答：若生产车间、实验室或其他一些场所的空气中混入了可燃性气体和氧气，即可能给人们带来灾难。在这些气体中，有些是无色无味的，凭人的感觉不容易觉察和发现。空气中可燃性气体的浓度过高，遇到明火就可能燃烧；而一旦达到了爆炸极限，就有爆炸的危险。氧气是助燃剂，当空气中氧气的浓度增加到 25% 时，已能激起活泼的燃烧。空气中的可燃性气体和氧气是怎样出现的，主要有以下几方面的原因：

（1）安装、维修、保养、操作不当等原因；贮存、输送可燃性气体的设备、容器、管路发生泄漏，都将致使空气中可燃性气体的浓度越来越高。

（2）设备、容器设计、安装不合理或操作不当，在吹扫、排污时将可燃性气体排入室内或没有排到指定地点，使可燃性气体在室内聚体。

（3）保管、使用不当或误将汽油、苯等易挥发液体敞口放置或洒到地面上而蒸发，使空气中可燃性气体的浓度增加。

（4）不遵守安全规定，随便处理可燃性废渣、废液，到处乱倒电石渣、石油液化气残液，使其不断反应和蒸发，也会使空气中的可燃性气体的浓度增加。

（5）有些物质（如柴草、树叶等）在地沟等处腐烂可能产生沼气，会使该处空气中可燃性气体的浓度增加。

（6）制氧装置、贮气罐、气瓶泄漏，以及吹除、排污时将氧气排入室内，使空气中氧气的浓度增加。

57. 煤气着火的条件是什么？

答：当环境具备以下条件时可能发生煤气着火事故：

（1）具备一定的可燃物浓度，可燃物浓度达到着火极限或着火范围（即爆炸极限），否则不能燃烧。

（2）要有足够空气或氧气。

（3）要有明火或达到煤气燃点以上的高温。

总之，煤气的燃烧和其他可燃气体一样，需要同时具备以上三个条件才能实现。缺少其中任何一个条件，煤气都不能燃烧。表 2-4 所示为几种常见的点火源的温度。

表 2-4　几种常见的点火源的温度

火源名称	火源温度/℃	火源名称	火源温度/℃
火柴焰	500 ~ 650	烟头（中心）	200 ~ 800
打火机火焰	1000	烟头（表面）	200 ~ 300
割枪火花	2000 以上	石灰遇水发热	600 ~ 700
烟囱飞灰	600	机械火星	1200
汽车排气火星	600 ~ 800	煤炉火	1000

58. 煤气的燃烧过程是怎样的？

答： 煤气的燃烧过程基本包括以下三个阶段：

（1）煤气与空气的混合——物理过程（受温度影响，慢）。

（2）混合后的可燃气体的加热和着火。

（3）完成燃烧化学反应——氧化反应（快）。

温度越高，煤气与空气的混合越充分。在工业炉的燃烧条件下，影响燃烧反应本身的因素就是气体的混合和升温，因此对空气和煤气的预热可提高燃烧速度和促使煤气完全燃烧。

59. 煤气着火事故的原因有哪些？

答： 造成煤气着火事故的原因有：

（1）煤气设施泄漏煤气，附近有火源引起着火事故。

（2）带煤气作业时使用铁质工具，撞击产生火花引起着火事故。

（3）在煤气管道架设电气设备，电气设备产生火花引起着火。

（4）煤气设备停产检修，未可靠地切断煤气来源，盲目动火造成着火。

（5）在生产的煤气设备上动火，不办理动火手续，没有安全设施，引起着火事故。

（6）煤气管道置换合格后，动火部位的杂质清理不净引起管道内部着火。

（7）煤气设施接地装置失灵，雷击引起着火事故。

60. 如何预防煤气着火事故？

答： 在燃烧学中，着火有三要素（火源、燃料、空气或氧气），其中任何一个要素与其他要素分开，燃烧就不能发生或持续进行，预防煤气着火事故的具体措施如下：

（1）防止煤气着火事故的办法就是要严防煤气泄漏。煤气不泄漏就没有可燃物，也就不存在着火问题。因此，保证煤气管道和煤气设备经常处于严密状态，不仅是防止煤气中毒，也是防止着火事故的重要措施。

（2）当无法避免泄漏煤气的时候（如带煤气作业等），防止着火事故的唯一办法就是防止火源存在。

1）禁止明火。明火是指敞开的火焰、火花、火星。在工厂企业中常用的明火有维修用、加热用火和机车排放火星等。

2）禁止摩擦与撞击引起的火花、电器火花。

① 防止机器轴承摩擦发热起火，机械轴承要及时加油，保证良好的润滑。

② 带煤气作业要防止工具敲击摩擦起火，尤其是焦炉煤气、天然气作业。带煤气抽堵盲板作业时，必须采用铜、铝合金等不发火花的工具，在特殊情况下使用铁质工具时，要涂黄油，并严禁敲打。

③ 带煤气作业时，禁止用钢绳起吊。

④ 生产厂房内禁止穿带钉子的鞋。

⑤ 带煤气钻眼时，钻头应涂有黄油。

3）禁止电器火花。

① 空气鼓风机、煤气排放机同房布置时，机械房应用防爆型电机。

② 严禁在煤气设施上架设拴拉电焊零线、电缆。

③ 煤气区域厂房照明应采用防爆型；不能采用防爆电器时，可采取临时防爆措施。

④ 进入煤气设施内工作所用照明电压不得超过 12V，设施外临时照明不得超过 36V。

⑤ 煤气作业的照明应在 10m 以外使用投光器。

（3）凡在煤气设备上动火，必须严格办理动火手续，并可靠地切断煤气来源，并认真处理净残余煤气，这时管道中的气体经取样分析含氧量为 19.5%，将煤气管道内的沉积物清除干净（动火处管道两侧各清除 2~3m 长）或通入蒸汽。凡通入蒸汽动火，气压不能太小，并且在动火过程中自始至终不能中断蒸汽。

（4）非煤气设备专用电气设备不准在煤气设备上架设。

（5）动火时，应使煤气设备保持正压，压力最低不得低于 200Pa，以控制在 1500 ~ 5000Pa 为宜，严禁在负压状态下动火。动火时如放散阀位置较高抽力过大时，允许一侧敞开，另一侧放散阀适当关小，以减小抽力，避免火势蔓延。在动火时，应尽可能向管道设备内通入适量氮气。

（6）煤气设备的接地装置，应定期检查，接地电阻小于 10Ω。以减少雷电造成的火灾，电气设备要有良好的接地装置。

（7）对煤气设备和煤气管道应定期进行严密性试验，以防煤气泄漏。

（8）在带煤气作业时，作业点附近的高温、明火及高温裸体管应做隔热处理。

（9）在向煤气设备送煤气时，应先做防爆试验，经试验合格后方可送气。

61. 发生煤气着火事故应采取哪些措施？

答：（1）直径小于 100mm 的管道着火，可直接关闭闸阀。

（2）直径大于 100mm 的管道着火，应将煤气来源逐渐关小（煤气压力不得低于 100Pa），通入大量氮气灭火，火扑灭后，关闭阀门。严禁火焰扑灭前，突然完全切断煤气来源，以防止回火爆炸。同时，要切断火势威胁的电源。

62. 发生煤气着火事故应采取哪些灭火方法？

答：由于燃烧有三个必要条件，因此，只有设法破坏其一个或两个条件，便能使燃烧终止，达到灭火目的，灭火方法主要包括窒息灭火法、冷却灭火法、隔离灭火法和化学抑制灭火法。

（1）窒息灭火法——缺氧法。窒息灭火法即阻止空气进入燃烧区或用惰性气体稀释空气，使燃烧因得不到足够的氧气而熄灭的灭火方法。运用窒息法灭火时，可考虑选择以下措施：

1）用石棉隔布、浸湿的棉被、帆布、沙土等不燃或难燃材料覆盖燃烧物或封闭孔洞，阻止空气流入燃烧区，使燃烧缺氧而熄灭。

2）用水蒸气、惰性气体（CO_2、N_2）通入燃烧区域内。

3）利用建筑物上原来的门、窗以及生产、贮运设备上的盖、阀门等，封闭燃烧区。

4）在万不得已且条件许可的条件下，采取用水灌注的方法灭火。

（2）冷却灭火法——降温法。冷却灭火法即将灭火剂直接喷洒在燃烧着的物体上，将可燃物质的温度降到燃点以下，防止燃烧的灭火方法；也可将灭火剂喷洒在火场附近未燃的易燃物上起冷却作用，防止其受辐射热作用而起火。冷却灭火法是一种常用的灭火方法。

（3）隔离灭火法——移走撤离法。隔离灭火法根据发生燃烧必须具备可燃物这一条件，将燃烧物附近的可燃物隔离或疏散开，使燃烧停止。隔离灭火法常用的具体措施如下：

1）将易燃、易爆物质从燃烧区移出至安全地点。

2）关闭阀门，阻止可燃气体等流入燃烧区。

3）用其他不易燃物品覆盖已燃烧的易燃液体表面，把燃烧区与液面隔开，阻止可燃气体进入燃烧区。

4）拆除与燃烧物相连的易燃、可燃建筑物。

（4）抑制灭火法——化学中断法。化学抑制灭火法是使灭火剂参与到燃烧反应中去，起到抑制反应的作用。常用的干粉灭火剂、卤代烷灭火剂，均具有化学抑制灭火作用。

实际灭火时往往是多种灭火方法同时并用。

63. 用水灭火的原理是什么，有哪些注意事项？

答：水是消防上最普遍应用的灭火剂，因为水在自然界广泛存在，热容量大，取用方便，成本低廉，对人体及物体无害。

（1）灭火原理。水的灭火原理主要是冷却作用、窒息作用和隔离作用。

1）冷却作用：水的比热容较大，它的蒸发潜热达 2257kJ/kg。当常温水与炽热的燃烧物接触时，在被加热和汽化过程中，就会大量吸收燃烧物的热量，使燃烧物的温度降低而灭火。

2）窒息作用：在密闭的房间或设备中，此作用比较明显。水汽化成水蒸气，体积能扩大 1500 倍，可稀释燃烧区中的可燃气体与氧气，使它们的浓度下降，从而使可燃物因"缺氧"而停止燃烧。

3）隔离作用：在密集水流的机械冲击作用下，将可燃物与火源分隔开而灭火。此外水对水溶性的可燃气体（蒸汽）还有吸收作用，这对灭火也有意义。

（2）灭火用水的几种形式。灭火用水可以采取以下几种形式：

1）可采用普通无压力水，用容器盛装，人工浇到燃烧物上。

2）用加压的密集水流和专用设备喷射，效果比无压力水好。

3）雾化水，用专用设备喷射，因水成雾滴状，吸热量大，灭火效果更好。

（3）适用范围。除以下情况，都可以考虑用水灭火：

1）相对密度小于水和不溶于水的易燃液体，如汽油、煤油、柴油等油品，相对密度大于水的可燃液体，如二硫化碳，可以用喷雾水扑救，或用水封阻止火势的蔓延。

2）遇水能燃烧的物质不能用水或含有水的泡沫液灭火，而应用砂土灭火。如金属钾、钠、碳化钠等。

3）强酸不能用强大的水流冲击。因为强大的水流能使酸飞溅，溅出后遇可燃物质，有引起爆炸的危险；溅在人身上，能烧伤人。

4）电气火灾未切断电源前不能用水扑救。因为水是良导体，容易造成触电。

　　5）高温状态下的煤气生产设备和装置的火灾不能用水扑救。因为可使设备遇冷水后引起形变或爆裂。

　　6）精密仪器设备、贵重文物档案、图书着火，不宜用水扑救。

64. 如何设置消防给水设施?

　　答：消防给水可采用高压、临时高压或低压系统。低压系统是指消防水管道的压力比较低（0.15MPa），灭火时靠消防车通过消防栓加压；高压管网是指消防给水网始终保持较高的压力（0.7~1.2MPa），灭火时通过管网上的消火栓、高压水枪等设施可直接进行灭火。临时高压系统是由加压泵、高压水枪及喷射设施、消防栓等通过管网组成的一个消防给水系统，平时维持低压状态，灭火时开启加压泵升压，水压的高低根据建筑物的高度来确定。

　　消火栓是消防供水的基本设备，可供消防车吸水，也可直接连接水带放水灭火。消火栓按其装置地点可分为室外和室内两类。

　　室外消火栓又可分为地上式和地下式两种。室外消火栓应沿道路设置，距路边不小于0.5m，不得大于2m，设置的位置应便于消防车吸水。室外消火栓的数量应按消火栓的保护半径和室外消防用水量确定，间距不应超过120m。地下式消火栓的位置要考虑消防车吸水的可能性，并有明显的标志。

　　室内消火栓的配置，应保证两个相邻消火栓的充实水柱能够在建筑物最高、最远处相遇。室内消火栓一般设置在明显、易于取用的地点，离地面的距离应为1.2m。

65. 常用灭火器的类型及用途有哪些?

　　答：灭火器是由筒体、器头、喷嘴等部件组成，借助驱动压力将所充装的灭火剂喷出，达到灭火的目的，是扑救初期火灾常用的有效的灭火设备。

灭火器的种类很多，按其移动方式可分为手提式和推车式；按所充装的灭火剂可分为干粉、二氧化碳、泡沫等几类。灭火器应放置在明显、取用方便、又不易被损坏的地方，并应定期检查，过期更换，以确保正常使用，常用灭火器的性能及用途等见表 2-5。

表 2-5　常用灭火器的性能及用途

灭火器类		二氧化碳灭火器	干粉灭火器	泡沫灭火器
规格	手提式	<2kg；2~3kg	8kg	10L
	推车式	5~7kg	50kg	65~130L
性　能		接近着火地点保持3m距离	8kg 喷射时间14~18s，射程 4.5m；50kg 喷射时间 50~55s，射程 6~8m	10L 喷射时间 60s，射程 8m；65L 喷射时间 170s，射程 13.5m
用　途		扑救电器、精密仪器、油类、可燃气体等火灾	扑救可燃气体、油类有机溶剂等火灾	扑救固体物质或其他易燃液体等火灾
使用方法		一手拿喇叭筒对准火源，另一只手打开开关即可喷出，应防止冻伤	先提起圈环，再按下压把，干粉即可喷出	倒置稍加摇动，打开开关，药剂即可喷出
保养及检查		每月检查一次，当小于原量1/10应充气	置于干燥通风处，防潮防晒，一年检查一次气压，若原量减少10%应充气	防止喷嘴堵塞，防冻防晒；一年检查一次，泡沫低于4倍应换药

66. 火灾现场如何分类？

答：为便于消防灭火，消防部门把火灾划分为 A、B、C、D 四类及电气火灾，根据不同的火灾，应选择相应的灭火器。

（1）A 类火灾指固体物质火灾，如建筑物、木材、棉、毛、麻、纸张等固体燃料的火灾。扑救 A 类火灾应选用水型、泡沫、磷酸铵盐干粉灭火器。

（2）B 类火灾指液体火灾和可熔化的固体物质火灾，如汽油、焦油、粗苯、沥青、萘等引起的火灾。扑救 B 类火灾应选用干粉、泡沫、二氧化碳型灭火器。扑救 B 类火灾不得选用化学泡沫灭火器。

（3）C 类火灾指可燃气体火灾，如煤气、天然气、甲烷等引起的火灾。扑救 C 类火灾应选用干粉、二氧化碳型灭火器。

（4）D 类火灾指金属火灾，如钾、钠、镁等金属引起的火灾。扑救 D 类火灾的灭火器材，应由设计单位和当地公安消防监督部门协商解决。

（5）扑救带电设备火灾应选用二氧化碳、干粉型灭火器。

67. 煤气生产区域如何配备灭火器？

答：煤气生产区内应设置干粉型灭火器，但仪表控制室、计算机室、电信站、化验室等宜设置二氧化碳型灭火器。

甲、乙类生产单位装置灭火器数量应按 1 个/（50～100）m^2（占地面积大于 $1000m^2$ 时选用小值，占地面积小于 $1000m^2$ 时选用大值）进行布置。

甲、乙类生产建筑物，灭火器数量应按 1 个/$50m^2$ 进行布置。生产区域内每一配置点的手提式干粉灭火器数量不应少于 2 个，多层框架应分层配置。

68. 发生煤气泄漏和着火事故后的首要工作有哪些？

答：发生煤气泄漏和着火事故后的首要工作是：

（1）事故报警和抢救事故的组织指挥。发生煤气大量泄漏或着火后，事故的第一发现者应立即打电话向 119 报警，同时向有关部门报告，各有关单位和有关领导应立即赶赴现场，现场应由事故单位、设备部门、公安消防部门、安全部门和煤气防护站人员组成临时指挥机构统一指挥事故处理工作。并根据事故大小划定警戒区域，严禁在该区域内有其他火种，严禁车辆和其他无关人员进入该区域。事故单位要立即组织人员进行灭火和抢救工作。灭火人员要做好自我防护准备。各单位要保持通讯畅通。

（2）组织人员用水对其周围设备进行喷洒降温。着火事故发生后，应立即向煤气设备阀门、法兰喷水冷却，以防止设备烧坏变形。如煤气设备、管道温度已经升高接近红热时，不可喷水冷却，因水温度低，着火设备温度高，用水扑救会使管道和设备急剧收缩造成变形和断裂而泄漏煤气，造成事故扩大。

69. 处理泄漏着火事故的程序是什么？

答：煤气着火可分为煤气管道附近着火、小泄漏着火、煤气设备大泄漏着火。煤气设施着火时，处理正确，能迅速灭火；若处理错误，则可能造成爆炸事故。处理煤气泄漏及着火基本程序是一降压、二灭火、三堵漏，具体程序如下：

（1）由于设备不严密而轻微小漏引起的着火，可用湿黄泥，湿麻袋等堵住着火处，使其熄火，然后再按有关规定处理泄漏。直径小于或等于 100mm 的煤气管道着火，可直接关闭煤气阀门灭火。

（2）当直径大于 100mm 的设备或管道因泄漏严重，管道着火，切记，不能立即把煤气切断，以防回火爆炸。

应采取以下灭火方法：停止该管道其他用户使用煤气，先将煤气来源的总阀门关闭 2/3，适当降低煤气压力，应注意煤气压力不得低于 100Pa，严禁突然关闭煤气总阀门。同时向管道内通大量蒸汽或氮气，降低煤气含量，水蒸气含量达到 35% 以上时火自灭。

（3）在通风不良的场所，煤气压力降低以前不要灭火，否则，灭火后煤气仍大量泄漏，会形成爆炸性气体，遇烧红的设施或火花，可能引起爆炸。

（4）有关的煤气闸阀、压力表，灭火用的蒸汽和氮气吹扫点等应指派专人操作和看管。

（5）煤气设备烧红时不得用水骤然冷却，以防管道和设备急剧收缩造成变形和断裂。

（6）煤气设备附近着火，影响煤气设备温度升高，但还未引起煤气着火和设备烧坏时，可以正常生产，但必须采取措施将火源隔开，并及时熄火。当煤气设备温度不高时，可打水冷却设备。

（7）煤气管道内部着火，或者煤气设备内的沉积物（如萘、焦油等）着火时，可将设备的人孔、放散阀等一切与大气相通的附属孔关闭，使其隔绝空气自然熄火，或通入蒸汽或氮气灭火；灭火后切断煤气来源，再按有关规定处理。但灭火后不要立即停送蒸汽或氮气，以防设施内硫化亚铁（FeS）自燃引起爆炸。

（8）煤气管道的排水器着火时，应立即补水至溢流状态，然后再处理排水器。

（9）焦炉地下室煤气管道泄漏着火时，焦炉应停止出炉，切断焦炉磨电道及地下室照明电源，按煤气管道着火，泄漏处置程序进行灭火。灭火后打开窗户，进行临时堵漏，切忌立即切断煤气来源，防止回火爆炸。

（10）在灭火过程中，尤其是火焰熄灭后，要防止煤气中毒，扑救人员应配置煤气检测仪器和防毒面具。

（11）灭火后，要立即对煤气泄漏部位进行处理，对现场易燃物进行清理，防止复燃。

（12）火灾处理后恢复通气前，应仔细检查，保证管道设施完好并进行置换操作后才允许通气。

70. 着火烧伤应如何救治？

答：由于着火造成烧伤、烫伤要进行现场急救，具体方法为：

（1）迅速脱离热源，衣服着火时应立即脱去，用水浇灭或就地躺下，滚压灭火。冬天身穿棉衣时，有时明火熄灭，暗火仍燃，衣服如有冒烟现象应立即脱下或剪去，以免继续烧伤。

（2）身上起火不可惊慌奔跑，以免风助火旺。

（3）不要站立呼叫，以免造成呼吸道烧伤。

（4）若有烧、烫伤可对烫伤部位用自来水冲洗或浸泡，在可以耐受的前提下，水温越低越好。一方面，可以迅速降温，减少烫伤面积，还可以减少热力向组织深层传导，减轻烫伤深度；另一方面，可以清洁创面，减轻疼痛。

（5）不要在烫伤口涂有颜色的药物如红汞、紫药水，以免影响对烫伤深度的观察和判断，也不要将牙膏、油膏等油性物质涂于烧伤创面，以减少伤口污染的机会和增加就医时处理的难度。

（6）如果出现水泡，要注意不要将泡皮撕去，避免感染。

71. 什么叫爆炸？

答：爆炸是物质发生急剧的物理、化学变化，在瞬间释放出大量能量并伴有巨大声响的过程。爆炸的一个本质特征是爆炸点周围介质压力的急剧升高，这种压力突然变化，是产生爆炸破坏作用的直接原因之一。

爆炸现象一般具有如下特征：爆炸过程进行得很快；爆炸点附近瞬间压力急剧升高；发出或大或小的响声，很多还伴随有发光；周围介质发生振动或邻近物质遭受破坏。

除爆炸物品外，可燃气体（或蒸汽）与空气（或氧）的混合物，以及可燃物质的粉尘与空气或氧的混合物，在一定浓度下都能发生爆炸。

72. 煤气爆炸的条件是什么？

答：煤气爆炸的条件是在一定容器中，煤气与空气混合成一定比例（即爆炸范围），形成爆炸性混合气体，达到爆炸范围，遇明火或高温才会引起爆炸。

煤气、空气、明火或高温是爆炸三个重要因素，三者缺一不可。

煤气爆炸是瞬时、燃烧并产生高温、高压、冲击波、体积突然增大，煤气管道和设备承受不了所增大的体积急聚膨胀的气体冲破了管道设备的限制，炸开外壳发生爆炸。

由于煤气爆炸时产生的冲击很大，因而其破坏和危害性也很大。工厂内发生煤气爆炸可使煤气设施、炉窑、厂房等遭到破坏，甚至是严重的破坏，同时可使人受伤或死亡。因此，要积极采取一切安全措施，严防煤气爆炸事故的发生。

73. 什么是爆炸极限，煤气爆炸范围是怎样表示的？

答：可燃气体与空气或氧的混合物混合后能发生爆炸的浓度范围为爆炸极限。

煤气爆炸范围就是空气与煤气混合后能够在有明火或高温时发生爆炸，煤气同空气混合的体积百分比，它包括爆炸上限和爆炸下限。

爆炸下限：就是煤气和空气的混合物内的煤气含量超过规定的最低数值，点火时就发生爆炸，这个最低含量叫做爆炸的下限。如果煤气与空气混合物达不到下限数值，点火也不会发生爆炸。原因是煤气分子较少，空气分子太多，当一个煤气分子遇明火燃烧时，火焰不能很快到另一煤气分子，因此就不能引起急剧燃烧产生爆炸。

爆炸上限：就是煤气与空气的混合比例中，当煤气超过这一最高数值时，则混合气体点火不会发生爆炸，这个最高含量叫做煤气的爆炸上限。超过上限，也不会爆炸。原因是空气量过少，煤气分子着火后，由于空气量少，而缺少氧分子助燃，不能引起剧烈燃烧也不会发生爆炸。

煤气爆炸下限越低，危险性越高，爆炸范围越宽，危险性越大。

常见煤气的爆炸条件有两点：

（1）煤气中混入空气或空气中混入煤气，达到爆炸范围。

（2）要有明火、电火或达到煤气着火点以上温度。

只有这两个条件同时具备，才能够发生煤气爆炸，缺一个条件也不能发生煤气爆炸，这两个条件，叫做煤气爆炸的必要条件。表2-6所示为可燃气体在空气中爆炸极限和着火点。

表2-6　可燃气体在空气中爆炸极限和着火点

气体名称	爆炸下限/%	爆炸上限/%	着火点/℃
氢　气	4.00	75.0	590
一氧化碳	12.0	74.5	610
甲　烷	4.90	15.0	538
乙　烷	3.00	15.0	472
丙　烷	2.10	9.50	466
乙　炔	2.20	81.0	305
硫化氢	4.30	46.0	364
高炉煤气	30.8	89.5	750
焦炉煤气	4.5	35.8	550~650
转炉煤气	18.22	83.22	650~700
无烟煤发生炉	14.6	76.8	650
天然气	4.96	15.70	540

74. 什么是爆炸危险度?

答：爆炸危险度是指易燃气体与空气的爆炸危险性，可用下式表示：

爆炸危险度 =（爆炸上限浓度 - 爆炸下限浓度）／爆炸下限浓度

由上式不难看出，可燃气体的爆炸下限浓度越低，上限浓度越高，其爆炸的危险度就越高，这是因为爆炸下限浓度低时，易燃气体稍有泄漏就会形成爆炸条件。相反，爆炸上限浓度高，即使有少量的空气或氧气混入也同样可形成爆炸条件。因而，爆炸上限与下限浓度差距越大，爆炸的范围就越宽，则产生爆炸的机会就越多。

75. 爆炸事故有何特点?

答：爆炸事故主要有以下三个特点：

（1）爆炸事故的突然性。爆炸的发生时间、地点难以预料，在隐患未爆发前，容易麻痹大意，一旦发生爆炸则又措手不及。因此，对爆炸事故不能存侥幸心理。

（2）爆炸事故的复杂性。多种爆炸事故发生的原因、灾害范围及其后果往往不尽相同。因此，需要建立完善的技术和管理措施，作业人员也需要具备丰富的防爆知识，避免一切可能引起爆炸事故的疏漏。

（3）爆炸事故的严重性。爆炸事故对受灾单位的破坏往往是摧毁性的，能够造成严重的经济损失，同时，人员也将受到极大的伤害。

爆炸事故预防必须从三个方面入手，即健全安全法规，设置防爆设施和树立安全第一的思想，只有这三个方面相辅相成，防爆工作才能取得效果。

76. 煤气爆炸的主要破坏作用形式有哪些？

答：煤气爆炸产生的主要破坏形式有：

（1）碎片打击。爆炸碎块或碎片飞散出去，会在相当广的范围内造成危害。碎片飞散范围，通常是 100～500m，也可更远。快速飞行的碎片对人具有杀伤力，对阻挡物具有破坏作用。

（2）冲击波。爆炸时产生的高温高压气体以极高的速度膨胀，挤压周围空气，把爆炸反应释放出的部分能量传递给压缩的空气层。空气受冲击而发生扰动，使其压力、密度等产生突变，这种扰动在空气中传播就称为冲击波。冲击波的传播速度极快，方向随时随地而变，防不胜防。另外，冲击波的振荡作用，可使物体因振荡而松散，甚至破坏。

（3）造成火灾。通常爆炸气体扩散在极短的瞬间，释放大量热能或残余火种，会把从破坏的设备内流出的可燃气体或易燃、可燃液体点燃。

（4）造成中毒和环境污染。爆炸时可引起大量有毒有害物质外泄，造成人员中毒和环境污染。

77. 煤气管道内的爆炸是怎样产生的？

答：煤气管道遇有下列情况就会有爆炸危险：

（1）煤气管道开始送煤气时，由于煤气与空气混合形成爆炸混合物，遇火即可发生爆炸。

（2）如果在送煤气时，由于某种原因，管道内有火源，就可能在送煤气过程中发生爆炸事故。

（3）煤气管道停煤气时，如果煤气未处理干净而与空气混合形成爆炸混合物，遇火也发生爆炸。

（4）在生产中的煤气管道由于某种原因产生负压，空气通过未关闭的燃烧器或其他不严密处渗漏到煤气管道内形成爆炸混合物，遇火爆炸。

（5）在已停用的煤气管段上，虽然煤气已处理干净，但由于某些预想不到的原因，由生产中的煤气管段继续向停用的管段渗漏煤气而产生爆炸。

（6）有时在停用的煤气管段内有煤气的沉积物，不通蒸汽动火，使沉积物挥发，这种挥发物浓度逐渐增加并达到爆炸范围而引起爆炸。

78. 煤气爆炸事故的原因有哪些？

答：煤气含有多种可燃气体成分，如 CO、H_2、CH_4 等混合气体。煤气与空气或氧气混合达到爆炸极限时，遇明火即可迅速发生氧化反应，瞬间可放出大量的热能，致使气压和温度急剧升高，这时气体具有较大的冲击力，遇到外力阻碍就会发生爆炸。

导致煤气爆炸事故有以下几方面原因：

（1）煤气来源中断，管道内压力降低，造成空气吸入，使空气与煤气混合物达到爆炸极限范围，遇火发生爆炸。

（2）停气的设备与运行的设备只用闸阀或水封断开。没有用盲板或水封与闸阀联合切断，造成煤气窜入停气设备，动火时引起煤气爆炸。

（3）煤气设备停气后，煤气未吹扫干净，又未做试验，急于动火造成残余煤气爆炸。

（4）盲板由于年久腐蚀造成泄漏；使用不符合要求的盲板，使煤气渗漏，动火前又未试验，造成爆炸。

（5）煤气设备在送气前未按规定进行吹扫，管道内的空气与煤气形成混合气体，在未做爆发试验的情况下，冒险点火造成煤气爆炸。

（6）加热炉、窑炉、烘烤炉等设备正压点火，易产生爆炸。

（7）违章操作。例如先送煤气，后点火，极易造成爆炸。

（8）强制供风的窑炉，如鼓风机突然停电，造成煤气倒流，致使煤气窜入风管道，也会发生爆炸。

（9）烧嘴不严，煤气泄漏炉内，或烧嘴点不着火时，点火前未对炉膛进行通风处理，二次点火时易发生爆炸。

（10）焦炉煤气管道的沉积物，如磷、硫受热挥发，特别是萘升华气体与空气混合达到爆炸极限范围，遇火发生爆炸。

（11）电除尘器、电捕焦油器、煤气柜等设备中煤气含氧过高，遇火源引起爆炸。

（12）由于新建、改建、扩建的煤气管道未进行检查验收，就违规引气，在施工过程中容易发生爆炸。

79. 什么叫回火，怎么避免?

答：当煤气与空气的混合气体喷出烧嘴的速度等于燃烧速度时，在烧嘴上形成稳定的火焰，称为正常燃烧。如果混合气体喷出烧嘴的速度小于燃烧速度时，火焰将回到烧嘴中去，而发生回火事故，会引起煤气设施爆炸。

为了防止回火事故，必须在烧嘴前支管上安装煤气低压报警和切断装置。当煤气压力低到一定程度时，自动报警，并迅速自动切断煤气供应。

80. 如何预防煤气爆炸事故？

答：为防止煤气爆炸事故的发生，首先应严格执行技术操作规程、设备使用维护规程和安全规程，以及相关煤气管理制度，同时注意以下问题：

（1）煤气设备和管道要保持严密，保证各水封装置正常溢流，防止煤气泄漏。

（2）保持煤气设备及管道压力为微正压，避免吸入空气。但煤气压力也不能太高，或瞬间升高，造成胀裂管道或击穿水封。

（3）停用煤气或在煤气设备上作业，必须取得动火证。并可靠切断煤气来源（如盲板阀），打开末端放散和人孔。并对煤气设备和管道进行蒸汽或氮气吹扫，用 CO 检测仪检测合格后或含氧量达到 19.5%，有煤防人员监护方可动火。

（4）送煤气之前，要将煤气管道吹扫，驱除管道内的空气，并连续作三次爆发试验，合格后方可引气。

（5）长时间放置的煤气设备动火或引气，必须重新吹扫，合格后方可使用。

（6）工业炉点火前需作严格的检查，如烧嘴阀门是否关严、有否漏气，烟道阀门是否全部启开，确保炉膛或燃烧室内形成负压，然后进行吹扫干净，再进行点火操作。

（7）点火操作应先给明火，后稍开煤气，待点着后，再将煤气调整到适当位置。如点着火后又灭了，需再次点火时，应立即关闭煤气烧嘴，开启空气对炉膛内作负压处理，待炉内残余煤气排除干净后，再点火送煤气。

（8）在距煤气设备和煤气作业区 40m 范围内，严禁有火源，下风侧一定要管理好明火。煤气设备上的电器开关、照明均采用防爆式的，或在 10m 以外使用投光器。

（9）当煤气供应中断时，要迅速停止燃烧。如果煤气管道压力继续下降，低于 1000Pa 时，应立即关闭煤气总阀门，封好水封，以防止回火爆炸。煤气用户通常将低压自动切断装置的压力设为 3000Pa。

（10）在停煤气的煤气管段上动火，应将动火处两侧 2～3m 的沉积物清除干净，并在动火过程中始终不能中断通入蒸汽或氮气。

（11）在煤气回收工艺中必须严格控制煤气中的氧含量，一旦超过规定时，应停止回收。转炉煤气含氧量小于 2% 才允许入柜。一旦空气进柜，各转炉均应立即停止回收，查明原因并进行正确处理，才可恢复回收。

（12）煤气用户应装有煤气低压报警器和煤气低压自动切断装置，以防回火爆炸。

（13）经常检查设备设施的防爆装置是否灵活，隔离装置是否有效，水封水位是否正常。

81. 空气管道内的爆炸是怎样产生的，如何预防？

答：当高炉鼓风机突然停转，或助燃空气鼓风机突然停转时，空气管道内的压力突然下降，致使煤气通过冷风大闸或燃烧器进入空气管道而形成爆炸混合物。这些混合物往往在鼓风机恢复供电，启动时发生爆炸。鼓风机叶轮与风机外壳摩擦产生的火花起了点火作用。

预防空气管道及鼓风机爆炸的措施有：

（1）在煤气管道上安装停电切断阀，自动切断煤气。

（2）在空气管道上安装爆炸泄压孔，以防爆炸时破坏管道。

（3）操作上要及时关闭冷风大闸，停止烧炉。

82. 什么叫爆发试验，怎样做爆发试验？

答：用点火爆炸法检验煤气管道或煤气设备内纯净性的试验，叫做爆发试验。通过爆发试验来检验煤气管道或煤气设备在通入煤气后是否还残留有空气。

爆发试验装置是采用薄钢板（如马口铁）做成的（见图 2-13）。

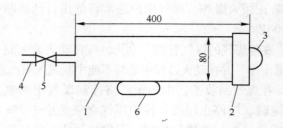

图 2-13　爆发试验筒

1—筒体；2—盖子；3—环柄；4—排气口；5—旋塞；6—手柄

使用时手握环柄，拔下盖子，打开旋塞，将筒下口套在煤气系统末端取样口上，煤气便从下口进入，将筒内气体从排气管驱赶出去；待筒内完全充满煤气后，关上旋塞，移开取样口迅速盖上盖；到安全地点，划火柴后拔下盖子，从下口点燃筒内煤气。

如果点不着，表明煤气管道内空气过多。

如果发生爆鸣，表明煤气管道内的混合气体已达到爆炸极限范围。

如果点燃后能燃烧到筒顶部为合格。

爆发试验连续三次合格，才能算合格，做爆发试验时应注意以下事项：

（1）取样时，一定要把试验筒的排气口打开，以便将筒内原有的空气全部排净，否则试验就不真实，就会得到错误的判断。

（2）做爆发试验必须三次全部合格，其中一次不合格，应重新做三次，直到全部合格。

（3）做爆发试验前，操作人员的脸部应避开筒口，以免烧伤。

83. 为什么送煤气时要连续做三次爆发试验且要求均为合格？

答：爆发试验是利用一个特制的取样筒（也叫爆发筒），在煤气管道或设备上的最末端取管道或设备内的介质，然后在远离放散点处用明火将其点燃，如果介质是纯煤气就能连续稳定地燃烧至筒底，此时就可以断定煤气置换空气已经合格。这样的试验连做三次，并且均为合格后，方可送煤气。

因为在送煤气时是由煤气置换空气，为了检验置换的彻底与否，所以一般采取爆发试验的方法。为确保安全，防止管道内部存在死角或涡流等现象，必须连续做三次爆发试验，并且都合格，若其中有一次不合格，则必须重新做三次。

84. 高炉生产在什么情况下易发生煤气爆炸事故？

答：高炉生产在以下情况下易发生煤气爆炸事故：

（1）高炉长期休风，炉顶未点火或点火又熄灭的情况下，随着炉顶温度逐渐降低，残留气体体积缩小而形成负压，空气趁虚而入与炉顶残留煤气或风口未堵严而产生的煤气混合，形成爆炸性混合气体，此时如遇火种，就可能造成煤气爆炸事故。

（2）当煤气管道内煤气压力低于大气压时，周围空气极易从人孔、法兰等封闭不严处进入煤气管道内，混合成爆炸气体，如达到一定温度就会发生爆炸。造成煤气管道内负压的原因，往往是由于煤气气源减少而消耗量并未减少的缘故，结果由于热风炉、烧结、锅炉等用户的烟囱抽力而使管道产生负压。

（3）长期未用的热风炉（或新炉子），由于炉内温度很低，点火时煤气不能顺利、安全燃烧，结果在炉内残存一部分煤气，如遇高温，也易造成热风炉燃烧室烟道的煤气爆炸事故。

（4）在紧急停电的情况下，如果冷风管道上的放风阀未及时打开，当热风阀和冷风阀关不严，或混风阀未关，此时高炉内的煤气还有一定压力，就可能倒流至冷风管道内，造成冷风管煤气爆炸，严重时可能摧毁整个风机。

（5）高炉休风时煤气除尘系统通入的蒸汽压力不足或突然中断，使空气进入形成混合气体，如遇瓦斯灰，极可能发生煤气爆炸。

（6）煤气系统检修，并需要动火时，煤气未排尽，或排尽后又从其他高炉煤气除尘系统窜入煤气而引起爆炸。

（7）热风炉点火失败，未将炉内残留煤气排除干净又重新点火而引起爆炸。

85. 高炉拉风减压时，为什么严禁将风压减到零位？

答：高炉拉风减压一般在下列情况下采取的：坐料、出铁失常、发生直接影响高炉正常操作的机械或动力事故等。

拉风减压只是利用放风阀把风量放掉一些，冷风管道仍有一部分风量进入高炉内，高炉仍保持正压操作，这时热风炉的冷风阀、热风阀（如果紧急拉风还包括混风阀）都没有关闭，若将风压减到零位，会使热风炉至放风阀之间的冷风管道产生负压，高炉内热煤气倒流到热风炉内，若燃烧不完全，就有可能倒流到冷风管道内，而引起煤气爆炸。

86. 高炉休风后，煤气系统应做哪些工作才能保证动火安全？

答：（1）高炉炉顶点火。

（2）除尘器放灰阀打开与大气接通。

（3）煤气系统各放散阀及人孔打开，并与大气接通。

（4）除尘器内通氮气。

（5）经检测合格后方可动火。

87. 高炉休风检修时，炉顶点火应注意什么？

答：炉顶点火时应注意下列几点：

（1）点火前应将重力除尘器煤气切断阀完全关到位，底部放灰阀打开，与大气接通。

（2）禁止在点火前卸下直吹管。

（3）点火时，高炉风口、渣口、铁口等处禁止有人工作。

（4）点火时操作人员应站上风向，严禁面对点火人孔。

88. 如何处理煤气爆炸事故？

答：煤气爆炸事故发生后，会造成煤气设备损坏，煤气泄漏或产生着火以至于煤气中毒等严重事故。通常在发生煤气爆炸事故后，紧接着就会发生煤气着火和中毒事故，甚至会发生第二次爆炸，因此在处理煤气爆炸事故时要特别慎重，注意应采取以下措施：

（1）尽快通知煤气防护部门、消防队和医疗部门来抢救，同时组织现有人员立即投入到抢救之中，抢救时应统一指挥。

（2）煤气发生设备出口闸门以外的设备或煤气管道爆炸，虽尚未着火，也应立即切断煤气源，向设备或管道内通入大量蒸汽冲淡设备或管道内的残余煤气以防再次爆炸。在彻底切断煤气源之前，有关用户必须熄火，停止使用煤气。

（3）煤气发生设备出口闸门以外设备或管道爆炸，又引发着火时，应按着火事故处理，严禁切断煤气源。

（4）煤气炉在焖炉过程中发生爆炸，通常只炸一次，随后应安装防爆铝板。

（5）因爆炸造成大量煤气泄漏，一时不能消除时，应先适当降低煤气压力，并立即指挥全部人员撤出现场以防煤气中毒，然后按煤气危险作业区的规定进行现场处理。

（6）如果发生煤气着火、中毒事故，应按照着火、中毒事故处理办法执行。

（7）处理煤气爆炸事故的现场人员要做好个人防护，以防中毒。

（8）在爆炸地点 40m 内严禁有火源和高温存在，以防着火事故。

（9）在煤气爆炸事故未查明原因之前不得恢复生产。

89. 如何预防高炉生产过程中的煤气爆炸？

答：高炉生产伴有大量的煤气产生，在高炉运行过程中极易发生煤气事故，为了预防煤气事故的发生，需要采取一系列的安全措施。这些安全措施的根本点在于消除着火爆炸的因素，即防止形成爆炸性混合气体。

（1）高炉设备管道要保持正压，高炉休风检修时要通蒸汽充压，以确保外界空气不窜入煤气设备，从而避免形成爆炸性气体。

（2）停送煤气时，要先用蒸汽或氮气清除残余煤气（或空气）以避免形成爆炸性混合气体。

（3）高炉排风时，要保持一定的剩余压力，防止高炉煤气通过混风阀进入冷风管与空气混合形成爆炸性混合气体。

（4）在高炉休风时，高炉炉顶要点火使煤气在控制条件下燃烧，以避免形成高浓度的爆炸性混合气体。

（5）在高炉空料线很深的情况下休风点火时，要保证火不会熄灭，并尽量排除燃烧后的废气。

（6）当炉膛内的火焰因煤气过量熄灭时，应关闭煤气截门或往炉膛内通蒸汽，直至没有煤气为止。

（7）当炉膛内的火焰因煤气量少而熄灭时，应关闭煤气截门，使炉内煤气通过烟囱抽出去，切不可通入煤气。

（8）当煤气管道内的压力低于 1000Pa 时，应关闭通往用户的煤气管网，防止产生负压时管网吸入空气发生爆炸。

（10）在煤气管道，设备上动火从事电焊、氧割作业时，要保证煤气设备和管道处于正压状态。

（11）为减弱煤气的爆炸力，在煤气管道上要设置防爆板或泄爆阀。

90. 煤气防爆板有何功能?

答：煤气防爆板（又称防爆膜、泄爆膜）的功用是当设备内发生化学爆炸或产生过高压力时，防爆板作为人为设计的薄弱环节自行破裂，将爆炸压力释放掉，使爆炸压力难以继续升高，从而保护设备或容器的主体免遭更大的损坏，使在场的人员不致遭受致命的伤亡。

凡有重大爆炸危险性的煤气设备及管道的场所都应安装防爆板。防爆板的安全可靠性取决于防爆板的材料、厚度和泄压面积。防爆片的选用要求如下：

（1）正常生产时压力很小或没有压力的设备，可用石棉板、塑料片、橡胶或玻璃片等作为防爆片。

（2）微负压生产情况的可采用 20～30mm 厚的橡胶板作为防爆片。

（3）操作压力较高的设备可采用铝板、铜板。铁片破裂时能产生火花，存在可燃性气体时不宜采用。

（4）防爆板的爆破压力一般不超过系统操作压力的 1.25 倍。若防爆板在低于操作压力时破裂，就不能维持正常生产；若操作压力过高而防爆片不破裂，则不能保证安全。

（5）防爆片的泄放面积，一般按照 $0.035～0.1 m^2/m^3$ 选用。

防爆板的安装要可靠，夹持器和垫板表面不得有油污，夹紧螺栓应拧紧，防止螺栓受压后滑脱。运行中应经常检查连接处有无泄漏，由于特殊要求在防爆板和容器之间安装了切断阀的，要检查阀门的开闭状态，并应采取措施保证此阀门在运行过程中处于开启位置。

防爆板一般每 6～12 个月应更换一次。

91. 煤气事故预防措施有哪些？

答：预防煤气事故的措施有：

（1）封——保证严密性，钢管材质、焊缝质量要好；采用耐压设计（材料、结构）。

（2）隔——设可靠隔断装置、逆止装置、紧急切断装置。

（3）堵——设汽封、氮封，保持压力；采用防爆电器。

（4）泄——设防爆阀、爆破膜、防爆水封、安全阀，门窗外开。

（5）放——设事故放散、调压放散装置、通风排气装置。

（6）控——要进行含氧量、CO、压力、温度、流量、柜位、液位检测监控。

第3章 煤气设施的检修与作业

92. 企业煤气危险区域如何划分？

答：煤气危险区域依据危险程度一般分为三类：

（1）一类煤气危险区域：该区域是必须佩戴防毒面具才能工作的地点。如果在此区域工作不戴防毒面具，即使是短时间停留也会有生命危险。例如带煤气抽堵盲板、更换流量孔板、带煤气钻眼、堵漏，更换高炉探尺以及其他带煤气作业。

（2）二类煤气危险区域：该区域必须在有监护人员在场的情况下才能工作。在此区域工作应佩戴防毒面具或准备防毒面具。例如在开关煤气插板、高炉平台以上部分的检修作业、停送煤气作业以及其他需要有人监护的煤气作业区域。

（3）三类煤气危险区域：该区域是不需要监护人员在场即能工作的地点，但应有人定期巡视检查。例如煤气设备附近、炼铁热风炉周围、化工焦炉地下室以及其他有煤气污染地点，但不超国家卫生标准的区域。

对于一类、二类煤气危险区域的作业，必须制定煤气危险作业指示图表及安全措施，作业时必须有救护人员在场，所有人员必须会正确使用防毒面具，作业人员必须经过煤气安全知识教育和技术操作培训，并经考试合格。

对于三类煤气危险区域应定期进行巡检，并定期测定该区域的 CO 含量。

93. 煤气设施检修是如何进行分类的？

答：煤气系统经过长期运行，由于煤气管道、设备内硫化氢、氨等介质及大气腐蚀，外力的影响和气温变化等原因，经常引起煤气泄漏甚至穿孔而漏气、漏水。这些漏气、漏水点不仅污染环境，也给生产安全带来隐患，因此需要进行计划检修和非计划检修。

计划检修是指企业根据设备管理、使用的经验以及设备状况，制定设备检修计划，对煤气管道、设施进行有组织、有准备、有安排的定期检修。计划检修可分为大修、中修、小修。

由于煤气生产系统具有易燃、易爆、易中毒的危险，加之检修时常常需要动用明火，有时为了保证工厂生产不中断，常常还要带煤气进行作业，极易造成煤气中毒、着火和爆炸事故，甚至发生重大人员伤亡事故。因此，对检修作业必须强化安全管理，采取各种相应的防范事故的措施，确保检修作业安全。

94. 煤气检修前的安全措施有哪些？

答：煤气检修前的安全措施有以下几个方面：

（1）建立健全组织领导机构。针对检修作业的实际情况，首先建立由各相关部门、职能处室参加的检修领导组，负责各专业的业务协调；其次是确定每项检修项目的安全负责人，并明确其职责。检修作业前一定要与相关岗位联系好，密切配合，防止发生事故。

（2）制定检修施工方案。煤气设施检修作业必须由煤气设备所属单位事先制定作业计划，包括停送煤气指示图表、检修工程计划、具体停送煤气方案和安全技术措施等。确定人员组织及分工，并申请批办作业手续。

检修项目负责人须按检修方案的要求，组织检修人员到检修现场，交代清楚检修项目、任务、检修方案，并落实检修安全措施。

在下达检修任务时，必须同时下达检修项目的安全注意事项、安全技术措施，没有安全技术措施的检修项目一律不得施工。

（3）检修安全作业证制度。凡检修、拆装设备设施或施工作业，应办理《设备检修安全作业证》（简称《作业证》），具体管理内容和要求如下：

1）《作业证》存放于设备运行的单位，检修施工作业前，由检修单位到运行单位填证。

2）检修单位负责人负责现场安全检查监督监护，确认运行单位采取的安全措施正确齐全完备，正确安全地组织检修、施工作业。工作前对检修，施工人员交代安全事项，结合实际进行安全教育，督促检修、施工人员学习并遵守各项规程及安全措施。

3）检修、施工人员认真执行现场安全措施和检修、施工安全规定。注意保证相互间作业安全，并注意和监督本规定及现场安全措施的落实情况。对《作业证》审批手续不全、安全措施不落实、作业环境不符合安全要求的，作业人员有权拒绝作业。

4）设备单位的负责人负责审查《作业证》所列安全措施是否正确完备，为检修施工人员提供安全的作业环境。

5）设备单位负责人和检修施工现场负责人共同落实安全措施，检查确认后，分别在证上签名。

6）完成以上手续后，检修、施工作业方可开始，签字双方任何一方不得擅自变更安全措施。并向各自的监护人员交代清楚，如有特殊情况需变更时，应与对方协商解决。

7）全部检修、施工完毕后，检修施工现场负责人在确认检修施工工作全部结束后，向设备单位交回检修作业证，向设备单位负责人提出验收申请，验收合格后，在证上填明检修、施工终结时间，经双方签名后，《作业证》方告终结。

（4）检修前的安全教育。检修前必须对参加检修作业的人员进行安全教育，使检修人员明确在检修过程中可能出现的危险因素及控制措施，安全教育内容包括：

1）检修作业必须遵守的有关检修安全规章制度。

2）检修作业现场和检修过程中可能存在或出现的不安全因素及对策。

3）检修作业过程中防护用具和用品的正确佩戴和使用。

4）检修作业项目、任务、检修方案和检修安全措施。

（5）检修前的安全检查。煤气设施检修前，应由检修指挥部统一组织，进行一次全面细致的安全检查工作。组织相关人员对检修作业的全过程进行危险因素辨识，对各类危险因素制定相应的控制措施。

1）应对检修作业使用的脚手架、起重机械、电气焊用具、手持电动工具、扳手、管钳等各种工器具进行检查，凡不符合作业安全要求的工器具不得使用。

2）应采取可靠的断电措施，切断需检修设备上的电器电源，并经启动复查确认无电后，在电源开关处挂上"禁止启动"的安全标志。

3）对检修作业使用的气体防护器材、消防器材、通信设备、照明设备等器材设备应经专人检查，保证完好可靠，并合理放置。

4）应对检修现场的爬梯、栏杆、平台、盖板等进行检查，保证安全可靠。

5）对检修用的盲板逐个检查。

6）对检修所使用的移动式电气工器具，必须配有漏电保护装置。

7）应将检修现场的易燃易爆物品、障碍物、油污等影响检修安全的杂物清理干净。

8）检查、清理检修现场的消防通道、行车通道，保证畅通无阻。

（6）检修前的安全处理。做好设备检修前的处理是保证安全检修的前提条件，其重要内容包括关闭阀门、插盲板、放散、置换等工作。从而使交出检修的设备与运行系统或不置换系统进行有效隔绝，达到安全状态。设备的插盲板、放散、置换工作由设备所在单位负责，然后将设备交出并办理交接手续。

95. 煤气检修后的安全检查有哪些？

答：经过检修的设备均应逐台进行全面系统的安全检查，确认无误后方可交接，进行送气，检查的重点是：

（1）所有计划检修项目是否完成，有无漏项。

（2）抽堵盲板是否处理好，有无该堵的没堵，该拆的没拆。

（3）设备的安全设施是否恢复，检修质量是否达到要求。

（4）设备内外有无杂物，及遗留的工器具。

（5）各种管线、阀门是否处于正常运行的位置。

（6）电机的接线是否正确，各种临时电源是否清除。

（7）机、电、仪是否具备运行条件。

（8）检修单位会同设备所在单位和有关部门对煤气设备进行试压、试漏。

96. 进入煤气区域应注意的事项有哪些？

答：作业人员在进入煤气区域时，应注意以下事项：

（1）必须是两人以上进入煤气区域。

（2）必须携带 CO 报警仪，使报警仪处于工作状态，并应保证灵敏可靠性能。

（3）作业人员在进入煤气区域内时，不得并行，而应一前一后，间隔不少于 5m，并由前行者拿 CO 报警仪。报警仪手持或夹在上衣兜盖。

（4）在从事煤气作业时，应由一人监护，一人进行作业。

（5）如发现煤气区内有煤气严重泄漏现象或其他重大问题，应立即向上级报告，并采取相应措施，如保护出事地点，佩戴防毒面具，疏散其他人员等。

97. 煤气设施安全管理须知有哪些？

答：（1）新建、改建、大修或长期未使用的煤气设备，投产前必须详细检查，并作气密性试验合格后方可交付使用。

（2）所有煤气设备未经安全、设备部门批准同意，不得任意改动、拆迁、废除或增设。

（3）新启用或检修后的室内煤气设备，送气后必须用肥皂水全面检查有无泄漏现象。

（4）所有煤气设备必须保持严密、正常、安全可靠，并定期检查维护。

（5）煤气设备严禁与其他设备（如蒸汽管、水管、空气管、氧气管、惰性气体管等）直接相连。使用时临时连接，用后立即拆除。

（6）煤气设备必须保持正压操作；停产超过 24 小时或检修，必须有可靠的切断装置，处理干净残余煤气，与大气联通。

（7）煤气设备和管道严禁搭电焊地线，防止引起设备信号紊乱。

（8）有煤气设备的场所必须通风良好，定期检查试漏，测定 CO 含量小于 $30mg/m^3(24ppm)$。

（9）在煤气场所内严禁堆放易燃易爆等危险品，要配备适量的消防器材。

（10）值班室必须有压力表、压力警报器，各种计器仪表、灯光信号必须保证灵敏可靠。

（11）煤气区域和值班室必须安装煤气报警仪，并与煤气防护站可靠联网。

（12）煤气操作室和值班室必须有安全门（外开）和通道（绕开煤气设备），便于出现煤气事故后，人员的安全撤离。

（13）煤气场所及煤气设备，必须悬挂醒目的安全标志，闲人禁止靠近。

98. 设备内作业有哪些管理制度？

答：（1）设备内作业的定义：凡在设备、容器、管道内、低于地面的各种设施（井、池、沟、坑、下水道、水封室等）内以及平时与大气不相通的密闭设备或易积聚有毒有害气体和易形成缺氧条件的场所内进行检查、修理、动火、清理、掏挖等作业的，均为设备内检修作业。

为了避免作业人员私自进入各类设备内作业而可能引发的窒息或火灾事故的发生，应采取相应的安全防范措施。

（2）设备内作业证制度：

1）进入设备内作业前，必须办理进入设备内作业证。作业证由生产单位签发，由该单位的主要负责人签署。

2）生产单位在对设备进行置换、清洗并进行可靠的隔离后，事先应进行设备内可燃气体分析和氧含量分析。有电动和照明设备时，必须切断电源，并挂上"有人检修，禁止合闸"的警示牌，以防止有人误操作伤人。

3）检修人员凭有负责人签字的"进入设备内作业证"及"分析合格单"才能进入设备内作业。在进入设备内作业期间，生产单位和施工单位应有专人进行监护，并在该设备外明显部位挂上"设备内有人作业"的警示牌。

99. 设备内作业有哪些安全要求？

答： 对煤气设施内进行检修作业的人员应注意以下安全事项：

（1）安全隔绝。应采取以下措施进行安全隔绝：

1）设备上所有与外界连通的管道、孔洞均应与外界有效隔离，可靠地切断气源、水源。管道安全隔绝可采用插入盲板或拆除一段管道进行隔绝。不能用水封或阀门等代替。

2）设备上与外界连接的电源有效切断，并悬挂"设备检修，禁止合闸"的安全警示牌。

3）在距作业地点40m以内严禁有火源和热源，并应有防火和隔离措施。

（2）清洗和置换。进入设备内作业前，必须对设备内进行清洗和置换，并要求氧含量达到18% ~ 22%，富氧环境不超过23%，作业场所CO的工业卫生标准为30mg/m³，在设备内的操作时间要根据CO含量不同而确定。

（3）通风。要采取措施，保持设备内空气良好流通。打开所有人孔、料孔、风门、烟门进行自然通风。必要时，可采取机械通风。采用管道送风时，通风前必须对管道内介质和风源进行分析确认，不准向设备内充氧气或富氧空气。

（4）定时监测。作业前，必须对设备内气体采样分析，分析合格后办理受限空间作业证，方可进入设备。注意动火分析不能代替安全分析，如 CO 含量不超过爆炸极限又要符合工业卫生标准。

作业中要加强定时监测，保证含氧量在 18% ~ 22% 之间，否则要及时采取措施并撤离人员。作业现场经处理后，取样分析合格方可继续作业。

（5）照明和防护措施。这些措施主要有：

1）应根据工作需要穿戴合适的劳保用品，不准穿戴化纤织物，佩戴隔离式防毒面具，佩戴安全带等。

2）设备内照明电压应小于等于 36V，在潮湿容器、狭小容器内作业照明电压应小于等于 12V。

3）在煤气场所作业必须使用铜质工具，使用超过安全电压的手持电动工具，必须按规定配备漏电保护器，临时用电线路装置应按规定架设和拆除，线路绝缘保证良好。

（6）要进行监护。监护内容包括：

1）进入容器工作时，容器外必须设专人进行监护。负责容器内作业人员的安全，不得擅自离开，监护人员与设备内作业人员加强联系，时刻注意被监护人员的工作及身体状况，视情况轮换作业。

2）进入设备前，监护人应会同作业人员检查安全措施，统一联系信号。设备内事故抢救、救护人员必须做好自身防护，方能进入设备内实施抢救。

100. 进入煤气设备内作业人员应遵守哪些取样要求？

答： 进入煤气设备内作业人员应遵守以下取样要求：

（1）为了防止煤气中毒，当操作人员需要进入煤气设备内部作业时，事先必须取样分析设备内 CO 含量。

（2）通过取样分析，可以掌握设备内的 CO 含量和变化，根据 CO 含量的多少可以确定在设备内连续作业的最佳时间和采取什么样的安全防护措施。

（3）进入煤气设备内部作业时，安全分析取样时间不得早于动火或进入设备内 30min。

（4）在检修动火工作中，每 2h 必须重新取样分析。

（5）在工作中断后，恢复工作 30min，也要重新取样分析。

（6）在煤气设备内取样应有代表性，防止出现死角。

（7）当煤气密度大于空气时，应在设备的中部、下部各取一处气样；当煤气密度小于空气时，在设备内部的中、上部各取一处气样。

（8）经对取样进行 CO 含量分析后，在允许作业人员进入煤气设备内进行工作时，要做好相应的防护措施，设专职监护人，作业人员方可进入煤气设备内。

101. 煤气置换有哪些方法？

答：煤气的置换又称为吹扫，就是气体置换。检修时把煤气管道、设备内部的煤气赶走置换成空气。送煤气时是把煤气管道、设备内部的空气置换成煤气。由于煤气具有毒性和火灾爆炸性，因此煤气置换作业是煤气系统安全生产、检修工作中的一项重要内容。常用的煤气置换方法有以下几种：

（1）一步置换法。一步置换法即直接置换法，用煤气直接置换管道内空气的方法，危险性较大。因为在用煤气直接置换空气过程中，煤气与空气的混合体积必定经过从达到爆炸下限至爆炸上限的过程，存在着火、爆炸的危险。此外，用煤气直接置换必将向大气中放散大量煤气，对周围环境造成污染，所以一般禁止使用此方法。如果限于条件或其他原因采用煤气直接置换时，应采取如下严格的安全防范措施：

1）置换时应保持一定的正压力。

2）置换时煤气进气流速应小于 1.0m/s，以防摩擦产生静电。

3）置换用煤气应进行化验，置换前三天煤气全分析结果应与置换送气方案设计时气体组分基本相符。

4）置换时气温不得低于 0℃，风力不得大于 4 级。

5）管道和其他设备接地电阻不得大于 4Ω。

（2）两步置换法。两步置换法就是间接置换，即先用惰性气体置换管道内空气，然后用煤气置换管道内的惰性气体。两步置换法有蒸汽置换法、氮气置换法和烟气置换法。

1）蒸汽置换法。此方式是最常用的一种气体置换方式，比较安全，用压力为 0.1~0.2MPa 左右的蒸汽即可，一般每 300~400m 管道设计一个吹扫点。根据管道末端放散管放散气体颜色和管道壁温变化来判断置换合格与否，一般冒白色烟气 5~10min 或者管道壁温升高明显，就可认为已到系统置换终点，可转入正常检修或送煤气状态。因蒸汽是惰性气体，在置换过程中因机械、静电、操作等原因产生火花，也不会酿成事故。

蒸汽置换法的不足之处主要有：

① 蒸汽置换需要连续完成，不允许间断，若中途停下，由于蒸汽冷凝体积变小，形成负压，使设备、管道变形损坏和扩大漏点。因故必须停止置换作业时，不要关闭放散阀。

② 长距离管道置换时热损失大，置换时间长，尤其是雨季和冬季气温低时。

③ 由于蒸汽置换温度高，会由于内部应力、推力等原因对管道、设备及支架造成损坏。

④ 置换成本高，蒸汽耗量大，不经济，吹扫蒸汽耗量为管道容积的 3 倍。

2）氮气置换法。这是一种可靠的间接置换方式，属于惰性气体置换。具有蒸汽置换的优点，由于置换过程中体积、温度变化小，而且既不是可燃也不是助燃气体，可缩小混合气体爆炸极限范围，更加安全。

氮气置换法的不足之处主要有：

① 一般工厂没有制氧站，氮气供应难以保证。

② 氮气属于惰性气体，进去检修要采取通风措施，确保其中有足够的 O_2 含量，否则会造成窒息中毒事故。

3）烟气置换法。煤气在控制空气比例下完全燃烧会产生烟气，烟气经冷却后导入煤气设备或管道内，作为惰性介质排除空气或赶掉煤气。在无氮气、蒸汽的工厂吹扫往往采用这一方法。

烟气中虽含有 1% 的 CO，但低于它的爆炸下限，且烟气中含有大量氮气和二氧化碳，对可燃气体有抑爆作用，因此这种置换方法是安全的。这种方法多用于煤气发生炉等煤气设备及其管道设施。此方式经济，不需要增加其他设施。

烟气置换法的不足之处：由于煤气发生炉所产废气的煤气成分是逐渐变化的，用于管线长的系统置换时不易确认置换终点，当系统要进入检修时仍然要用空气置换，对 CO、O_2 含量检测要求严格。据某工厂的实际经验，用所使用的燃烧设备产生的合格烟气作为气体置换介质，其合格标准为烟气的含氧量在 1% 以下、CO 含量在 2% 以下，其余为 N_2 或 CO_2 气体，这是安全可靠的。

102. 煤气置换的安全要求有哪些？

答：进行煤气置换时的安全要求有：

（1）置换过程中，严禁在煤气设施上拴、拉电焊线，煤气设施 40m 以内严禁火源。

（2）煤气设施必须有可靠的接地装置，站内接地电阻不大于 5Ω，站外接地电阻不大于 10Ω。

（3）用户末端具备完善的煤气放散设施，保证取样阀及放散阀安装正确与完好。

（4）有完善的吹扫装置。

（5）支管系统用压缩空气置换、试压时，一定要根据压力选用有足够强度的煤气盲板。

（6）必须有两台合格的 CO 报警仪及对讲机。

103. 送煤气作业应具备哪些安全条件？

答： 在组织送煤气作业时，为防止发生煤气中毒事故，必须具备以下安全条件：

（1）在送煤气前，应制订详细的送煤气危险作业指示图表，对所有参加作业的人员必须进行有针对性的安全教育。

（2）送煤气前应对所属煤气设备进行详细检查，除末端放散管外，其余放散管及所有人孔、检查孔等均应关闭或封闭好，各阀门开关处于合理的位置。

（3）新投产的煤气设备必须经过严密性试验，在确认合理后，方可送煤气。

（4）所有煤气排水器应注满水并流淌。

（5）送煤气应分段进行，即先送主管后送支管。

（6）各末端放散处应设专人看守，不准在厂房内放散煤气，在下风侧 40m 内应设警戒岗哨和标志，防止有人误入煤气作业区域内。

（7）在送煤气后，应沿线路进行复查，发现管道有泄漏处应及时处理。

（8）参加作业人员必须佩戴防毒面具和 CO 报警仪，并有防护人员在现场进行监护，必要时请医务人员到现场。

（9）送煤气作业一般不要在雷雨天或夜间进行。特别情况必须在夜间进行时，应采取特殊安全措施。

104. 煤气的送气操作有哪些步骤？

答： 送气操作实质是将管道内的空气置换为煤气，这项工作属于煤气危险工作，应有组织、有指挥、有计划、按步骤进行。

（1）准备工作。准备工作包括：

1）由生产管理部门、安全部门联合提出操作计划，确定组织及分工，进行安全教育，申请审批操作手续。

2）全面检查煤气设备及管网，确认不漏、不堵、不冻、不窜、不冒、不靠近火源放散，不把煤气放入室内，不存在吹扫死角和不影响后续工作进行。

3）辅助设施齐备，吹扫用氮气准备好，排水器注满水，各种阀门灵活开关在规定位置，仪电投入运行。若煤气管网压力波动较大，送煤气前宜先关闭排水器工作阀，待管网压力平稳后，再打开。

4）防护及急救用品、操作工具、试验仪器、通信工具准备好。

（2）送气置换步骤。送气置换步骤为：

1）通知煤气调度，具备送气条件。

2）打开末端放散管，监视四周环境变化。

3）抽盲板作业。

4）从煤气管道始端通入氮气（或蒸汽）以置换内部空气，在末端放散管附近取样试验，直至含氧量低于 2%，关闭末端放散。

如通蒸汽置换空气，通煤气前切忌停气，以免重吸入空气，更不能关闭放散管停气，以免管道出现抽瘪事故。

5）打开管道阀门，以煤气置换氮气，管道末端放散打开，并取样做燃烧试验直至合格后关闭放散管。

6）全线检查安全及工作状况，确认符合要求后，通知煤气调度正式投产供气。

（3）送气注意事项。送气注意事项包括：

1）阀门在送气前应认真检查，并应准备好润滑部分防尘，电气部分防雨罩。入冬应做好寒冻保温。

2）鼓型补偿器事前要装好防冻油。

3）排水器事先抽掉试压盲板，注满水。

4）冬季送气前蒸汽管道应提前送汽，保持全线畅通无盲管和死端。

5）蝶阀在送气前处于全开位置。

6）管道通蒸汽前必须事先关闭计器导管。

7）抽出盲板后应尽快送气，因故拖延时间必须全线设岗监护安全。

8）炉前煤气支管送气前应先开烟道闸或抽烟机，先置引火物后开煤气阀并应逐个点火，燃烧正常后再陆续点火。

9）冬季应注意观察放散情况，是否冻冰堵塞。

10）送气后吹刷气源必须断开与管道的连接。

105. 煤气点火操作程序和安全注意事项有哪些?

答：煤气点火操作是煤气已经送到支管，具备点火条件，引风机和助燃风机启动，无关人员离开现场，接到指令进行点火操作。

（1）点火程序。点火程序包括：

1）适量开启闸板或引风机，使炉内呈微负压。

2）点火应从出料端第一排烧嘴开始向装料端方向的顺序逐个点燃。

3）点火时应三人进行，一人负责指挥，一人持火把放置烧嘴前 100~150mm，另一人按先开煤气，待点着后再开空气的顺序，负责开启烧嘴前煤气阀门和风阀，无论煤气阀还是风阀均要徐徐开启。

如果火焰过长而火苗呈黄色则是煤气不完全燃烧现象，应及时增加空气量或适当减少煤气量；如果火焰过短而有刺耳噪声则是空气量过多现象，应及时增加煤气量或减少空气量。

4）点燃后按合适比例加大煤气量和风量，直到燃烧正常。然后按炉温需要点燃其他烧嘴；最后调节烟道闸门，使炉膛压力正常。

5）点不着火或着火后又熄灭，应立即关闭煤气阀门，向炉内送风 10~20min，排尽炉内混合气体后再按规定程序重新点燃，以免炉膛内可燃气体浓度大而引起爆炸。查明原因经过处理后，再重新点火。

（2）点火操作安全注意事项。点火操作安全注意事项如下：

1）点火时，严禁人员正对炉门，必须先给火种，后给煤气，严禁先给煤气后点火。

2）送煤气时点不着火或着火后又熄灭，应立即关闭煤气阀门，查清原因，排净炉内混合气体后再按规定程序重新点燃。

3）若炉膛温度超过 800℃ 时，可不点火直接送煤气，但应严格监视其是否燃烧。

4）点火时先开风机但不送风，待煤气燃着后再调节煤气、空气供给量，直到正常状态为止。

106. 煤气停气操作有哪些步骤？

答：停气作业不但要停止设备及管道输气，而且要清除内部积存的煤气，使其与气源切断并与大气连通，为检修创造正常作业和施工的安全条件，其步骤如下：

（1）准备工作。准备工作主要有：

1）制订停气方案和办理作业手续。包括煤气管道停气后的供气方式及生产安排，煤气来源的切断方式及其安全保障措施。

2）检查准备好停煤气吹扫用中间介质（氮气或蒸汽）的连接管、通风机、放散管及阀门是否符合要求。

3）准备好堵盲板操作工具及材料。

4）准备好防护用具、消防用品和化验仪器等设备。

（2）停气置换步骤。停气置换步骤为：

1）通知煤气调度，具备停气条件后关闭阀门。

2）有效地切断煤气来源，采用堵盲板、关眼镜阀或关闸阀加水封的方法进行可靠隔离，要注意单靠一般闸阀隔断气源是不安全的。

3）开启末端放散管及监护放散。

4）通氮气或蒸汽。

5）接通风机鼓风至末端放散管附近，管道中吹出气含氧19.5% 为合格。

6）排水器由远至近逐个放水驱除内部残余气体。

7）停止鼓风。

8）通知煤气调度停气作业结束。

9）进入管道内部工作前，必须取样试验符合标准后，发给许可工作证。

（3）注意事项。停煤气操作的注意事项有：

1）停气管道切断煤气的可靠方式包括插板阀、盲板、眼镜阀、扇形阀和复合式水封阀门装置（包括水封＋闸阀或密封蝶阀，带水封的球蝶阀）。单独的水封或单独的其他阀门不能可靠切断煤气来源。

2）通氮或蒸汽前应关闭或断开计量器具导管。

3）开末端放散管前应将蝶阀置全开部位。

4）用蒸汽置换煤气时，管道的放散出口必须在管道的上面。依靠空气对流自然通风清除残余气体时，进气口必须在最低处，排出口在最高处。

5）多端气时必须全部排气达到要求标准后才能停止鼓风。

6）进入管道内部作业必须取空气样试验符合安全卫生标准后发给许可工作证。

7）焦炉煤气及其混合煤气的管道停气后在外部动火时内部应处于密闭充氮或蒸汽的条件下。

8）凡是利用水封切断煤气时都应同时将联用的阀门关严，并将水封前的放散管全开，冬季应保持水封溢流排水。

9）在堵盲板处发现漏煤气时只允许塞填石棉绳；严禁用黄泥或其他包扎方式处理，以免形成煤气通路窜入停气一侧。如有漏气情况，应定时取空气样检测管内气体组成变化。

10）煤气管道停气作业时应有计划地安排排水器内清污、阀门检修和流量孔前管道清堵。

107. 带煤气作业前有哪些检查项目？

答：带煤气作业前应检查以下项目：

（1）落实作业方案和作业时间，提前部署，并确保充足有利的作业条件。

（2）搭设合格的作业逃生通道和平台，准备足够量的相应规格的法兰螺栓。

（3）确认管道测压点，准备测压用 U 形压力表及连接管等。

（4）对控制煤气压力用的阀门、盲板进行加油、检查，使其灵活好使，并确认其能关闭到位。

（5）确认通氮气或蒸汽的扫气点、扫气管连接到位并试验完好。

（6）确认管道接地电阻不大于 10Ω。

（7）确认作业区通风良好，若较闭塞，需拆除建筑墙体通风，并准备 CO 报警仪、空气呼吸器、防爆风扇。

（8）安排安全、消防和医务措施。准备足够、适用的消防器材。现场准备临时水源及适量耐火泥沙。作业时消防车、医务人员到现场。

（9）检查作业点 40m 以内严禁火源或高温，否则必须砌防火墙与之可靠隔离。消除带电裸露电线、接头和接触不良。

（10）准备足够量对讲机，用于现场指挥，协调和控制压力操作等信息的联络。

（11）按事故预案要求，逐一准备和安排一旦出现煤气事故的安全急救措施。

108. 带煤气抽、堵盲板作业有哪些安全要求？

答：带煤气抽、堵盲板作业有较大的危险性，为确保安全，作业人员应遵循以下安全规定：

（1）准备工作。准备工作的内容包括：

1）准备好盲板胶圈、螺栓等相关的备件和工具以及安全防护器具；抽堵 $DN1200$mm 以上盲板时，要考虑起吊装置和防止管道下沉措施。

2）检查盲板电器设备、夹紧和松开器是否合格。旧螺栓提前加油、松动或更换。

（2）抽堵作业安全要求。抽堵作业安全要求主要包括：

1）必须经煤气防护部门和施工部门双方全面检查确认安全条件后，开具作业票，方可作业。

2）在抽、堵盲板作业区域内严禁行人通过，在作业区 40m 以内禁止有火源和高温源，如在区域内有裸露的高温管道，则应在作业之前将高温管道做绝热处理；抽、堵盲板作业区要派专人警戒。

3）煤气压力应保持稳定，不低于 1000Pa；在高炉煤气管道上作业，压力最高不大于 4500Pa；在焦炉煤气管道上作业，压力不大于 3500Pa。

4）在加热炉前的煤气管道进行抽堵盲板作业时，应先在管道内通入蒸汽以保持正压。

5）在焦炉地下室或其他距火源较近的地方进行抽堵盲板作业时，禁止带煤气作业；作业前应事先通蒸汽清扫并在保持蒸汽正压的状态下方可操作。

6）带煤气作业应使用铜质工具，以防产生火花引起着火和爆炸。

7）参加抽堵盲板作业人员所使用的空气呼吸器及防护面罩均应安全可靠，如在作业中呼吸器空气压力低于 5MPa 或发生故障时，应立即撤离煤气区域。

8）参加抽堵盲板作业人员严禁穿带钉鞋。

9）在抽、堵盲板作业时，如法兰上所有螺栓应全部更新，卸不下来的螺栓可在正压状态下动火割掉，换上新螺栓拧紧，但是禁止同时割掉两个以上螺栓，以防煤气泄漏着火。

10）在抽堵盲板作业区内应清除一切障碍。

11）煤气管道盲板作业（高炉、转炉煤气管道除外）均需设接地线，用导线将作业处法兰两侧连接起来，其电阻应小于 0.03Ω。

12）焦炉煤气或焦炉煤气与其他煤气的混合煤气管道，抽堵盲板时应在法兰两侧管道上刷石灰浆 1.5～2m，以防止管道及法兰上氧化铁皮被气冲击而飞散撞击产生火花。抽插焦炉煤气盲板时，盲板应涂以黄油或石灰浆，以免摩擦起火。

13）大型作业或危险作业事先应作好救护、消防等项准备工作，遇到雷雨天严禁抽堵盲板。

109. 煤气盲板作业时怎样搭好架子？

答：在从事煤气管道抽、堵盲板作业时，为确保作业人员的人身安全，对搭设的架子有以下要求：

（1）架子的宽度：煤气管道直径在 1000mm 以上时，作业平台应伸出管道外缘 2000mm；管道直径在 1000mm 以下时，作业平台应伸出管道外缘 1500mm。

（2）煤气管道直径在 1000mm 以下时，可设一层平台，其铺板平面距管道底 700mm。

煤气管道直径超过 1000mm 时，应设两层平台。第二层平台铺板平面距管道底部应为 800mm；第二层平台铺板平面应在管道中心水平线上。

（3）斜梯是作业人员上下管道或事故状态的通道。斜梯的宽度应为 1200mm，其坡度应不大于 30°，斜梯铺板上每隔 250mm 远的距离应焊带肋钢筋。从事较大型的作业或在特殊情况下，应搭设两面斜梯。

（4）斜梯及平台应设围栏。围栏的高度应为 1400mm，其中间应有三道横杆，横杆的间距为 350mm。

110. 抽、堵盲板作业对吊具有哪些要求？

答：在从事抽、堵煤气盲板作业中，对于直径较大的盲板或垫圈应设吊具。吊具的行程要比盲板直径与吊具挂钩的总和大 300mm。所使用的吊具要有足够的强度，要灵活，在作业中应尽量避免产生强烈的摩擦。

吊具不允许用钢丝绳。

111. 抽、堵盲板作业中为什么要求接地线?

答：除了在高炉、转炉煤气管道上进行抽、堵盲板作业可不设接地线外，其余均需设置接地线装置。这是为了防止在进行抽、堵盲板作业中，当煤气管道的法兰撑开，一段管道分为二段时，可能会产生静电而发生火花，造成煤气爆炸或着火事故。

因此，在从事抽堵盲板作业时，要求用导线将煤气管道断开处的法兰两侧永远保持相连，其电阻应小于 0.03Ω。

112. 煤气管道盲板抽堵时发生故障事故如何处理?

答：煤气管道盲板抽堵时发生故障事故应采取以下措施：

（1）当使用远程控制倒阀发生故障时，应立即戴好呼吸器，到现场手动倒阀。

（2）当手动倒阀出现故障，泄漏煤气时，应立即通知用户停止使用煤气或停止回收煤气，并通知煤气调度。

（3）通知周围岗位，根据煤气含量对其进行隔离。

（4）通知维修人员对盲板阀进行维修或更换。

（5）根据煤气含量，通知周围人员解除警戒。

（6）认真做好记录，并向主管领导汇报。

113. 什么叫动火，动火分析合格判定标准是什么?

答：在易燃易爆物质存在的场所，如有着火源就可能造成燃烧爆炸。在这种场所进行可能产生火星、火苗的操作就叫作动火。

（1）动火作业类别：

1）一切能产生火星、火苗的作业，如检修时需要进行电焊、气割、气焊、喷灯等作业。

2）在煤气、氧气的生产设施、输送管道、储罐、容器和危险化学品的包装物、容器、管道及易燃易爆危险区域内的设备上，能直接或间接产生明火的施工作业。

3）电路上安设刀形开关和非防爆型灯具，使用电烙铁等。

4）用铁工具进行敲打作业、凿打墙眼和地面。

凡动火作业，需要经过批准，并妥善安排落实保证安全的措施。

（2）动火分析合格判定标准：动火检测不宜过早，一般不要早于动火前 30min。取样要有代表性，即在动火容器内上、中、下备取一个样，再作综合检测。用测爆仪测试时，不能少于 2 台同时测试，以防测爆仪失灵造成误测而导致动火危险。

作业过程中，每间隔 2h 要检测一次。如果动火作业中断 30min 以上，应重做动火检测。若当天动火未完，则第二天动火前也必须经动火分析合格，方可继续动火。

动火分析合格判定标准是：

1）如使用 CO 检测仪、O_2 检测仪或其他类似手段时，动火分析的检测设备必须经被测对象的标准气体样品标定合格，被测的气体浓度应小于或等于爆炸下限的 20%。

2）使用其他分析手段时，被测气体的爆炸下限大于等于 4% 时，其被测浓度小于等于 0.5%；当被测气体的爆炸下限小于 4% 时，其被测浓度小于等于 0.2%。

3）氧气含量应为 18% ~ 22%（《工业企业设计卫生标准》（GB Z1—2010）），在富氧环境下不得大于 23%。

4）动火分析合格后，动火作业须经动火审批的安全主管负责人签字后方可实施。

表 3-1 所示为某厂煤气设备动火检测标准。

表 3-1　某厂煤气设备动火检测标准

置换方式	检测方法	分析项目	合格标准	备　注
N_2 置换焦炉煤气	可燃气体检测仪	可燃气体	CO 含量小于 0.005%（50ppm）爆炸下限小于爆炸极限的 5%	外部动火检修标准

续表 3-1

置换方式	检测方法	分析项目	合格标准	备　　注
N₂ 置换 高炉煤气	CO 气体 检测仪	CO 含量	CO 含量小于 0.005%（50ppm）	外部动火 检修标准
空气 置换 N₂	O₂ 检测仪	CO 和 O₂ 含量	CO 含量小于 0.005%（50ppm） O₂ 含量 >19.5% 爆炸下限（LEL）无	进入焦炉煤气设备 内部动火检修标准
N₂ 置换空气	O₂ 检测仪	O₂ 含量	O₂ 含量 <1%	送煤气标准
煤气 置换 N₂	测爆筒		筒内无鸣爆声、火焰由筒口 向内部缓慢燃烧	煤气点火标准

114. 动火作业是如何分级的？

答：凡是动用明火或存在可能产生火种作业的区域都属于动火范围，例如焊接、切割、砂轮作业、金属器具的撞击等作业的区域。

煤气设施的动火作业，可分为置换动火与带压不置换动火两种方法，其中带压不置换动火又可分为正压动火和负压动火两种方法。

它们的共同点就是要采取一切措施消除可能产生爆炸的一个或两个因素。

它们的不同点在于置换动火是把煤气设施内的煤气置换干净，使煤气浓度远低于爆炸下限；而带压不置换动火，是煤气内未混入空气，使煤气设施内的煤气浓度远高于爆炸上限或缩小爆炸极限范围。

显然，置换动火较为稳妥，但影响生产，而且消耗大量惰性介质；带压不置换动火可以不影响或少影响生产，但工艺条件要求较高。

根据动火作业的危险程度，动火作业分为一级动火作业、二级动火作业和三级动火作业三类。

（1）一级动火作业。一级动火作业有：

1）各类煤气生产设施（储罐、容器等）、$DN \geqslant 200mm$ 煤气输送管道的本体及与本体水平净距1m 范围内动火作业。

2）$DN \geqslant 80mm$ 氧气输送管道动火作业。

3）A 级易燃易爆区域动火作业。

（2）二级动火作业。二级动火作业有：

1）各类煤气停产设施（储罐、容器等）、$DN < 200mm$ 煤气输送管道的本体及与本体水平净距1m 范围内动火作业。

2）$DN < 80mm$ 氧气输送管道动火作业。

3）B 级易燃易爆区域动火作业。

（3）三级动火作业。除一级动火作业和二级动火作业以外的动火作业均为三级动火作业。

115. 动火作业必须遵守哪些规定?

答:（1）动火作业必须办理"动火作业许可证"。进入设备内、高处等进行动火作业，还应执行进设备内和高处作业的相关规定。

（2）高处进行动火作业，其下部地面如有可燃物、孔洞、阴井、地沟、水封等，应检查并采取措施，以防火花溅落引起火灾爆炸事故。

（3）在地面进行动火作业，周围有可燃物，应采取防火措施。动火点附近如有阴井、地沟、水封等应进行检查，并根据现场的具体情况采取相应的安全防火措施，确保安全。

（4）五级风以上（含五级风）天气，禁止露天动火作业。因生产需要确需动火作业时，动火作业应升级管理。

（5）动火作业应有专人监护。动火作业前应清除动火现场及周围的易燃物品，或采取其他有效的安全防火措施，配备足够适用的消防器材。

（6）动火作业前，应检查电、气焊工具，保证安全可靠。

（7）使用气焊焊割动火作业时，氧气瓶与乙炔气瓶间距应不小于 5m，二者距动火作业地点均应不小于 10m，气瓶不准在烈日下曝晒。

（8）在道路沿线的动火作业，如遇装有化学危险物品的火车通过或停留时，必须立即停止作业。

（9）凡在有可燃物或易燃物构件的冷却塔、备件库等内部进行动火作业时，必须采取防火隔绝措施，以防火花溅落引起火灾。

（10）生产不稳定，设备、管道等腐蚀严重不准进行带压不置换动火作业。

（11）动火作业时，安全、消防主管部门、分厂及作业区主管领导、动火作业与动火作业设施所在单位（管理权限的分厂）的安全员应到现场监督检查安全防火措施落实情况。危险性较大的动火作业可请保卫部门到现场监护。

（12）凡盛有或盛过化学危险物品的容器、设备、管道等生产、储存装置，必须在动火作业前进行清洗置换，经分析合格后方可动火作业。

（13）拆除管线的动火作业，必须先查明其内部介质及其走向，并制定相应的安全防火措施。

（14）在生产、输送、使用、储存氧气的设备上进行动火作业，其氧含量不得超过 23%。

（15）动火作业前，应通知动火作业设施所在单位（管理权限的分厂）生产调度及其他相关部门，应制定相应的异常情况下的应急措施。

（16）带压动火作业过程中，必须设专人负责监视压力不低于 200Pa，以控制在 1500 ~ 5000Pa 为宜，严禁负压动火作业。

（17）动火作业现场的通排风要良好，以保证泄漏的气体能顺畅排走。

（18）动火作业完毕应清理现场，确认无残留火种后方可离开。

116. 在停产的煤气设备上置换动火有哪些安全规定？

答： 在停产的煤气设备上动火，应严格遵守以下安全规定：

（1）必须提前办理动火证，确定动火方案、安全措施、责任人，做到"三不动火"，即没有动火证不动火，防火措施不落实不动火，监护人不在现场不动火。

（2）消除动火现场安全隐患，对动火区域火源和热源进行处理，易燃物移离；

（3）可靠地切断煤气来源，堵盲板或封水封。

（4）用蒸汽或氮气吹扫置换设备内部的煤气，不能形成死角，然后用可燃气体测定仪进行测定，并取空气样分析氧含量在 19.5%。必须打开上、下人孔、放散管等保持设施内自然通风。

（5）在天然气、焦炉煤气、发生炉及混合煤气管道动火，必须向管道内通入大量蒸汽或氮气，在整个作业中不准中断。

（6）将动火处两侧积污清除 1.5~2m，清除的焦油、萘等可燃物要严格妥善处置，以防发生火灾。若无法清除，则应装满水或用砂子来掩盖好。

（7）进入煤气设备内工作时，安全分析取样时间不得早于动火前半小时，检修动火中每两个小时必须重新分析，工作中断后恢复工作前半小时也要重新分析。取样要有代表性，防止死角。当煤气比重大于空气时，取中下部各一气样，煤气比重小于空气时，取中、上部各一气样。

（8）经 CO 含量分析后，允许进入煤气设备内工作时，应采取防护措施，并设专职监护人。

（9）动火完毕，施工部位要及时降温，清除残余火种，切断动火作业所用电源，还要验收、检漏，确保工程质量。

117. 在生产的设备上正压不置换动火的理论依据和安全要求是什么?

答: 在生产和使用煤气的设备上动火, 因为是正常生产运行中, 管道内充满煤气, 处于正压状态, 所以又称 "正压不置换动火法"。

因为此时煤气含氧量低于1%, 在1000℃以上高温下焊接也不会燃烧。在正常生产和使用的煤气设备上动火, 只要控制煤气中氧含量1%以下, 保持正压状态, 焊接是安全的。

(1) 正压动火法理论依据为:

1) 处于密闭管道、设备内的正压状况下可燃气体, 一旦泄漏, 只会是可燃气体冒出而空气不能由此进入。因此, 在正常生产条件下, 管道、设备内的可燃气体不可能与空气形成爆炸性混合气。

2) 由补焊处泄漏出来的可燃气体, 在动火检修补焊时, 只能在动火处形成稳定式的扩散燃烧。由于管道、设备内的可燃气体处于其着火爆炸极限含氧值以下, 失去了火焰传播条件, 火焰不会向内传播。

3) 由于管道、设备内可燃气体处在不断流动状态, 在外壁补焊时产生的热量传导给内部可燃气体时随即被带走, 而外壁的热量便散失于空气之中, 不会引起内部可燃气体受热膨胀而发生危险。

(2) 正压动火法进行生产检修, 必须做到以下几点安全要求:

1) 必须提前办理动火证, 确定动火方案、安全措施、责任人, 做到 "三不动火", 即没有动火证不动火, 防范措施不落实不动火, 监护人不在现场不动火。

2) 消除动火现场安全隐患, 对动火区域火源和热源进行处理, 易燃物移离;

3) 保持管道煤气处于压力稳定的流动状态, 如果压力较大，在生产条件允许的情况下可适当降低，以控制在约1500～5000Pa为宜。煤气压力表，应派专人看守，设备压力低于200Pa，严禁动火。

4）从需动火补焊的管道、大设备内取可燃气体做含氧量分析。一般规定：易燃易爆气体中含氧量小于1%为合格；周围的空气中易燃易爆气体一般不得超过0.5%为合格。

5）在有条件和生产允许的情况下，应在动火处上侧加适量蒸汽或氮气，以稀释可燃气体的含氧量。

6）补漏工程应先堵漏再补焊。以打卡子的方法事先将补焊用的铁板块在泄漏处紧固好，使可燃气体外漏量尽量减少。这样做，一方面避免在焊接处着大火将焊工烧伤，另一方面便于补焊。无法堵漏的可站在上风侧，先点着火以形成稳定的燃烧系统防止中毒，再慢慢收口。还有个办法是在漏气部分加罩，上面有带阀的管子，以便将煤气从管子引出燃烧；这样动火，补焊罩内的火就很小，而且封口后关上管阀，即可完成补漏。

7）动火处周围要保持空气流通，必要时应设临时通风机，避免外漏可燃气体积聚与空气形成爆炸性混合物，遇火源发生爆炸。

8）只准电焊，不准气焊，防止烧穿管道。采用电焊焊接时控制电流不宜太大，以防烧穿煤气设施。

9）动火部位必须有可靠的接地、接地电阻不大于10Ω。

10）煤气区域内禁止穿钉子鞋，不准穿化纤衣服。

11）严禁雷雨天动火。

12）动火现场要配有灭火器具，如泡沫灭火器、干粉灭火器、二氧化碳灭火器、黄土泥、沙土等，必要时消防车到指定地点值班。

118. 煤气动火作业许可证格式有哪些要求？

答：煤气动火作业许可证必须采用统一格式（见表），严格审批、严格签票。

（　　　）级煤气动火作业许可证

选择公司级审批单位（在单位后面打"√"）		煤防站□　　保卫部□　　生产部□		
动火地点		动火作业人：		
动火方式				
动火时间	起：___年___月___日___时___分	动火作业负责人：		
	至：___年___月___日___时___分			
分析时间	___年___月___日___时___分	___年___月___日___时___分	___年___月___日___时___分	
采样地点				
分析数据				
分析人				
危害识别				
安全措施				
动火安全措施编制人		动火部位负责人		
动火作业监督人		设备所属作业长		
设备所属单位安全员		设备所属单位一级主管		
一级动火会签	消防部门：		安全部门审批：	
动火前，岗位当班班长验票签字： 　　　　　　　　　　　　　　　　___年___月___日___时___分				
许可证关闭	动火结束，已经确认现场无任何火源和隐患，且已留守 30 分钟，许可证可以关闭。	动火负责人：		动火监督人：

119. 动火作业许可证有哪些审批制度？

答：动火作业许可证审批制度为：

（1）一级动火作业的动火作业许可证由动火地点、设施所在单位（管理权限的分厂）一级主管及安全主管审查签字，并报公司安全、消防主管部门审核批准后方可实施。

（2）二级动火作业的动火作业许可证由动火地点、设施所在单位（管理权限的分厂）下属作业区作业长及安全主管审查签字后，报分厂一级主管审核批准后方可实施。

（3）三级动火作业的动火作业许可证由动火地点、设施所在单位（管理权限的分厂）安全主管审查，落实安全防火措施后方可实施。

（4）逢节假日、夜班的应急抢修一级动火作业由动火地点、设施所在单位（管理权限的分厂）值班作业长或安全主管审查并审核批准后实施，报送公司安全、消防主管部门备案。

（5）动火作业许可证一式四份，安全主管部门、消防主管部门、动火作业所在单位和动火作业负责人各持一份存查。

120. 动火作业许可证有哪些办理程序和要求？

答：动火作业许可证办理程序和要求为：

（1）动火作业许可证由申请动火单位的动火作业负责人办理。办证人应按动火作业许可证的项目逐项填写，不得空项，然后根据动火等级，按动火作业许可证规定的审批权限办理审批手续。

（2）动火作业负责人持办理好的动火作业许可证到现场，检查动火作业安全措施落实情况，确认安全措施可靠并向动火人和监护人交代安全注意事项后，将动火作业许可证交给动火人。

（3）一份动火作业许可证只能适用在一个地点、设施动火。动火前，由动火人在动火作业许可证上签字。如果在同一动火地点、设施多人同时动火作业，可使用一份动火作业许可证。

（4）审批后的动火作业必须在 48 小时内实施，逾期应重新办理动火作业许可证。

（5）审批后的动火时段延长，应办理延续手续。

（6）动火作业许可证不能转让、涂改，不能异地使用或扩大使用范围。

121. 动火作业相关人员的职责要求有哪些?

答: 动火作业是一整套审批、检查、落实、监督、实施的过程, 需要各部门之间的严密配合, 如有某个环节的闪失, 均会造成不可挽回的事故, 动火作业相关人员的具体职责为:

(1) 动火作业负责人的职责。实施动火作业单位一级主管或外委项目负责人担任动火作业负责人, 对动火作业负全面责任, 必须在动火作业前详细了解作业内容和动火部位及周围情况, 制定、落实动火安全措施, 交待作业任务和防火安全注意事项。

(2) 动火人的职责。动火人在动火作业前须核实各项内容是否落实, 审批手续是否完备, 若发现不具备条件时, 有权拒绝动火。动火前应主动向监护人呈验动火作业许可证, 经双方签名并注明动火时间后, 方可实施动火作业。做到"三不动火", 即没有动火证不动火, 防火措施不落实不动火, 监护人不在现场不动火。

(3) 监护人的职责。监护人应由动火地点、设施管理权限单位指定责任心强、掌握安全防火知识的人员担任。未划分管理权限的地点、设施动火作业, 由动火作业单位指派监护人。

监护人必须持公司统一的标志上岗, 负责动火现场的监护与检查, 随时扑灭动火飞溅的火花, 发现异常情况应立即通知动火人停止动火作业。在动火作业期间, 监护人必须坚守岗位, 动火作业完成后, 应会同有关人员清理现场, 清除残火, 确认无遗留火种后方可离开现场。

(4) 安全员的职责。实施动火作业单位和动火地点、设施所在单位 (管理权限的分厂) 安全员应负责检查本标准执行情况和安全措施落实情况, 随时纠正违章作业。

(5) 动火作业的审批人的职责:

1) 一级动火作业的审批人是公司安全、消防主管部门, 二级动火作业的审批人是分厂安全、消防主管部门。

2）煤气、氧气生产设施（储罐、容器等）和输送管道的动火作业由安全主管部门先审核后送消防主管部门复审审批。

3）审批人在审批动火作业前必须熟悉动火作业现场情况，确定是否需要动火分析，审查动火等级、安全保障措施。在确认符合要求后方可批准。

122. 带煤气作业为什么要求使用铜质工具？

答：带煤气作业，是在煤气管道内煤气保持一定压力的情况下进行的特殊危险作业。由于煤气是易燃气体，如果在作业过程中打出火花，就可能立即起火造成人员伤害。所以要求在带煤气作业时，必须使用铜质工具，因为铜制工具与铁质设备、管道接触碰撞时不能产生火花。若确需使用铁质工具，则必须在工具上涂机械油后再使用。

123. 如何安全使用高炉煤气？

答：（1）煤气操作人员必须持证上岗。

（2）加热炉在使用煤气前，应在炉区域煤气设备和煤气管道末端做爆发试验，连续三次合格后方可使用。

（3）进入煤气区域工作，必须携带 CO 报警仪，且有两人同行，一人作业，一人监护。

（4）炉子点火时，必须先点火，后送煤气，严禁先送煤气后点火，当燃料为高炉煤气时，炉膛温度必须具备 800℃ 以上，才能开启高炉煤气点火。

（5）送煤气时不着火或着火后又熄火，应立即关闭煤气阀门，查明原因，排净炉内混合气体，再按规定的程序重新点火。

（6）停送煤气操作，打开煤气主管道放散阀及炉区域各煤气分管放散阀，通入蒸气（或氮气）驱赶煤气设备和炉区域煤气管道内的空气（或煤气），必须严格执行有关操作规程。

（7）环境 CO 含量不超过国家卫生标准 $30mg/m^3$。

124. 如何划分高炉带煤气作业类别?

答: 由于高炉煤气的特殊性, 它对现场作业人员的人身安全构成很大威胁。根据作业现场煤气浓度和作业的危险性, 炼铁生产带煤气作业可分为三类:

一类煤气作业: 包括更换探尺, 炉身打眼, 焊、割冷却壁, 疏通上升管, 煤气取样, 处理炉顶阀门, 抽堵煤气管道盲板以及带煤气的维修作业。

二类煤气作业: 包括炉顶清灰、加油、检查大钟, 休风后焊大钟, 检修时往炉顶或炉身运送设备和工具。休风时炉喉点火, 水封的放火, 炉身外焊接水槽, 焊补炉皮, 检修上升管和下降管, 检修热风炉炉顶及燃烧口, 在斜桥上部出铁场屋顶、行走平台和除尘器下面作业。

三类煤气作业: 包括在炉台热风炉周围如值班室、沟下、卷扬机室、铸铁以及其他有煤气逸散处的作业。

125. 高炉检修安全措施有哪些?

答: 高炉检修前应有专人对煤气、蒸汽、电等要害部位及安全设施进行确认。检修高炉设备时, 应先切断与设备相连的所有煤气管道、氮气管道、氧气管道、蒸汽管道、喷吹煤粉管道及液体管道、电路、风路等。

高炉检修作业多数是在高炉内、管道内、除尘器或料仓内检修, 应严防煤气中毒窒息事故。检修人员必须佩戴防毒面具, 检修前必须用 CO 检测仪检测煤气浓度在安全范围内。检修的全过程, 均应有专人监护。严格执行设备操作牌制度, 应派专人核查进出人数。具体防毒措施如下:

(1) 入炉扒料前, 应测试炉内空气中 CO 的浓度是否符合作业的标准, 并采取措施防止落物伤人。

(2) 检修大钟、料斗前要切断煤气, 保持通风良好。在大钟下面检修时, 炉内应设常明火。检修完毕, 确认炉内人员全部撤离后，方准将大钟从防护梁上移开。工作环境 CO 超过 100mg/m³ 时，工作人员必须佩戴防护用具。且应每隔 2h 分析一次煤气作业区的气体成分。检修大钟时，应控制高炉料面，并铺一定厚度的水渣，风口全部采用沙封，检修部位应设通风装置。

（3）休风进入炉内作业或不休风在炉顶检修时，应有煤气防护人员在现场监护。处理炉顶设备故障时，应有煤气防护人员携带 CO 检测仪和氧气检测仪同时监护，以防止煤气中毒和氮气窒息。到炉顶作业时，应注意风向及氮气阀门和均压阀门有否泄漏现象。

（4）正常生产情况下进罐检修上密封阀，高炉休风检修料罐设备和更换炉顶布料溜槽等，必须检查煤气、氮气的浓度，并制定可靠的安全技术措施。

（5）检修、清理热风炉内部时，煤气管要用盲板隔绝。除烟道阀门外的所有阀门应关死，并切断阀门电源。热风管内部检修时，必须打开人孔，严防煤气热风窜入。

126. 高炉鼓风机突然停风时，对煤气系统应采取哪些措施？

答：（1）如果高炉未发生大的灌渣，且冷风压力立即回升，高炉可继续生产。

（2）如果高炉发生大的灌渣，高炉需立即休风，除通知有关单位外，参照短期休风规程休风，并应注意以下事项：

1）迅速关闭冷风大闸及风温调节阀。

2）热风炉停烧，若全厂性停风时，所有高炉煤气用户停烧，以维持管网压力。

3）若发现煤气已流入冷风管道时，可迅速开启一座废气温度较低的热风炉烟道阀、冷风阀，将煤气抽入烟道而排往大气。

4）全厂性停风，禁止倒流休风，以避免炉顶和煤气管网的压力进一步降低。

5）为保炉顶正压，可减小炉顶煤气放散阀的开度或关闭部分放散阀。

6）全厂性停风时，根据情况尚可往管网中充焦炉煤气、天然气保压或进行驱赶残余煤气。

7）如果是一座高炉突然停风，那么对其煤气系统的处理就简单了，只要将煤气切断阀关闭，以切断通向该炉子的煤气即可。

127. 热风炉换炉操作的注意事项有哪些？

答：（1）热风炉换炉操作的技术要求。热风炉换炉的主要技术要求有：风压、风温波动小，速度快，保证不跑风；风压波动：大高炉小于 20kPa，小高炉小于 10kPa；风温波动：4 座热风炉的小于 30℃，3 座热风炉的小于 60℃。如某企业规定：风压波动不大于 10kPa，风温波动不大于 ±10～20℃。

（2）热风炉换炉的安全注意事项。热风炉换炉的安全注意事项有：

1）热风炉主要阀门的开启。热风炉是一个受压容器，在开启某些阀门之前必须均衡阀门两侧的压力。例如，热风阀和冷风阀的开启，是靠冷风小门向炉内逐渐灌风，均衡热风炉与冷风管道之间的压力，之后阀门才开启的。再如，烟道阀和燃烧闸板的开启，首先是废风阀向烟道内泄压，均衡热风炉与烟道之间的压差之后才启动的。

2）换炉时要先关煤气闸板，后停助燃风机。换炉时，若先停助燃风机，后关煤气闸板，会有一部分未燃烧煤气进入热风炉，可能形成爆炸性混合气体，引发小爆炸，损坏炉体；还有部分煤气可能从助燃风机喷出，造成操作人员中毒。尤其是在煤气闸板因故短时关不上时，后果更加严重。因此，必须严格执行先关煤气闸板，后停助燃风机的规定。

3）换炉时废风要放净。换炉时，热风炉废风没有排放干净就强开烟道阀，此时炉内气压还较大，强开阀门的后果会将烟道阀钢绳或月牙轮拉断，或者由于负荷过大烧坏电机。

废风是否放净的判断方法是：冷风风压表的指针是否回零；

此外，也可从声音、时间来判断。

4）换炉时灌风速度不能过快。换炉时如果快速灌风，会引起高炉风量、风压波动太大，对高炉操作会产生不良影响。所以一定要根据风压波动的规定灌风换炉，灌风时间达 180s 就可满足要求。

5）操作中禁止"闷炉"。"闷炉"就是热风炉的各阀门呈全关状态，既不燃烧，也不送风。"闷炉"之后，热风炉成为一个封闭的体系，在此体系内，炉顶部位的高温区与下部的低温区进行热量平衡移动，这样会使废气温度过高，烧坏金属支撑件；另外，热风炉内压力增大，炉顶、各旋口和炉墙难以承受，容易造成炉体结构的破损，故操作中禁止"闷炉"。

128. 热风炉倒流休风的操作要点有哪些？

答：高炉因故临时中断作业，关上热风阀称为休风。休风分为短期休风、长期休风和特殊休风三种情况。休风时间在 2h 以内称为短期休风，如更换风、渣口等情况的休风。休风时间在 2h 以上称为长期休风，如在处理和更换炉顶装料设备、煤气系统设备等，休风时间较长。为避免发生煤气爆炸事故和缩短休风时间，炉顶煤气需点火燃烧。如遇停电、停水、停风等事故时，高炉的休风称为特殊休风。特殊休风的处理应及时果断。

高炉在更换风口等冷却设备时，炉缸煤气会从风口冒出，给操作带来困难。因此，在更换冷却设备时进行倒流休风，有两种形式：一种是利用热风炉烟囱的抽力把高炉内剩余的煤气经过热风总管→热风炉→烟道→烟囱排出；另一种是利用热风总管尾部的倒流阀，经倒流管将剩余的煤气倒流到大气中。具体倒流休风的操作程序如下：

（1）高炉风压降低 50% 以下时，热风炉全部停烧。

（2）关冷风大闸。

（3）接到倒流休风信号，关闭送风炉的冷风阀、热风阀，开废风阀，放尽废风。

（4）打开倒流阀，煤气进行倒流。

（5）如果用热风炉倒流，按下列程序进行：开倒流炉的烟道阀，燃烧闸板；打开倒流炉的热风阀倒流。

（6）休风操作完毕，发出信号，通知高炉。

注意：集中鼓风的炉子和硅砖热风炉禁止用热风炉倒流操作。

129. 热风炉倒流休风的注意事项有哪些？

答：用热风炉倒流休风，应注意以下事项：

（1）倒流休风炉，炉顶温度必须在 1000℃以上。炉顶温度过低的危害主要有：一是炉顶温度会进一步降低，影响倒流后的烧炉作业；二是温度过低，倒流煤气在炉内不燃烧或不完全燃烧，形成爆炸性混合气体，易引起爆炸事故。

（2）倒流时间不超过 60min，否则应换炉倒流。若倒流时间过长，会造成炉子太凉，炉顶温度大大下降，影响热风炉正常工作和炉体寿命。

（3）一般情况下，不能两个热风炉同时倒流。

（4）正在倒流的热风炉，不得处于燃烧状态。

（5）倒流的热风炉一般不能立即用作送风炉，如果必须送风时，待残余煤气抽净后，方可作送风炉。

130. 用热风炉倒流的危害有哪些？

答：用热风炉倒流的危害有：

（1）荒煤气中含有一定量的炉尘，易使格子砖堵塞和渣化。

（2）倒流的煤气在热风炉内燃烧，初期炉顶温度过高，可能烧坏衬砖；后期煤气又太少，炉顶温度会急剧下降。这样的温度急变，对耐火材料不利，影响热风炉的寿命。

基于上述原因，新建高炉都在热风总管的尾部设一个倒流休风管，以备倒流休风之用；倒流休风管上采用闸式阀，并通水冷却；用倒流阀倒流休风，操作也简便。

131. 热风炉停气操作有哪些步骤?

答：热风炉停气操作的步骤为：

（1）高炉停气前，应将所有燃烧的热风炉立即停烧。

（2）关闭煤气调节阀和空气调节阀。

（3）关闭煤气切断阀，打开煤气放散阀（联动）。

（4）关闭煤气燃烧阀和空气燃烧阀，热风炉转为隔断。

（5）高炉或热风炉管道停气后，向煤气管道通入蒸汽，并与煤气调度联系打开煤气总放散阀；煤气总放散阀冒出蒸汽 20min 后，关闭蒸汽。

132. 热风炉停风操作有哪些步骤?

答：在完成停气操作的基础上，按高炉的停风通知进行停风操作。停风操作的步骤为：

（1）当风压降低到 0.05MPa 时，将混风切断阀关闭。

（2）在双炉送风时停风，应事先将 1 座炉转为隔断状态，保持单炉送风。

（3）见到高炉停风信号后，关闭热风阀。

（4）关闭冷风阀。

（5）打开烟道阀。

停风遇到以下情况，均先打开通风炉的冷风阀及烟道阀，抽走倒流进入热风炉和冷风管道的煤气，防止发生事故：

（1）在停风操作过程中，风压放到很低所需要的时间较长。

（2）高炉停风时间较长。

（3）高炉风机停机。

（4）停风后长时间没有进行倒流回压操作。

送风前或开启冷风阀、烟道阀 15 ~ 20min 后，将冷风阀关闭，保持烟道阀在开启位置。

133. 热风炉送风、送气操作有哪些步骤？

答：（1）热风炉送风前要做好准备工作，接到高炉的送风通知后进行送风操作。送风操作的步骤为：

1）对于倒流休风的高炉，接到高炉停止倒流转为送风的通知后，关倒流炉的热风阀或倒流阀。

2）确定送风炉号，关闭烟道阀。

3）开启送风炉的冷风阀和热风阀。

4）关闭高炉放风阀。

5）向高炉发出送风信号后，当风压大于 0.05MPa 时，打开冷风大闸和混风调节阀，调节风温到指定数值。

（2）热风炉送气操作。接到煤气调度送净煤气的通知后，做如下工作：

1）检查煤气管道各部位人孔是否封好。

2）关闭各炉煤气大闸并确认关严，打开各个煤气调节阀。

3）打开各炉煤气支管放散阀及总管放散阀。

4）首先向管道通入蒸汽，当放散阀全部冒出蒸汽达到规定时间后，通知动力部门送气。

5）送煤气后，见煤气总管放散阀冒出煤气达到规定时间后，关闭煤气管道的蒸汽和放散阀。

6）根据煤气压力的大小，部分或全部将停烧的热风炉转为燃烧。

134. 热风炉紧急停风操作有哪些步骤？

答：高炉生产出现突发事故，为避免事故扩大，需要紧急停风。此时的操作是：如果是多座高炉生产或有高炉煤气柜时，高炉要先停风，热风炉再迅速停止煤气燃烧。若只有 1 座高炉生产又没有煤气柜，热风炉就要先停止煤气燃烧，之后，高炉再迅速停风，其目的是防止煤气管道发生事故。由于混风阀会使热风管和冷风管短路，为防止冷风管道发生煤气爆炸事故，无论上述哪种情况都应首先将混风阀关闭。

热风炉紧急停风的操作步骤如下：

（1）关闭混风阀。

（2）关闭热风阀及冷风阀。

（3）燃烧炉全部停烧，根据情况再进行其他相关的操作。

（4）打开送风炉烟道阀。

（5）如高炉风机停车，或风压下降过急，应打开送风炉冷风阀。

（6）了解停风的原因及时间长短，做好恢复生产的准备工作。

135. 热风炉紧急停电操作有哪些步骤？

答：热风炉紧急停电有两种情况：一种是热风炉助燃风机突然停机，而高炉生产正常；另一种是高炉和热风炉都停电，高炉和热风炉均进入事故状态。

助燃风机突然发生停机时，首先紧急关闭燃烧炉的煤气调节阀或煤气切断阀。实践表明，电力驱动的阀门，关闭调节阀要快一些。先使热风炉的燃烧炉处于自然燃烧状态，这样可防止大量煤气进入热风炉，然后再切断煤气。液压驱动的阀门，利用蓄能器的液压可直接关闭煤气切断阀。再次燃烧时，要等待热风炉和烟囱内的煤气全部排净后进行，不可操之过急。

高炉和热风炉同时发生停电情况时首先按上述高炉和热风炉突然停电的紧急停风操作处理，然后做好其他相关工作。相关操作步骤如下：

（1）煤气压力骤然为零时，煤气管道立即通入蒸汽。

（2）关闭混风切断阀。

（3）关闭燃烧炉的全部燃烧阀，关闭送风炉的冷风阀。

（4）关闭送风炉的热风阀，打开烟道阀。

（5）与煤气调度联系，确定是否需要打开总管道煤气放散阀。

（6）接到高炉倒流回压的通知后，进行倒流回压操作。

（7）进行热风炉的其他善后工作，如关闭空气切断阀等。

（8）了解停风原因及时间长短，做好送风的一切准备工作。

注意：在进行第（4）项操作时，一定要积极与值班工长取得联系，听从工长指令，方可关通风炉热风阀，防止高炉灌渣和憋风机的重大事故。

136. 焦炉停止加热和重新供热安全操作有哪些规定？

答： 在实际生产中往往会遇到设备检修等原因，需停止送煤气，所以存在有计划和突发事故的停送煤气的操作。停煤气时，如何使炉温下降缓慢，不至于由于炉温的急剧下降，损坏炉体，或防止爆炸、煤气中毒事故发生，这是焦炉停止加热时遇到的主要问题。

（1）焦炉停止加热操作。焦炉停止加热分为以下两种情况：

1）有计划的停送煤气。这种情况是在有准备的条件下停送煤气的。首先将鼓风机停转，然后关闭煤气总管调节阀门，注意观察停煤气前的煤气压力变化。鼓风机停转后，立即关闭上升一侧的加减旋塞，后关闭下降一侧的加减旋塞，保持总压力 200Pa 以下即可。

短时间停送煤气，可将机侧、焦侧分烟道翻板关小，保持 50～70Pa 吸力。

若停送煤气时间较长，应将总、分烟道翻板、交换开闭器翻板、进风口盖板全关。废气阀关闭，便于对炉体保温。注意上升管内压力变化，若压力突然加大，应全开放散。若压力不易控制，将上升管打开，切断自动调节器，将手动翻板关小，严格控制集气管压力，使压力比正常操作略大 20～30Pa 即可。每隔 30min 或 40min 交换一次废气。停送煤气后，应停止推焦。若停送煤气时间较长，应密闭保温，并每隔 4h 测温一次。若遇其他情况，随时抽测。

2）无计划的停送煤气。指的是遇到下列情况时突然停送煤气的操作。常见有：煤气管压力低于 500Pa；煤气管道损坏影响正常加热；烟道系统发生故障，不能保证正常的加热所需的吸力；交换设备损坏，不能在短时间内修复等。如果遇到这些情况，应立即停止加热，进行停煤气处理。处理时首先关闭煤气主管阀门，其余的操作同有计划停送煤气的操作相同。

（2）重新供热操作。停送煤气后，若故障已排除，可进行送煤气操作。若交换机停止交换时，可以开始交换，将交换开闭器翻板、分烟道翻板恢复原位，然后打开煤气预热器将煤气放散，并应用蒸汽或氮气吹扫。当调节阀门前压力达 2000Pa 时，检测其含氧量小于 1%（做爆发试验）合格后关闭放散管，打开水封。当交换为上升气流时，打开同一侧的加减旋塞，恢复煤气，并注意煤气主管压力和烟道吸力，此时可将集气管放散关闭。当集气管压力保持在 200~250Pa 时，根据集气管压力大小情况，打开吸气弯管翻板，尽快恢复正常压力。

137. 焦炉更换加热煤气的安全操作有哪些规定？

答：焦炉更换煤气时，总是煤气先进入煤气主管，主管压力达到一定要求之后，才能送往炉内。

（1）往主管送煤气。做好更换煤气的准备工作。检查管道各部件是否处于完好状态，加减旋塞、贫煤气阀及所有的仪表开关均需处于关闭状态。水封槽内放满水，打开放散管，使煤气管道的调节翻板处于全开状态并加以固定。当抽盲板时，应停止推焦；抽盲板后，将煤气主管的开闭器开到 1/3 时，放散煤气约 20~30min，连续三次做爆发试验，均合格后关闭放散管。总管压力上升为 2500~3000Pa 时，开始向炉内送煤气。

（2）焦炉煤气换用高炉煤气。首先停止焦炉煤气预热器的运作，交换气流后，将下降气流交换开闭器上空气盖板的链子（或小轴）卸掉，下面盖好薄石棉板，然后拧紧螺丝，关闭下降气流焦炉煤气旋塞，将下降气流煤气的小链（小轴）上好，然后调节烟道吸力，并调节空气上升气流交换开闭器进风口，以适合高炉煤气加热。换向后，逐个打开上升气流高炉煤气加减旋塞或贫煤气阀门（先打开1/2）往炉内送高炉煤气。经过多次重复上述工作之后，将加减旋塞开正，直到进风口适合于高炉煤气的操作条件。

（3）高炉煤气更换为焦炉煤气。首先将混合煤气开闭器关闭，交换为下降气流后，从管道末端开始关闭高炉煤气加减旋塞或贫煤气阀门。卸下煤气小轴，连接好空气盖板，取下石棉板，然后手动换向。逐个打开焦炉煤气加减旋塞（先打开1/2），往炉内送焦炉煤气。重复进行以上工作，直至全部更换。将交换开闭器进风口调节为焦炉煤气的开度，烟道吸力调节到使用焦炉煤气时的吸力，然后将焦炉煤气的旋塞开正。焦炉煤气系统正常运转后，然后确定加热制度。根据煤气温度开预热器。高炉煤气长期停用时要堵上盲板，并吹扫出管道内的残余煤气。

注意：严禁两座炉同时送气，禁止送煤气时出焦，严禁周围有火星和易燃易爆的物品。

138. 煤气管道及设备泄漏处理方法有哪些？

答：（1）漏眼冒煤气处理。漏眼冒煤气处理方法为：

1）用锥型木楔堵漏，适用于洞；用木楔和石棉绳堵漏，适用于破口。作业时应戴好防毒面具。

2）采用上述方法堵漏快速简便、有效，但不能长期使用，应用铁板包好后及时补焊。对腐蚀严重的泄漏慎用，以防打木楔时孔洞扩大，加大泄漏面积。

3）有时可使用铜制工具应急堵漏，此时应严禁一切可能产生火花的活动，并佩戴防毒面具。

（2）焊口裂缝漏煤气处理。焊口裂缝漏煤气处理方法为：

1）对于小裂缝，戴好防毒面具，可顶着管道正压力直接焊补。

2）对于管道裂缝、腐蚀较重的部位，应戴好防毒面具，打卡子后进行焊补。打卡子堵漏方法为：制作紧贴管道的环型钢板覆盖管道口，内衬橡胶软垫，外面用带钢卡子固定或用环型钢板本身作卡子固定。

3）对于有条件切断煤气的泄漏事故，应尽量在灭完火后切断煤气充蒸汽扫气后再进行处理。

4）当管径超过 100～200mm，或者煤气管道和设备泄漏煤气后立即堵漏有困难，又无备用设备时，应派专人监护，严格控制其周围火源，备用蒸汽，防止着火，同时组织制订方案进行带压焊补。

（3）用环氧树脂不动火带压堵漏。煤气管道不动火带压堵漏，是采用瞬间堵漏剂和低温快速固化高强度玻璃钢复合堵漏。

1）使用堵漏剂堵漏。瞬间堵漏剂应在常温条件下快速固化，把口牢牢粘死，带水及油污表面亦可粘接，粘接强度高，调节引发剂用量还应在低温下固化。堵漏剂有美国 PSI 堵漏胶棒、堵漏铁胶泥等。堵漏时，如管道漏处太大，先应采取措施尽量缩小。然后先在漏点周边涂一层堵漏剂，放置几分钟，当发现堵漏剂发热并出现凝聚现象时，及时将堵漏剂对准漏点手工加压堵漏 2～3min 后即可止漏。

2）增强玻璃钢加固。增强玻璃钢由环氧树脂基体材料和玻璃纤维增强材料组成。为了改善树脂某些性能如提高强度等，往往在树脂中加入一些 Al_2O_3、SiO_2 等填料。

为使玻璃钢与煤气管道牢牢结合，防止煤气从堵漏材料与锈层中渗出或冒气，煤气管道的表面除锈是关键。对于腐蚀相当严重，薄如牛皮纸一般的老管道，这些方法均不适用。只能根据修复部位的不同，采用钢丝轮、刮刀、钢刷、砂布等将锈除净。

（4）高空煤气管道泄漏处理。一些直径达 1.0～1.5m 的管道，距地面高度大于 4m，这些设备发生煤气泄漏要及时将其堵住是难以做到的，为此应将这些设备的进出口煤气阀门关上，用蒸汽保持正压，停止该设备的运行。

139. 运行的煤气管道裂缝如何焊补？

答：（1）准备工作。焊补运行的煤气管道裂缝的准备工作有：

1）施工地点防火安全检查及消防器材准备。办理煤气设备动火申请手续。

2）准备电焊机及焊条。

3）安装压力表监视煤气压力，专人看守。

（2）操作要点。在煤气管道裂缝两端的延长线上起焊，利用金属受热使裂口收敛，接着将收口已不再外喷煤气的一小段逆向施焊，待此段焊完时裂缝又将出现，一段收口不冒煤气的一小段可以继续用同样焊法焊接，如此从两端向裂缝中心逐段逆向施焊直至全部焊完。

（3）注意事项。焊补运行的煤气管道裂缝应注意以下事项：

1）本焊法最适用主管道开裂，利用钢材本身的应力使裂缝合拢，避免外喷煤气将熔融金属吹掉，可用于高、低压气体管道及容器，焊补时不降压，不停产。

2）焊接人员应站在上风侧，以免中毒和烧伤，焊接时允许煤气着火，煤气压力监护人负责监视煤气压力变化，防止突然下降时引起回火爆炸。

3）焊接前不用控制煤气外逸，在裂缝中嵌入东西、将焊缝扩大、将焊口点焊固定，都有碍本焊法的实施。

4）由于在裂缝收口后施焊，焊缝的穿透不完全，一般应在全部裂缝焊完后再加焊一遍。

140. 运行的煤气管道出现孔洞如何焊补？

答：（1）准备工作。运行的煤气管道出现孔洞进行补焊的准备工作包括：

1）采取临时措施先堵塞洞孔使之不外溢煤气以利于安全工作。

2）检查孔洞附近管壁情况确定修补范围，准备材料。

3）根据具体情况确定修补方案和安全防护措施。

（2）修补方法。运行的煤气管道出现孔洞进行补焊的修补方法有：

1）属于管道上部或侧面小洞孔，用与管壁同厚度同材质钢板，在监护煤气压力下先将贴补块点焊上，去掉临时堵塞物并清除干净补焊区后，顶煤气压力将钢板焊上。

2）在管道下部或其他部位有孔洞和较大面积的穿孔应将补贴钢板先成型，两端做成用螺栓收紧的卡子，待在管道上的贴补处安放收紧达到贴合严密，在监护煤气压力下，将贴补钢板四周满焊上。只允许使用电焊，严禁使用气焊。

3）成串腐蚀的管道，可在上部或下部焊补中心角为 90° 的成型钢板。

4）如果煤气管道已大面积腐蚀穿孔，则应停气更换新管道。

141. 在运行的煤气管道上如何钻孔？

答：（1）煤气管道在以下情况需要带气钻孔：

1）需要在生产的管道上安装吹刷放散管或取样管的管端。

2）需要临时通入蒸汽或氮气。

3）需要增加放水或排水点。

4）需要放固定稳定隔断的蝶阀。

5）需要测定管内沉积物厚度。

6）需要安装测温、测压、测量等仪表或导管。

7）需要新添用户煤气管。

（2）在运行的煤气管道上钻孔的准备工作有：

1）施工操作平台和斜梯。

2）检查周围火源，做好消防准备。

3）钻孔全套机具包括机架、钻头、铁链、抓钩、机垫、扳把等。

4）施工工具材料如铁链、活扳手、手锤、拉绳以及内接头、阀门、木塞、铅油、衬垫、按口材料等，并将内接头一端先安装好阀门。

5）每人一部防毒面具，并有防护人员在场。

6）焊好固定钻眼机机座的螺母并准备好锥端紧定罐钉（管上部钻孔能用铁链固定时可不焊）。

（3）在运行的煤气管道上钻孔操作步骤为：

1）先将钻眼机用锥端紧定螺钉和铁链固定，机底与管壁间垫以 1mm 厚胶垫防滑动。

2）安好钻头、扳把及拉绳。

3）摇动扳把开始钻进，用力要均衡一致。

4）在漏煤气前佩戴好防毒面具，施工周围进行安全警戒，禁止烟火和人员通行。

5）煤气冒出后继续钻眼至套扣完成为止。

6）卸下钻眼机架。

7）旋退出钻头，用脚踏堵钻孔。

8）带煤气旋上带内接头的阀门。

9）将管头四周焊接加固与管道的连接。

142. 排水器的运行管理有哪些规定？

答：（1）排水器使用单位应建立健全煤气排水器的点检、维护等管理制度和岗位作业指导书以及排水器的管理台账。管理台账应有专门管理人员管理，作好管理信息的更新和维护。

（2）排水器的使用单位应有专职或兼职煤气排水器管理和操作人员，且进行煤气安全知识、煤气排水器的有关规程和作业指导培训，并经考试合格后方能上岗。

（3）排水器使用超过 3 年，应对筒体进行厚度检测。最大腐蚀量超过壁厚的 25%，不宜继续使用。

（4）煤气排水器上应有醒目的安全警示标志，并设 CO 检测报警装置。

（5）应定时（每天不少于一次）对排水器进行巡检，做好巡检记录。发现异常情况应立即进行处理，不能及时处理的要及时汇报并采取临时安全措施。巡检内容包括：

1）筒体、排水口是否有煤气泄漏。

2）筒体表面、法兰盖结合面和焊缝是否有水渗漏。

3）冷凝水排放是否正常。

4）污水是否得到及时回收。

5）水封筒体表面是否有损伤，油漆和锈蚀情况。

6）打开连接管上的检验旋塞冒气后，立即关闭。

7）其他对煤气管道排水器有影响的情况。

（6）如需动火时，应按照作业许可管理程序有关煤气动火要求执行，经过申请和防爆试验后方可进行作业。

143. 排水器的运行操作规程有哪些？

答：（1）水封排水器的启用操作应遵守下列规定：

1）关闭连接管上的所有阀门和检验旋塞。

2）打开高压室的排气阀。

3）打开给水阀对水封加水。

4）高压室的排气阀出水后或确认水满，关闭旋塞。继续加水。

5）排水口出水后，关小给水阀门，保证溢流口有少量水流出。

6）检查各处有无渗水现象。有渗水时，应及时处理。

7）确认一切正常后，缓慢从上至下打开连接管上的阀门。开始排水口有较多的水排出。

8）检查各阀门、旋塞和结合面无煤气泄漏，确认排水器工作正常。

（2）干式排水器的启用操作应遵守下列规定：

1）关闭连接管上的所有阀门和检验旋塞。

2）确认一切正常后，从上至下打开连接管上的阀门。

3）打开连接管上的检验旋塞，确认煤气进入排水器。

4）检查各阀门、旋塞和结合面无煤气泄漏，确认排水器工作正常。

（3）干式排水器的排水作业应遵守下列规定：

1）根据管道积水、积灰情况，确定排灰、排水周期。

2）关闭排水器的进水阀。

3）打开排水器检验旋塞，排出排水器中的煤气，并确认排水器进水阀门已关严。

4）打开排水器放灰阀，放尽排水器中的积水、积灰。

5）关闭排水器放灰阀和排气阀。

6）按照排水器启用操作步骤，将排水器重新投入使用。

（4）当煤气排水器使用到规定的周期，或出现排水阻碍时，应进行排水器的清理，至少每年清理一次。清理时应将沉积在排水器筒体底部的固体杂物清理干净，保证排水器的顺畅排水。

144. 排水器清理作业应遵守哪些规定？

答：当煤气排水器使用到规定的周期，或出现排水阻碍时，应进行排水器的清理，至少每年清理一次。清理时应将沉积在排水器筒体底部的固体杂物清理干净，保证排水器的顺畅排水。清理作业应遵守下列规定：

（1）清理排水器时应有 2 人以上方可作业。

（2）从事煤气清扫的人员应穿戴好防静电劳动防护用品，携带 CO 检测报警仪和空气呼吸器。在 CO 浓度大于 $30mg/m^3$（24ppm）时应戴好空气呼吸器，才能清扫煤气水封。

（3）在室内、地坑等通风不良的地方进行清理作业时，应强制通风，确保空气中含氧量和 CO 浓度满足安全要求。

145. 水封及排水器漏气处理方法有哪些？

答：（1）查找泄漏原因。水封及排水器漏气的原因有：

1）煤气管网压力波动值超过水封高度要求，将水封击穿。

2）水封亏水，使水封有效高度不够，又没有及时补水而冒煤气。

3）冬季由于伴热蒸汽不足，造成排水器内部结冰。

4）下水管插入水封部分腐蚀穿孔，或者排水器筒体、隔板等处腐蚀穿孔，形成煤气走近路。

5）水封及排水器下部放水阀门被人为卸掉，或冬季阀门冻裂，将内部水放空。

（2）水封及排水器泄漏煤气的处理。当发生第 1）、2）、5）条情况时，首先将水封及排水器上部阀门关闭，控制住跑气，待空气中的 CO 含量符合要求时，进行水封及排水器补水。如果加水仍不能制止窜漏，则表明是由于第 3）、4）条情况造成的，应立即关闭排液管阀门并堵盲板，然后卸下排液管，更换新管道或新水封。

处理水封及排水器冒煤气故障时，联系工作要畅通，人员到位要及时，要采取必要的安全措施。进行以上工作时不能少于两人，要戴好防毒面具。周围严禁有行人及火源，以免造成煤气中毒和着火、爆炸事故。对于新投产的项目，设备处于调试过程中，易发生压力波动，应将排水器排水截门关闭，进行定时排水，待压力稳定后投入正常运行。

（3）检查排水器是否亏水。

1）将排水器上部泄水阀门关闭，将排水器上部高压侧丝堵打开，探测高压侧是否满水。

2）管网运行压力在 15kPa 以下时，高压侧应处于水面高度不变，说明排水器基本不亏水；反之则说明亏水，应及时补水。

3）低压侧探测排水器有水，易给人造成假象，不能说明排水器整体不亏水。

4）将高压丝堵关闭后，恢复正常运行。

146. 造成煤气压力和流量波动的原因有哪些？

答：煤气管道常见的故障有管道堵塞、冻结、积水和管道附属装置的故障。这些故障的发生会引起煤气压力和流量下降或波动，影响管道的安全运行。

（1）压力和流量下降。压力和流量下降有两种情况。一种是表观下降，这是由于压力表和流量表的煤气导管堵塞或冻结，造成仪表的指示值减小，而实际上管道的煤气压力和流量并无下降。另一种是实际下降，即管道的煤气压力和流量的下降真实地反映在仪表上。

引起实际下降的原因，其一是本系统中某个或其些大用户增量而管网的输送能力有限，这时压力口趋于稳定；其二是煤气管道发生局堵塞或冻结，一般发生在气温较低时，如冬季或初春压力和流量下降较为突然，下降幅度大，甚至持续下降为零。煤气压力和流量降低，应立即查明原因。如确认煤气的发生和供应均无问题，则应查找管道或管道仪表导管的堵塞或冻结部位，并及时清除堵塞物或通蒸汽解冻。如果管道堵塞或冻结部位较长，则应堵盲板，隔断气源再分段排除。

（2）压力和流量波动。造成煤气管道压力和流量波动的原因较为复杂。管道系统内较大用户频繁增减量、管道上的调节翻板失调、管道低洼部位存水等，都会引起煤气管道压力和流量波动。此外，仪表导管积水也会产生煤气压力和流量的表观波动。如果煤气管道压力和流量同时波动，而煤气仪表导管并无积水，调节翻板工作也正常，则一般是由于管道某部位积水造成的。如果该部位积水是由排水器堵塞造成的，应立即清扫排水器。若积水部位无处排水，应在管道底部钻眼放水，并宜在此处增设排水器。如果压力和流量的波动是由于调节翻板的执行机构失灵或翻板脱销造成的，则应迅速排除调节翻板的故障。

147. 停电后煤气管网安全作业有哪些要求？

答：（1）企业因停电引起全部停产时应首先切断所有用户，关闭放散管并利用煤气柜储存气源保持管网压力在 500Pa 以上，各煤气用户保持停产设备和管网处于安全状态。

（2）如果没有燃气来源补充也可以用氮气和蒸汽充压，使管网始终处于正压。

（3）停电后应防止下列事故的发生：

1）由于停电，自动化设备改变开关方向或保持在停电当时的位置，当充压或送气时防止造成人员中毒或设备爆炸。

2）由于停水造成管道冻裂、热力式插板松开和冷却设备过热等。

3）由于停蒸汽，煤气从连接处进入蒸汽管道引起中毒，或者产生虹吸使煤气水封有效高度不足，造成送气后冒煤气，冬季保温设备和汽管也可能冻结失效。

4）由于管道或设备内密闭充汽，冷却时产生真空而使水封有效高度降低或设备抽瘪造成事故。

5）由于联系不周，充压时改变煤气成分造成熄火或燃烧不完全而引起中毒或爆炸。

6）送气时煤气管道吹扫不当而出现环流或死角，以致保留空气或充压，造成恢复生产后出现爆炸或着火。

7）由于燃烧器不严、未熄火，造成回火或回火引起爆炸。

8）停电后气源中断的煤气系统必须保持密闭，定压自动放散管应灭火后关严，在煤气系统严禁烟火并停止任何作业。

148. 钢包烘烤有哪些注意事项？

答：钢包烘烤要注意以下事项：

（1）作业人员进入烘包区时要携带便携式 CO 报警仪，检查固定式 CO 报警仪是否完好，确认完好后方可进入烘包区作业。

（2）启动升降包盖时，要确认电器线路及按钮是否完好，不熟悉的按钮不按，以免造成误操作。

（3）使用煤气烘包时，严格按照《煤气安全使用规程》进行操作。

（4）认真检查烘包情况，填写好工作记录，严格按照技术规程烘烤钢包，避免钢包潮湿，造成大翻伤人。

（5）对烘包区域内的煤气管道、阀门、煤气烧嘴、烘包包盖等应经常检查，遇有泄漏、损坏现象应迅速处理。

（6）当煤气压力小于 3000Pa 时，严禁使用烘烤装置，并关闭好煤气阀门，停鼓风机，等接到压力恢复正常通知后方可继续使用。

（7）点燃烧嘴前，进一步确认煤气、电气、机械设备是否正常，如有异常应及时处理。

（8）确认煤气压力、烘烤设施及周围环境均正常后，点燃火种送至煤气烧嘴处，然后由小到大逐渐开启煤气阀门，点燃烧嘴，并通知周围人员、点火人员避开烧嘴正下方。

（9）钢包到位后，开启鼓风机，调整煤气和送风阀阀门的开启度，保证火焰有一定的强度，对立式烘包装置，应避免包盖下方火焰太高烧坏上面设备，要求烘烤时火焰不高于烘包包盖下沿 200mm。

（10）钢包烘烤结束后，缓慢关闭送风阀阀门，逐步调小煤气阀门的开度，正常情况下，保持煤气烧嘴留有 200～300mm 的火苗，停鼓风机。当该烧嘴长时间不用时要关闭煤气阀门。

（11）在烘烤过程中，当出现烧嘴火焰突然熄灭或由于煤气压力波动导致火焰燃烧很不稳定或煤气压力降至 3000Pa 以下时，应立即关闭煤气阀门，再关闭送风阀阀门，停鼓风机。

（12）当煤气压力恢复正常，接到调度点火使用的通知后，适时放出部分煤气后关闭好煤气阀门，稍后重新按正常程序点火。

（13）当出现烧嘴熄火后煤气泄漏，应当采取可靠措施切断煤气阀门，避免煤气继续扩散。

149. 如何划分轧钢厂煤气危险作业区域？

答： 轧钢厂的煤气危险区域作业分为三类，按危险程度从高到低依次为一类、二类、三类。

一类煤气作业包括带煤气抽堵盲板、换流量孔，处理开闭器；煤气设备漏煤气处理；煤气管道排水器和放水口处作业；烟道内部作业和煤气爆发试验等。

二类煤气危险作业包括烟道、渣道检修；变更瓣的修理；停送煤气处理；加热炉、罩式炉、辊底式炉煤气关闭口处作业；开关叶型插板和煤气仪表附近作业。

三类煤气危险作业包括加热炉、罩式炉、辊底式炉炉顶及其周围区域的作业；加热设备仪表室内作业；均热炉看火口、出渣口、渣道洞口的作业；加热炉、热处理炉烧嘴、煤气阀作业和煤气设备附近作业。

150. 加热设备使用煤气有哪些安全注意事项？

答：（1）点燃煤气的操作程序为：

1）待总管向支管送煤气的工作全部完成后，才能向各加热设备送煤气。

2）准备好点火火把，有烟囱要将烟道闸门打开。将点火把放在烧嘴前方，然后打开煤气阀门点火，严禁先送煤气后点火，以防引起煤气爆炸。

3）在点火过程中当点不着时，应立即关闭煤气阀门，并自然通风，严禁一次点不着紧接着连续再点。

4）开始送入煤气时，应将煤气阀门开小些，然后再逐渐开大。

5）停止使用煤气关闭阀门时，应检查阀门是否完全关闭。

6）在点火时，非岗位人员不准在煤气点火处周围逗留。

（2）使用煤气的注意事项有：

1）在使用煤气的过程中，应经常注意观察煤气压力，当压力低于 1000Pa 时，应立即关闭煤气阀门，停止使用。

2）经常注意观察烧嘴燃烧情况，发现熄火应立即关闭煤气阀门。

3）随时观察煤气燃烧后的火焰情况，调节进风，以改善煤气的燃烧效果。

4）在煤气管道及加热设备旁不得堆放易燃物品，也不应堆卸热灰、热渣，以及建造房屋。

151. 煤气发生炉点火前应做哪些准备工作？

答：煤气发生炉在点火前需要进行点火准备和安全检查。煤气发生炉点火准备主要指装炉，即向炉内装入适当的灰渣。装炉时，煤气炉应与运行管网可靠隔断，打开自然通风阀、炉体入孔和钟罩阀，使炉内有良好的通风。装入炉内的灰渣、渣块大小为直径 20~70mm，含碳量小于 15%。为保护炉箅，灰渣应高出炉箅 200~300mm，同时还要装入适量的木柴和刨花。煤气炉点火时，可用废油布等易燃物，但不得用汽油等挥发性的油类浇在木柴上点火，更不允许进入炉内点火。当天装柴当天点火。点火后应按规定培养炉层，直至生产出合格煤气。

煤气发生炉点火前还要进行安全检查，检查内容主要包括以下几项：

（1）对各机械部件、电气、仪表、管网等设备进行全面检查和试运行。

（2）对连接部位进行密封性试验。

（3）检查和校验集汽包的水位表、压力表和安全阀。

（4）对蒸汽水套和集汽包进行水压试验，集汽包要保证正常水位。

（5）检查双联竖管、炉底、钟罩阀、水力逆止阀等水封是否处于溢流状态。

（6）灰盘注水是否到正常水位。

152. 煤气阀门有哪些类型？

答：阀门是用来启闭管道通路或调节管道内介质流量的设备，是煤气管道上的主要切断装置和调节装置。因此要求它必须安全可靠且经久耐用，在生产操作中需要关闭时能保证严密不漏气，检修时切断煤气来源，没有漏入停气一侧的可能性，并且考虑耐磨、耐蚀、耐用。

阀门要操作灵活，煤气切断装置应能快速完成开、关动作，适应生产变化的要求，阀门需便于控制。煤气切断装置须适应现代化企业的集中自动化控制操作。

阀门的密封、润滑材料和易损件应力求在保证煤气正常输送中检修，日常维护中便于检查，能采取预防或补救措施。

阀门的开关操作不应妨碍周围环境（如冒煤气），也不因外来因素干扰（如停水、停电、停蒸汽等）无法进行操作或使功能失效。在燃气管道中，由于铁屑、灰尘和燃气中所含杂质的沉积，会使阀门的动作受到阻碍，因此阀门必须定期检修。

阀门的种类很多，应用范围很广，主要按下列方法分类：

（1）按压力分类阀门可分为以下几种：

1）低压阀门。公称压力 $PN \leqslant 1.6MPa$。

2）中压阀门。公称压力 $1.6MPa < PN < 10MPa$。

3）高压阀门。公称压力 $10MPa \leqslant PN \leqslant 100MPa$。

4）超高压阀门。公称压力 $PN > 100MPa$。

（2）按启闭阀门的传动方式分为手动、齿轮传动、电动和气动等。

（3）按材质分为铸铁阀、铸钢阀、锻钢阀、非金属阀等。

（4）按结构和作用分为切断阀、节流阀、止回阀、安全阀、减压阀、疏水阀。阀门代号一般用拼音字母代表，如：Z—闸阀，J—截止阀，X—旋塞阀，Q—球阀，A—安全阀，Y—减压阀。

153. 闸阀的构造和适用范围是什么？

答：闸阀也称闸板阀，它的阀体内有一平板与介质流动方向垂直，平板升起时，阀开启，介质通过。平板落下时，阀即关闭，介质被切断。

（1）闸阀的闸板按结构特征分为平行闸板和楔式闸板。

1）平行闸板两密封面相互平行，它又可分为平行单闸板和平行双闸板。单闸板在受热后易卡在阀座上，目前主要生产的是明杆平行式双闸板闸阀（如图3-1所示）。平行闸板闸阀结构简单，但密封性差，适用于压力不超过1MPa，温度不超过200℃的介质。

2）楔式闸板密封面是倾斜的并形成一个交角，介质湿度越高，所取角度越大。楔式闸板分单闸板、双闸板和弹性闸板三种。

① 单闸板比其他楔式闸板结构简单，能靠阀杆压力强制密封，但当介质温度变化时会引起局部压力增大，造成擦伤，但结构零件多，应用较少。

② 弹性闸板不仅适用于输水管道，也适用于蒸汽及输油管道。

楔式单闸板和双闸板适用于常温和中温介质，弹性闸板适用于各种温度和压力的介质。

（2）闸阀按阀杆的结构形式不同又可分为明杆式和暗杆式。

1）明杆式闸阀能从阀杆的外伸长度判断阀门的开启程度，阀杆不与介质接触，适用于腐蚀介质及室内管道。

2）暗杆式闸阀（见图 3-2）适用于非腐蚀性介质及安装位置受限制的地方，它的开启程度通过指示器来判断。

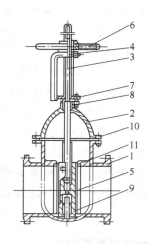 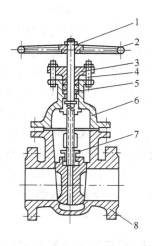

图 3-1　明杆平行式双闸板闸阀
1—阀体；2—阀盖；3—阀杆；4—阀杆螺母；
5—闸板；6—手轮；7—填料压盖；8—填料；
9—顶楔；10—垫片；11—密封圈

图 3-2　暗杆楔式单闸板闸阀
1—阀杆；2—手轮；3—填料压盖；
4—螺栓；5—螺母；6—填料；
7—上盖；8—轴套

闸阀与水封或盲板联合使用时可以成为安全可靠的煤气切断装置，闸阀为铸件，不宜承受管道变形的弯曲应力，应靠近支架安装，考虑到闸阀关闭时的盲板力，尽量设在固定支架附近。阀门与其他管道或设备的连接方式有内螺纹、法兰、焊接等。

闸阀中由于流体是沿直线通过阀门的，阻力损失小。闸板升降时所引起的振动也很小，但当存在杂质或异物时，关闭受到阻碍，使应该停气的管段不能完全关闭。

154. 如何使用煤气闸阀？

答：煤气闸阀是一种断流不断漏的装置，闸阀本身不是可靠的煤气隔断装置，只有在与盲板、水封等相配合的情况下使用，才能起到可靠的隔断作用。

由于煤气闸阀操作频率高，因此在安装使用的过程中对安全系数要求比较高，一般应做到以下几点：

（1）使用闸阀时应尽量选择明杆闸阀。该闸阀的手轮上有明显的开、关标志，如果在煤气设备上使用，一定要选择煤气专用闸阀。在使用闸阀之前，应首先对闸阀进行检查，凡出厂已达6个月以上的产品，则必须要重新按出厂标准做地面试压。

（2）在安装煤气闸阀时，应事先架设梯子搭设平台。安装时，在分配支管距主管 0.5m 以内设置第一道闸阀；在炉前应设双闸阀，闸阀之间应有放散管，较大的闸阀两侧应设单片支架；直径小于 500mm 的煤气管道上的闸阀，应作保温处理。

（3）闸阀不可作节流用，以免因频繁操作而致使闸阀过早损坏。闸阀在春秋两季应进行开关试验，闸阀的丝杆应涂黄油并且加设保护罩。

155. 煤气管道上闸阀的作用及其安全要求有哪些？

答：在煤气管道上的闸阀作用是：调节管道的煤气压力或切断管道煤气。对于 DN500mm 以上的闸阀来说，由于设备本体比较大，操作比较难，一旦损坏不易检修或更换，因而不宜做调压设施，不宜频繁操作。

提醒操作人员：所有闸阀都不是可靠的切断煤气设备，通常闸阀要与水封联用或阀后堵盲板。

煤气管道上的闸阀应符合下列要求：

（1）$DN500\text{mm}$ 以上闸阀应设在两单片支架间，并设有操作平台。

（2）在煤气管道上不准使用非煤气专用的闸阀。

（3）分配主管距主管 0.5m 以内应设闸阀，炉前管道应设双闸阀，阀间应设放散管。

（4）在进行严密性试验中，应以闸阀为准，分阶段进行，不允许在闸阀前后堵盲板。

（5）处于北方寒冷地区的阀门应有保温措施。

156. 蝶阀的构造和适用范围是什么？

答：蝶阀的启闭件为一圆盘，绕阀体内一固定轴旋转，转角的大小就是阀门的开度。蝶阀一般作管道或设备上全开、全闭用，有的也可以作节流用。蝶阀的结构简单、轻巧、开关迅速，但密封性差，适用于较大直径的管道。蝶阀只适用于低压管道，用于输送水、空气、煤气等介质。图 3-3 所示为垂直板式蝶阀。

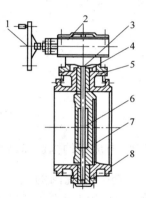

图 3-3　垂直板式蝶阀
1—手轮；2—传动装置；
3—阀杆；4—填料压盖；
5—填料；6—转动阀瓣；
7—密封面；8—阀体

由于结构的原因，闸阀、蝶阀只允许安装在水平管道上，而其他几类阀门则不受这一限制。

157. 截止阀的构造和适用范围是什么？

答：截止阀是利用装在阀杆下面的阀盘来控制启闭的阀门，在管道中主要用作切断，也可用来调节流量。截止阀使用方便、安全可靠，但结构复杂，流体阻力较大，适用于低压、中压、高压管道，不适用于带颗粒、黏度较大的液体管道。截止阀只允许介质单向流动，即安装时应让介质低进高出。截止阀按结构分有直通式、直流式和角式三种，如图3-4所示。

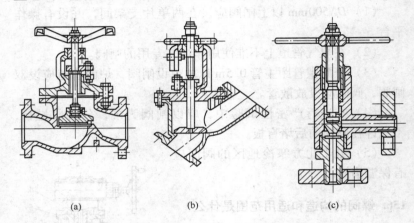

(a)　　　　　　　　(b)　　　　　　　　(c)

图3-4　截止阀

（a）直通式；（b）直流式；（c）角式

158. 节流阀的构造和适用范围是什么？

答： 节流阀的结构与截止阀十分相似，只是启闭件（阀芯）的形状不同，截止阀的启闭件为盘状，节流阀的启闭件为锥状或抛物线状，所以节流阀能较好地调节流量或进行节流、调节压力。

节流阀的外形尺寸小巧、质量小，有直通式和直角式两种。

节流阀主要用于仪表调节流量用，但不适用于黏度大和含有固体颗粒的介质，也可用作取样阀，装节流阀时要注意方向，不可装反。角式节流阀如图3-5所示。

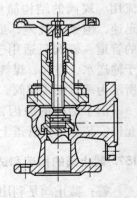

图3-5　角式节流阀

159. 旋塞阀的构造和适用范围是什么?

答：旋塞阀又称考克，也称转心门。旋塞阀是利用带孔的锥形栓塞来控制启闭的，它在管道上作启闭、分配和改变介质流动方向用。其构造如图 3-6 所示，它具有结构简单、启闭迅速、操作方便、流体阻力小、可输送含颗粒及杂质的流体等优点。其缺点是密封面易磨损，在输送高温高压介质时开关力大，只适用于低温、低压、小直径管道中作开闭用，不宜作调节流量用，不得用于蒸汽或急启、急闭有水锤的液体管道中。

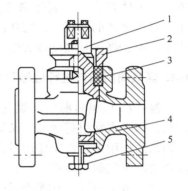

图 3-6　旋塞阀
1—旋塞；2—压盖；3—填料；
4—阀体；5—退塞螺栓

根据介质的流动方向不同，旋塞阀可分为直通式、三通式和四通式。

160. 球阀的构造和适用范围是什么?

答：球阀的结构及动作原理与旋塞阀十分相似，它是利用带孔的球体来控制阀的启闭的，其结构如图 3-7 所示。

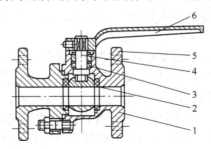

图 3-7　浮动式球阀
1—阀体；2—球体；3—填料；4—阀杆；5—阀盖；6—手柄

球阀在管路中主要用于切断、分配和变向，它和旋塞阀一样可制成直通式、三通式或四通式，是近几年发展较快的阀之一。

球阀结构简单、体积小、零件少、重量轻、开关迅速、操作方便、流体阻力小、制作精度高，但由于密封结构及材料的限制，目前生产的球阀不宜用在高温介质中，不能作节流用，只适用于低温、高压及黏度较大的介质和要求开关迅速的管道中。

161. 煤气阀门如何进行检修和维护？

答：（1）填料漏气。煤气阀类轴封填料采用一般石棉绳或盘根，因吸水常引起泄漏，又易使轴杆锈蚀，油浸填料在水分细菌和氧的作用下，长期使用后也发生变质。因此，采用柔性石墨盘根更换煤气阀门填料。

（2）阀壳开裂。阀类外壳多数情况是铸铁件，开裂以后应先用石棉绳堵漏，待裂处不向外冒气滴水时，在挡风篷内使用预热的铜镍焊条或铜钢焊条施焊。

（3）维护。阀门应定期进行启闭性能试验，要定期更换填料、加油和清扫。无法启闭或关闭不严的阀门，应及时停气维修或更换。

162. 煤气补偿器如何进行检修和维护？

答：（1）补偿器开裂的维护方法为：

1）补偿器在非应力集中区开裂时，同一般管壁开裂一样进行顶压焊补。

2）补偿器在应力集中区开裂时不能焊补，应制作外罩将其封闭。罩上备有吹刷和放水管，待停气后更换新的。

（2）补偿器内导管受阻造成失效或变形时，应分析是由于气体的推力造成的，还是由于导管在内部焊死或异物卡住造成，应分别进行处理。属于外力原因应从管网布置上采取措施，属于本身失效就只有待停气时处理。

（3）应定期对补偿器进行接口严密性检查、注油、更换填料、排放积水及补偿调整等。

163. 为什么生活用的蒸汽管与吹扫用的蒸气管必须分开？

答：冶金企业中的蒸汽来源较多，用途也很广，如取暖、浴室、食堂都需要用蒸汽，在检修施工中煤气管道的吹扫也离不开蒸汽。

特别要提醒的是，生活用和吹扫煤气用两种蒸汽管不可混用。煤气设备、管道在停用检修前，为防止空气窜入而发生爆炸和煤气中毒事故，一般先用大量蒸汽进行吹扫。按规定，只有在通蒸汽时才能把蒸汽管与煤气管相连串通，但往往由于吹扫后没有及时将蒸汽管拆除而出现蒸汽管与煤气管长期联通的情况，这是很危险的。

当蒸汽被切断后，管内残余的蒸汽随着温度的下降而冷凝变成水。这样，蒸汽管内会产生很大负压，造成煤气管内的煤气进入蒸汽管内。当蒸汽管内再送蒸汽时，原来管道内积储的煤气则随着蒸汽伴送到各蒸汽用户，这就会使正沐浴或蒸饭的工人发生突然煤气中毒事故。因此，必须严加防范。

为了防止煤气通过蒸汽管道窜入生活区域，要求吹扫煤气管道用的蒸汽管必须与生活用的蒸汽管分开。

164. 煤气管道法兰漏煤气时应如何处理？

答：管道法兰漏煤气有两种处理方法，如果不需要保持法兰的完好，可将法兰焊死；如果仍需要保持法兰完好，则在确保工作环境安全的情况下将法兰螺丝卸开，塞上石棉绳，再将法兰螺丝拧紧即可。无论是采取哪种处理方法，作业人员都应戴空气呼吸器，并在有人监护的状况下进行作业。

165. 排水器出现跑冒煤气的原因及其处理措施有哪些？

答：煤气管道排水器出现跑冒煤气情况的主要原因是误操作：鼓风机升压过高；当低压煤气管网窜入了大量的高压煤气

时；因排水器水封、桶体、隔板等处腐蚀漏孔致使排水器水封有效高度不够时；在自动排水器失灵，设备冻坏，排水器保温气量过大而又无法充水时。

处理措施：处理排水器跑冒煤气故障属于危险作业，作业前要做好防护准备工作，作业区域严禁火源，禁止行人通过，以免因煤气泄漏对人身造成伤害。作业人员应穿戴好防护用品，作业时要两人以上，设专人监护。处理故障之前应先将排水器下水管阀门关闭，查找跑冒煤气的原因。如排水器本身跑冒煤气，只需予以更换即可；如果不是排水器本身缺陷，可重新装水运行。高压排水器装水时，应将高压放气头打开。旧立式排水器一般须用消防车配合强制装水。自动排水器则往往需要用橇棍撬开。

166. 为什么室内煤气管道必须定期用肥皂水试漏？

答：煤气管道虽经严密性试验合格，但并非一劳永逸，不能保证在长期运行中不产生新的泄漏点。如果新的泄漏点没有及时发现，泄漏在室内的煤气不易扩散出去，极易造成严重的煤气中毒事故，因此必须定期用肥皂水试漏。如果发现泄漏煤气，应立即采取措施，进行处理，保证煤气管道始终处于完好、严密状态，保证安全。

167. 煤气管网的巡检内容包括哪些？

答：企业煤气管网的巡检和操作的基本任务是操作和监护设备的进行状态，及时发现和处理运行中的故障，排除危害因素，完成日常的保修任务。工作的侧重点在于防火、防冻、防超载、防失效以及已经发现的泄漏时处理、及时汇报，以保证管网的安全运行和正常输气，巡检的内容包括：

（1）煤气管道及附加管道有无漏气、漏水现象，一经发现应按分工及时进行处理。

（2）检查架空管道跨间挠曲、支架倾斜、基础下沉及附属装置的完整情况，金属腐蚀和混凝土损坏情况。

（3）地下管道上部回填层有无塌陷，是否有取土、堆重、铺路、埋设、种树和建筑情况。

（4）架空煤气管道上方有无架设电线、增设管道或其他东西；管道下面有无存放易燃易爆物品，管线附近有无取土挖坑或增设建筑物。

（5）煤气管道上及周围明火作业是否符合安全规定；防火措施是否得当；电焊作业是否利用煤气管道导电；附近管道漏气及含煤气废水能否危害附近人员。

（6）排水器及水封的水封水位是否正常；排水是否正常。

（7）冬季管道附属装置的保温是否齐全；有无冻结及堵塞情况；有无积冰及其危害程度。

（8）管线附近施工有无利用管道及支架起重或拖拉的情况，发现后应当即制止。

（9）架空管道接地装置及线路是否完好。

（10）各处消防，急救通道是否畅通。

168. 煤气管网的定期维护工作包括哪些？

答：管网维护的出发点是预防，基本内容是防火、防漏、防冻、防腐蚀、防超载和防失效，定期维护工作是煤气管道维护中工作量较大的专项工作，主要内容包括：

（1）每 4~5 年进行一次煤气管道及附属装置的金属表面涂刷防腐漆。

（2）每两年刷新一次管网标识，并测量一次标高。

（3）每年进行一次管网壁厚检测，并做详细记录。

（4）每年进行一次输气压降检测，主要气源流量孔到管道以及主管的沉积物厚度检测。

（5）每年入冬前和解冻后要检查一次泄漏，并填写记录限期处理。

（6）每年雨季到来之前要普遍检测一次接地电阻，检查一次防雷、防雨和防风装置，疏通清理一次下水井和排水道。

（7）每年一季度和三季度普遍进行阀门润滑查补的工作。

（8）每年入冬前进行一次防寒设备检查，制订检修改造计划，三季度完成施工。

（9）每年二季度普遍进行一次排水器清扫，除锈和刷油。

（10）每年三季度进行一次钢支架根部和混凝土支架补修。

（11）每年入冬前进行一次放散管开关试验，放掉阀前管内的积水，检查一次补偿器存油并随即补充。

169. 煤气设备日常维护要点有哪些？

答：进行煤气设备日常维护的要点有：

（1）煤气管道上的各开关阀门一定要灵活好使，要保持经常涂油。

（2）每班进行两次维护检查，尤其要注意设备的严密性，发现问题及时上报，并做好记录。

（3）用蒸汽吹刷煤气设备时，在冬季要有排水防冻措施。

（4）倒班中的白班应一周内做一次煤气设备全部的详细检查，做出记录，发现问题及时采取措施处理，并报告调度及煤气负责人。

（5）主管道末端放散管每 3 个月检查一次，同时要做好记录存档。

（6）煤气设备易腐的地方，要多加巡查，并及时根据掌握的情况提出检修计划。

（7）蒸汽管与煤气主管连接处，不用蒸汽时，必须立即断开。蒸汽停汽时应及时将管内冷凝水放出。

（8）凡经常操作的煤气设备，不得以煤气设备作为电焊作业的电导体。

170. 煤气管网设备的档案管理有哪些内容？

答：（1）煤气管网必须有与实物一致的全部完整图纸和资料存库。

（2）企业必须有完整的平面布置管网图。

（3）煤气管道必须建立包括以下内容的专门技术档案资料：

1）设计单位、时间、设计依据、设计能力与荷载、地质及测绘资料。

2）修建单位、时间、使用材料和选用设备的试验资料，试验及施工有关资料。

第 4 章　煤气管理及防护器材

171. 煤气管理机构及其职责有哪些?

答：煤气管理机构有煤气防护站、煤气调度、煤气化验室及煤气设施的维护机构。

（1）煤气防护站。大中型钢铁企业煤气防护站，一般由值班、检查、救护、盲板充填、分析等部门组成。小型钢铁联合企业，要配备专职煤气安全员，并设置必要的防护器材。

煤气具有易燃、易爆、有毒特性，因此煤气站必须确保安全生产和对有碍煤气安全生产的因素积极排除。审查新建、改建和扩建煤气设施的设计及审查煤气危险工作的实施计划。对从事煤气工作的人员进行煤气防护训练，负责处理煤气作业，组织并进行煤气中毒和爆炸事故的紧急处理及救护工作。

（2）煤气调度。大中型钢铁联合企业应设置煤气调度室。小型钢铁联合企业，煤气用户较多时，应配备专职的煤气调度员，煤气调度员通过调度室内配置的仪表对企业生产进行调查研究，掌握煤气发生、使用和设备运行及检修情况，以便正确地掌握企业煤气动态，平衡煤气生产。

（3）煤气化验室。大中型钢铁联合企业应设煤气化验室。小型钢铁企业的煤气化验工作可由动力部门的化验室兼管。化验内容有煤气的成分、发热量、含尘量分析等。

（4）煤气设施的维修机构。大中型钢铁联合企业应设置独立的煤气设备检修工段，负责煤气设备的小修工作。小型钢铁联合企业煤气设备的中、小修工作由企业的机修车间负责。

172. 煤气防护站煤气防护人员的任务是什么？

答：煤气防护站煤气防护人员的主要任务为：

（1）掌握企业内煤气动态，做好安全宣传工作，组织并训练不脱产的煤气防护人员，有计划地培训煤气专业人员；组织防护人员技术教育和业务学习，平时按计划定期进行各种事故抢救演习。

（2）经常组织检查煤气设备及其使用情况，对煤气危险区域定期作 CO 含量分析，发现隐患，及时向有关单位提出改进措施，并督促按时解决。

（3）协助企业领导组织并进行煤气中毒事故的紧急救护工作，指导煤气着火、爆炸事故的抢救。

（4）参加煤气设施的设计审查和新建、改建工程的竣工验收及投产工作。

（5）审查各单位提出的带煤气作业（包括煤气设备的检修、生产时动火焊接等）的工作计划，并在实施过程中严格监护检查，及时提出安全措施及参与安排带煤气抽堵盲板，接管特殊煤气作业。

173. 煤气防护站煤气防护人员的权力是什么？

答：煤气防护站在企业安全部门领导下，行使下列权力：

（1）有权提出煤气安全管理使用和有毒气体防护的安全指令。

（2）有权制止违反煤气安全规程的危险工作，但应及时向单位负责人报告。

（3）煤气设备的检修和动火工作，须经煤气防护站签发许可证后方可进行。

174. 煤气安全专业检查的重点是什么？

答：煤气安全专业检查的重点包括以下内容：

（1）单位是否有煤气安全规程。

（2）是否有专（兼）职煤气负责人。

（3）煤气操作工有无操作证，安环处是否备案。

（4）煤气设备管理范围是否与燃气厂划分清楚，是否有协议。

（5）历年煤气事故是否有档案。

（6）煤气岗位是否实行标准化作业和定量考核。

（7）每年是否对接触煤气的职工进行一次安全教育。

（8）各种主要煤气设备装置是否编号。

（9）煤气危险区域是否有警告标志。

（10）煤气设备检查制度（包括防火）是否健全。

（11）新建、大修工程是否贯彻"三同时"。

（12）对煤气"三大"事故是否处理及时。

（13）抽考煤气操作工本岗位安全操作规程。

（14）是否有备用的空气呼吸器，好不好使，会不会用。

（15）各种工业炉、窑炉等煤气设施设计是否合理。

（16）煤气附属设备是否合理好用。

（17）煤气设施有多少泄漏点。

（18）煤气设备的腐蚀情况是否有数据，是否按规定时间防腐。

（19）一次、二次仪表室是否可靠分开，生活设施和煤气设施用气是否分开，高低压报警有没有。

（20）现场抽查 3~5 处测定 CO 浓度。

175. 煤气安全管理内容有哪些？

答：煤气安全管理内容包括：

（1）煤气设施应明确划分管理区域，明确责任。

（2）各种主要的煤气设备、阀门、放散管、管道支架等应编号，号码应标在明显的地方。

（3）煤气管理部门应备有煤气工艺流程图，图上标明设备及附属装置的号码。

（4）有煤气设施的单位应建立以下制度：

1）煤气设施技术档案管理制度，将设备图纸、技术文件、设备检验报告、竣工说明书、竣工图等完整资料归档保存。

2）煤气设施大修、中修及重大故障情况的记录档案管理制度。

3）煤气设施运行情况的记录档案管理制度。

4）建立煤气设施的日、季和年度检查制度，设备腐蚀情况、管道壁厚、支架标高等每年重点检查一次，并将检查情况记录备查。

（5）煤气危险区（如地下室、加压站、热风炉及各种煤气发生设施附近）的一氧化碳浓度应定期测定，在关键部位应设置一氧化碳监测装置。作业环境 CO 最高允许浓度为 $30mg/m^3$（24ppm）。

（6）应对煤气作业人员进行安全技术培训，经考试合格，取得特种作业证才准上岗工作，以后每 3 年进行一次复审。煤气作业人员应每隔一至两年进行一次体检，体检结果记入"职工健康监护卡片"，不符合要求者，不应从事煤气作业。

（7）凡有煤气设施的单位应设专职或兼职的技术人员负责本单位的煤气安全管理工作。

（8）煤气的生产、回收及净化区域内，不应设置与本工序无关的设施及建筑物。

176. 事故应急救援的基本任务有哪些？

答：事故应急救援的总目标是通过有效的应急救援行动，尽可能地降低事故的后果，包括人员伤亡、财产损失和环境破坏等。事故应急救援的基本任务包括下述几个方面：

（1）立即组织营救受害人员，组织撤离或者采取其他措施保护危害区域内的其他人员。

（2）迅速控制事态，并对事故造成的危害进行检测、监测，测定危害区域、危害性质及危害程度。

（3）消除危害后果，做好现场恢复。

（4）查清事故原因，评估危害程度。

由于事故应急救援具有突发性、复杂性和后果易突变激化放大的特点，因此，为尽可能降低重大事故的后果及影响，减少重大事故所导致的损失，要求应急救援行动必须做到迅速、准确和有效。

177. 事故应急预案的作用是什么？

答：事故应急预案在应急体系中起着关键作用，它是针对可能发生的重大事故及其影响和后果的严重程度，为应急准备和应急响应的各个方面所预先做出的详细安排，是开展及时、有序和有效事故应急救援工作的行动指南。事故应急预案在应急救援中的重要作用包括以下几个方面：

（1）应急预案明确了应急救援的范围和体系，使应急准备和应急管理不再是无据可依、无章可循，尤其是培训和演习工作的开展。

（2）制定应急预案有利于做出及时的应急响应，降低事故的危害程度。

（3）事故应急预案成为各类突发重大事故的应急基础。

（4）当发生超过应急能力的重大事故时，便于与上级应急部门的协调。

（5）有利于提高风险防范意识。

178. 事故应急预案的内容有哪些？

答：事故应急预案是针对可能发生的重大事故所需的应急准备和应急响应行动而制定的指导性文件，其内容如下：

（1）企业基本情况，主要包括企业的地址、经济性质、从业人数、隶属关系、主要产品、产量等内容。

（2）根据可能发生的事故类别、危害程度，确定危险目标。

（3）应急救援组织机构设置、人员组成和职责的划分。

（4）报警、通信联络的选择。

（5）事故发生后应采取的工艺处理措施。

（6）人员紧急疏散、撤离。

（7）危险区的隔离。

（8）检测、抢险、救援及控制措施。

（9）受伤人员现场救护、医院救治。

（10）应急救援保障。

（11）预案分级响应条件，依据事故的类别、危害程度的级别设定预案的启动条件。

（12）事故应急救援关闭程序，确定事故应急救援工作结束，通知本单位相关部门、周边社区及人员，事故危险已解除。

（13）应急培训计划。

（14）演练计划，包括演练准备；演练范围与频次；演练组织等。

（15）附件，包括组织机构名单；联系电话；企业平面布置图；消防设施配置图；周边地区单位、住宅、重要基础设施分布图等。

179. 煤气事故的处理程序有哪些？

答：（1）一般事故。由岗位操作人员及安全巡视人员以巡检等方法及早发现，采取相应的措施予以处理。

（2）重大事故。重大事故发生时，应采取以下救援措施。

1）最早发现者应立即向应急救援总指挥、副总指挥、煤气事故应急救援指挥部办公室及厂调度报告，并采取一切措施切断事故源。

2）应急救援指挥部办公室接到报警后，应及时采取相应措施，迅速通知煤气防护站及有关部门。查明事故的具体位置及发生原因，下达按应急救援预案处置的命令，同时发出警报，通知指挥部成员及救援队伍迅速赶往事故现场。

3）必要情况下指挥部成员通知所在车间、部门向各自的上级主管部门、煤气公司、安全监察、公安、环保、卫生等行政机关报告事故情况。

4）发生事故的公司、部门会同相关人员迅速查明事故源点、部位和原因，向指挥部报告并提出相应的处置措施。

5）救援队伍到达现场后，首先查明现场有无中毒和受伤人员，以最快的速度将中毒和受伤人员撤离现场，严重者尽快送医院抢救、治疗。

6）指挥部成员到达现场后，根据事故状态及危害程度，及时做出相应的应急救援决定，并命令各应急救援队伍立即展开救援，如事故扩大时，应请求外部救援队伍支援。

7）生产和安全部门到达现场后，会同发生事故的公司、部门，在查明事故的部位和范围后，视事故能否控制和事故的严重程度，作出局部或全厂停止生产的决定。

8）护卫队到达现场后，负责治安和交通指挥、组织纠察，在事故现场周围划分禁区并加强警戒和巡逻检查，如事故扩散危及到厂外人员安全时，应迅速组织有关人员消防和事故救援工作，厂区外过往行人及居民区人员在市、区救援指挥部的指挥协调下，向安全地带撤离。

9）医疗救护队到达现场后，应与救援队伍配合并立即抢救受伤和中毒人员，应根据受伤和中毒人员受伤程度和中毒状况及时采取相应的急救措施，如对伤员进行清洗包扎或输氧急救，并及时将重伤员送往医院抢救。

10）技术部门、设备部门到达现场后，查明发生事故管路、设备等情况，迅速进行抢修，若煤气泄漏，应根据风向、风速判断事故蔓延的方向和速度，并对下风向扩散区域的设备进行检测，检测结果及时报告指挥部，必要时根据指挥部的决定进行保护，控制事故以防事故继续扩大。

11）当事故得到控制和处理后，领导小组组长应成立两个专门的工作小组。

① 事故调查组。在厂长的指挥下，组成由安全环保、生产、技术、设备和发生事故单位参加的事故调查小组，调查事故发生的原因和研究制定今后的防范措施。

② 抢修、恢复组。在厂长的指挥下，组成由设备、技术、生产和发生事故单位参加的抢修小组。研究制定抢修方案，实施抢修，尽快恢复生产。

180. 在易燃易爆场所进行动火作业，动火人的职责有哪些？

答：动火的电气焊人员在下列情况下有权拒绝动火：

（1）未见到批准的动火许可证，不动火。许可证由焊工随身自带，以备有关人员检查。

（2）发现动火时间不对、部位不符，不动火。

（3）动火许可证上的安全措施没有实现，不动火。

（4）监护人不在场，不动火。发现异常现象，要立即停止动火。

（5）如有人强行指令动火，有权拒绝。

动火监护人由动火地点所在单位和施工单位共同指派，其职责为：

（1）对动火许可证上的安全措施负责监督。如有措施不当或不按动火许可证要求工作时，有权制止动火。

（2）对动火现场负责防火工作。在动火中，如发生火情，要立即报火警，并组织扑救。

（3）动火完毕后也要详细检查现场，不留余火，防止复燃。

181. 煤气防护站应配备哪些器材？

答：煤气防护站必须备有足够的安全救护用具和测试仪器，如 O_2 含量检测仪、CO 手持报警仪、空气呼吸器、自动苏生器、通风式防毒面具、氧气瓶、氧气泵、隔离式自救器等。

182. 呼吸器有哪些种类？

答：为保证操作人员和维修人员处理煤气事故及带煤气作业

的需要，生产岗位中必须配备安全有效的呼吸器具，防止有毒物质进入人体，造成伤害。

用于防毒的呼吸器材，按作用原理可分为过滤式呼吸器和隔绝式呼吸器两类。

需要指出的是，这种防护只是一种辅助性的保护措施，而根本的解决办法在于改善劳动条件，降低作业场所有毒物质的浓度。

183. 过滤式呼吸器的防毒原理是什么？

答：过滤式呼吸器是靠过滤罐或过滤盒将空气中的污染物净化为清洁的空气供人体呼吸，根据过滤罐（盒）中充填的材料，防毒原理如下：

（1）活性炭吸附。活性炭是用木材、果实烧成的炭，再经蒸汽和化学药剂处理制成。由于活性炭是具有不同大小孔隙结构的颗粒，当气体在活性炭颗粒表面或微孔容积内积聚、吸附、饱和，气体才可以穿透活性炭床层，使有毒物质被过滤，空气被净化。这就是防毒面具的过滤罐（盒）充填活性炭起防护作用的原理。活性炭孔隙的内表面越大，活性越大，吸附毒气效率也越高。

（2）化学反应。这是用化学吸收剂与有毒气体产生化学反应净化空气的方法。根据不同的有毒气体成分采用不同的化学吸收剂（如过锰酸银或氧化钠等），产生分解、中和、氧化或还原等反应。例如采用霍加拉（Hopcalite）为催化剂可将 CO 变成 CO_2，由活性二氧化锰和氧化铜按一定比例制成的颗粒状催化剂。它在室温下能使 CO 和空气中的 O_2 反应生成无毒的 CO_2。该催化剂适用于 CO 体积含量在 0.5% 以下的场合。

CO 变成 CO_2 的催化反应发生在催化剂的表面上。当水蒸气与催化剂作用时，其活性降低，降低的程度取决于 CO 的温度和浓度大小，温度越高，水蒸气对催化剂的影响越小。因此，为了防止水蒸气对催化剂的作用，在 CO 防毒面具中，用干燥剂来防湿，把催化剂特置于两层干燥剂之间。

184. 过滤式呼吸器有哪些类型?

答：过滤式呼吸器包括防尘面具和防毒面具两大类，有的品种可同时防尘防毒。其中过滤式防毒呼吸器主要有过滤式防毒面具和过滤式防毒口罩。

（1）过滤式防毒面具。过滤式防毒面具由面罩、吸气软管和滤毒罐组成。分别有导管式防毒面具（带有吸气软管，见图 4-1）和直接式不带导管（见图 4-2）。

过滤式防毒面罩可分为头盔式和头带式两种。头盔式面罩能有效防止有害液体的迸溅，头盔与呼吸面具的紧密连接可确保佩戴者头部不受有毒气体的侵蚀。而头带式面罩只能遮盖住面部，不能遮盖住整个头部，因而易受到有毒气体的侵蚀。头盔式面罩的优点是佩戴容易，气密性好、工艺简单，但舒适性差，视野不如头带式面罩好。头带式面罩的优点是舒适性好、可调节、适合各种头型的人员佩戴，但工艺较复杂，佩戴不易气密。

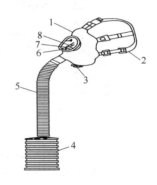

图 4-1　过滤式防毒面具

1—面罩；2—头部系带；3—排气阀；
4—吸收罐；5—导管；6—吸气阀；
7—隔障；8—目镜

头带式面罩分为全面罩和半面罩，见图 4-2 和图 4-3。面罩按头型大小可分为五个型号，佩戴时要选择合适的型号，并检查面罩及塑胶软管是否老化，气密性是否良好。

滤毒罐的有效期一般为两年，使用前要检查是否已失效。滤毒罐的进、出气口平时应盖严，以免受潮或与岗位低浓度有毒气体作用而失效。

（2）过滤式防毒口罩。过滤式防毒口罩如图 4-3 所示。其工作原理与防毒面具相似，采用的吸附剂也基本相同，只是结构形

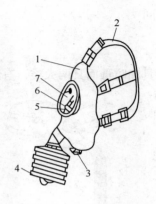

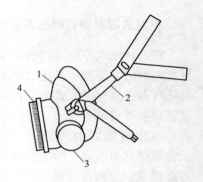

图 4-2　直接式全面罩防毒面具　　　图 4-3　直接式半面罩防毒面具
1—面罩;2—头部系带;3—排气阀;　　　　1—面罩；2—头部系带；
4—小型滤毒堆;5—吸气阀;　　　　　　3—排气阀；4—滤毒盒
6—隔障;7—目镜

式与大小等方面有些差异，使用范围有所不同。由于滤毒盒容量小，一般用以防御低浓度的有害物质。

185. 在什么条件下使用过滤式呼吸器?

　　答：过滤式呼吸器是利用有毒气体吸收剂吸净气体中的有毒气体，从而保证人体吸入无毒气体。但是，由于人体生活的环境中，空气中氧气含量低于 18%，就会感到呼吸困难，倘若氧气含量再低，人体生命就无法维持，势必造成窒息。因此，使用过滤式防毒面具的环境中，氧气含量应不低于 18%。同时，由于过滤式防毒面具的滤毒罐中盛装吸收剂有限，环境中 CO 含量不能超过 1%。如果 CO 含量过高，势必有一部分有毒气体尚未被吸收，就被吸入人体内，因而造成中毒事故的发生。

　　所以，过滤式防毒面具虽然具有体轻、灵活、简便易行的优点，但可靠性差，使用的地点受到限制，一般使用在经常有毒气体散发，但散发量又不大的场合，在大量散发有毒气体的场合，不能使用这种防毒面具。在狭小、密闭容器中也不能使用。因此，过滤式 CO 防毒面具使用的已比较少。

186. 过滤式呼吸器如何维护与保养？

答：过滤式防毒面具的使用维护简单，通常未使用过的过滤式防毒面具在干燥、干净环境下保管的有效期为 3～5 年。保管的重点是面罩的橡胶是否老化，滤毒罐的滤毒剂是否过期失效。由于滤毒剂容易吸潮而失效，故在使用前，不得打开罐盖和底塞。每次使用后应清洁面罩，长期保存则应将面罩涂一层薄薄的滑石粉。凡是使用过的滤毒罐应换上备用滤毒罐。

187. 隔离式呼吸器的防毒原理是什么，有几种类型？

答：隔绝式呼吸器是将作业环境中的有毒气体同人体呼吸隔开，由呼吸器自身供气（氧气或空气）或从清洁环境中引入纯净空气维持人体正常呼吸，自己组成一个封闭的完整的呼吸系统，因而，它具有十分可靠的优点。

隔离式呼吸器适用于缺氧、严重污染等有生命危险，过滤式防毒面具无法发挥作用的工作场所。

隔绝式呼吸器的优点是不论毒剂的种类、状态和浓度大小，均能有效地予以防护；其缺点是重量重、体积大、结构复杂、价格昂贵，使用、维护、保管要求高。

按供气方式，隔绝式呼吸器分为自给式和长管式两类，其中自给式有空气呼吸器和氧气呼吸器两种，均自备气源。

188. 氧气呼吸器工作原理是什么？

答：氧气呼吸器是由佩戴者自行携带高压氧气、液氧或化学药剂反应生成氧气作为气源的一类呼吸器。按氧气供给方式，氧气呼吸器分为携带式压缩氧呼吸器和化学生氧呼吸器两种。

携带式压缩氧呼吸器具有整机重量轻，结构紧凑，操作简单，维护工作量小等优点。

图 4-4 为 AHG-2 型氧气呼吸器示意图。

其工作原理为：佩戴人员从肺部呼出的气体，由面具、三通、呼气软管和呼气阀进入清净罐，经清净罐内的吸收剂吸收了呼出气体中的二氧化碳成分后，其余气体进入气囊；另外，氧气瓶中贮存的氧气经高压导管、减压器减为 $(2.4 \sim 2.9) \times 10^5 Pa$ 的压力，以 $1.1 \sim 1.3 L/min$ 的定量进入气囊，气体汇合组成含氧气体，当佩戴人员吸气时，含氧气体从气囊经吸气阀、吸气软管、面具进入人体肺部，从而完成一个呼吸循环。在这一循环中，由于呼气阀和吸气阀是单向阀，气流始终是向一个方面流动。

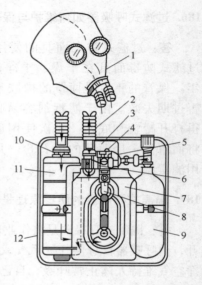

图 4-4　AHG-2 型氧气呼吸器
示意图

1—全面罩；2—导气管；3，6—压力表；
4—吸气阀；5—高压管；7—气囊；
8—目镜；9—氧气瓶；10—呼气阀；
11—清净罐；12—外壳

氧气呼吸器根据劳动强度的不同，可采用以下三种供氧方式：

（1）定量供氧。呼吸器以 $1.1 \sim 1.3 L/min$ 的流量向气囊中供氧，可以满足佩戴人员在中等劳动强度下的呼吸需要。

（2）自动补给供氧，当劳动强度增大，定量供氧满足不了佩戴人员需要时，自动补给装置以大于 $60 L/min$ 的流量向气囊中自动补给氧气，气囊充满时自动关闭。

（3）手动补给供氧，当气囊中聚集废气过多，需要清除或自动补给供氧也不能满足需要或发生故障时，可以采用手动补给供氧。

189. 氧气呼吸器主要部件的作用有哪些?

答: (1) 氧气瓶及瓶阀:氧气瓶是呼吸器的供氧源,其作用是贮存高压 (20MPa) 纯氧 (医用氧气),使用时高压氧气经减压器减压后进入呼吸系统内。气瓶阀与氧气瓶连接在一起,瓶阀开启方式采用旋转式,使用时旋开阀门 (反时针方向),氧气经过高压导管进入减压器,停止使用时,应旋紧阀门 (顺时针方向),氧气被封存在氧气瓶内。氧气瓶容积大于 1L,额定工作压力为 20MPa。

(2) 清净罐:清净罐的作用是将人体呼出的有害气体 (主要是 CO_2) 经过吸收净化,又重新进入气囊,供人体呼吸使用。清净罐在使用前必须装满 CO_2 吸收剂,该吸收剂每使用一次都应重新更换。

$$CO_2 + Ca(OH)_2 = CaCO_3 + H_2O + 热量$$

(3) 减压器:减压器由优质材料制成,从气瓶输出的高压气体经减压器减压并稳定在 $1.1 \sim 1.3 L/min$ 的流量范围内。在定量供氧量不能满足使用需要时,通过自动补给供氧或手动补给供氧。

(4) 气囊:气囊由无毒无异味的橡胶材料制成,它是随佩戴者耗气情况而起伏张缩的缓冲气容装置,用来贮存来自减压器输出的氧和清净罐中化学吸收剂除去二氧化碳后再生出来的氧气。此外,气囊内壁还有吸附再生氧气中的化学吸收剂、悬浮颗粒和收集的部分冷凝水,起到收集水分的效果。

(5) 排气阀:当气囊内压力达到一定值,或需要排除整个系统内废气时实现自动排气。排气阀的工作原理:排气阀与气囊相连,当气囊内的气体压力处于 $100 \sim 300 Pa$ 时,气囊鼓起,排气阀打开,将多余气体排到大气中,使气囊始终处规定的压力。

(6) 头罩 (胶面具):头罩是仪器与人体进行呼吸连接的部件,使用时将头罩套在整个头上。

190. 使用头罩（胶面具）应注意什么问题？

答：（1）头罩有大小四种型号，在头罩上分别标记①②③④。应选择大小合适的头罩佩戴。头罩太小戴起来头面部太紧，有时甚至会撕破头罩。头罩太大与头面部紧贴性差，气密性不好，会影响佩戴者呼吸安全，所以平时以试戴头罩，选择大小以感到稍紧为宜。

（2）佩戴者应刮掉胡子，以保证面部与头罩紧贴气密。

（3）在佩戴前应在两眼镜片上涂抹防雾剂，防止在佩戴时热气在眼镜片上结雾，使镜片透明性降低，佩戴者视物不清。

（4）头罩视野小，特别是下方视野小，所以在下梯时，应特别注意防止踩空失足，佩戴者平时也应加强对戴头罩的适应性训练。

191. 氧气呼吸器使用方法和要求有哪些？

答：（1）首先打开氧气瓶开关，观察压力表所显示的数值，是否达到 10MPa。

（2）将面具戴好，做几次深呼吸，按手动补给阀，观察呼吸器各部件是否处于良好状态。如无问题摘下面具关闭氧气瓶，按手动补给排出气囊中残余气体。

（3）使用时，人员根据脸形选用适当面具。将呼吸器佩戴好，右肩左斜，先打开氧气瓶开关，戴好面具，使用人员相互确认后方可进入危险区域工作。

（4）使用过程中随时观察压力表的数值，当低于 5MPa 时，立即退出危险区域，未退出危险区域时，严禁摘下面具。退出危险区域后，及时更换氧气瓶可继续工作。

（5）使用完毕，先摘面具，后关氧气瓶，拆下氧气瓶，进行氧气充填备用。

192. 氧气呼吸器日常维护与保管有哪些要求？

答：氧气呼吸器每次使用以后，均需立即整理与维护好呼吸器, 以备下次使用。

氧气呼吸器整理与维护工作的内容包括:

(1) 对面罩、呼吸管、气囊进行清洗、消毒和干燥处理。

(2) 重新换装 CO_2 吸收剂。

(3) 氧气瓶重新充填氧气, 或换上已充气的备用氧气瓶。

(4) 擦拭呼吸器沾染的脏物。

(5) 重新组装呼吸器。

(6) 对呼吸器进行外观和例行检查。

氧气呼吸器使用后, 呼吸系统中的各部件必须进行严格清洗和消毒处理, 其他部件则根据需要处理。

氧气呼吸器清洗和消毒处理的内容如下:

(1) 清洗。清洗各零部件上的脏物或锈斑, 用干净的棉布蘸上去污粉或肥皂粉擦拭, 去掉严重的污垢。局部去垢后, 将部件放置于温水中漂洗。呼吸软管用水龙头冲洗。对于高压管路及减压系统部件, 日常维护不必拆开, 可以用高压气体直接吹洗外部沉积的煤尘。

(2) 消毒。呼吸系统的部件最好在清洗后进行一次消毒, 特别是面罩、软管和气囊。大多以医用酒精进行消毒, 使用很方便, 消毒时间短, 5min 即可, 消毒后酒精迅速自行挥发。

(3) 干燥。清洗后残留的水分要及时进行干燥, 以免产生铁锈或其中的线、布等物品腐烂。

呼吸器的保管。在呼吸器的保管过程中, 呼吸器及备件应避免日光的直射照射以免橡胶件老化。呼吸器是与人体呼吸器官发生直接关系, 因此要求保持清洁, 呼吸器应防止粉尘或有毒有害物质的污染。呼吸器严禁沾染油脂。呼吸器的贮存温度应在 5 ~ 30℃之间, 相对湿度在 40% ~80% 范围内, 呼吸器离取暖设备的距离应大于 1.5m, 贮存室内的空气中不得有腐蚀性气体。

193. 氧气瓶的充气与存放有哪些要求?

答: 充氧应用医用氧气, 氧气可充填到 20 ~ 22MPa 压力,使用量大的单位，可自购氧气充填泵（AE102A），用量少的单位，或每次使用时间仅在1h左右的用户，可在本公司购买充氧转换器，利用市售40L大氧气瓶，通过转向器直接向仪器氧气瓶充气。

氧气瓶应放在专用的铁制或木制的存放架上，防止滚动，存放时开关嘴向下，拧上保护帽，防止进入灰尘或沾染脏物，室内绝对禁止存放油脂及易爆易燃的化学药品。充有氧气的气瓶距离暖气等加热设备应小于1.5m，避免阳光直晒，室内温度不超过40℃。

194. 如何对氧气呼吸器的故障进行分析与排除？

答：氧气呼吸器在使用过程中经常遇到一些故障，处理不好，会影响使用效果或者造成伤害，具体故障现象和处理办法见表4-1。

表4-1　故障分析与排除方法

故障现象	可能的原因	排除方法
面罩漏气	面罩戴在脸上调节不当	重新戴上面罩，并调整好或换配相应型号面罩
高压系统漏气	瓶阀与减压器之间连接处漏气	检查螺纹是否拧紧，连接处垫圈是否完好
	压力表与连接件处漏气	检查螺纹是否拧紧，或密封垫圈损坏则更换垫圈
	减压器漏气	从仪器卸下减压器，由专业人员检修
气瓶关闭后，气瓶内氧气流失	瓶阀阀门漏气，瓶颈处漏气	返回公司检修

195. 使用氧气呼吸器注意事项有哪些？

答：在用氧气呼吸器时应注意以下事项：

（1）在有毒气体区域内时严禁摘口具，严防鼻夹脱落。

（2）使用过程中应注意氧气压力，低于 3MPa 时，应离开作业区域，更换氧气瓶。

（3）使用氧气呼吸器时，不得挤压呼气、吸气软管。

（4）氧气呼吸器吸气阀和呼气阀上的云母片，冬季易冻、夏季易粘住，冬季间歇使用时应注意保温。

（5）使用中严禁接触油类。

196. 氧气呼吸器使用中的应急措施有哪些？

答：氧气呼吸器在使用过程中经常由于使用不当或出现故障处理方法不得当，致使作业者发生危险，必须采取应急措施，避免出现中毒现象，具体故障现象和应急措施见表 4-2。

表 4-2　使用中的应急措施

故 障 现 象	应 急 措 施
定量供氧减少或中断	间断性采用手动补给向气囊中充氧以供使用，并应迅速撤离灾区
自动补给失灵	间断性地采用手动补给向气囊中充氧以供使用，并应迅速撤离灾区
氧气消耗过大，从压力表观察到压力数值变化很大	耗氧过大，应停止频繁使用手动补给，高压漏气，应迅速退出灾区
呼气时明显比平时费劲	（1）手探摸软管，应迅速整理好； （2）将呼气软管捏紧，做几次急促呼吸，或提起软管抖动； （3）按手动补给阀门，充氧到排气阀开启动作
头　晕	通过手动补给向气囊内进行充氧，排氮和二氧化碳，同时撤离事故现场

197. 自给式空气呼吸器工作原理是什么？

答：自给式空气呼吸器是以压缩空气为供气源的隔绝式呼吸

器，自给式空气呼吸器的优点是使用方便，受使用场合的限制较小，缺点是使用时间相对较短。根据供气方式不同，空气呼吸器分为动力型和定量型（又称恒量型）。动力型特点是采用肺力阀，根据佩戴者肺部的呼吸能力供给所需空气量；而定量型是在单位时间内定量地供给空气。

根据呼吸过程中面罩内的压力与外界环境压力间的高低，自给式空气呼吸器可分为正压式（标记 RPP 型适用于抢险救援作业；标记 EPP 型适用于逃生、自救）和负压式（标记 RNP 和 ENP）两种。

呼吸过程中，面罩内压力始终比外界环境压力稍高的，属正压式。面罩内压力在吸气时比外界环境压力稍低的，属负压式。

正压式空气呼吸器在呼吸的整个循环过程中，面罩内始终处于正压状态，因而，即使面罩略有泄漏，也只允许面罩内的气体向外泄漏，而外界的染毒气体不会向面罩内泄漏，具有比负压式空气呼吸器高得多的安全性。而且正压式空气呼吸器可按佩戴人员的呼吸需要来控制供给气量的多少，实现按需供气，使人员呼吸更为舒畅。基于上述优点，正压式空气呼吸器已在煤气场所、消防、化工、船舶、仓库、实验室、油气田等部门广泛使用。

下面以 RHZK6/30 型呼吸器为例，主要介绍正压式空气呼吸器。

（1）产品技术参数：正压式空气呼吸器的系列产品主要技术参见表 4-3。

其型号含义如下：R 为消防员个人装备代号，H 为产品类别代号（H 为呼吸器），ZK 为特征代号（Z 为正压式，K 为空气），6 为气瓶容积参数，30 为气瓶公称工作压力参数（MPa）。

表 4-3　几种国产正压式空气呼吸器技术参数

技术参数	产品型号		
	RHZK6/20	RHZK6/30	RHGK12/30
气瓶工作压力/MPa	20	30	30
气瓶容积/L	6	6	12

续表 4-3

技术参数	产品型号		
	RHZK6/20	RHZK6/30	RHGK12/30
质量/kg	<12	<13	总长管 12m 和 20m
外形尺寸 /mm×mm×mm	550×140×185	990×570×745	

（2）工作原理：图 4-5 为正压式空气呼吸器，该种呼吸器由高压空气瓶、输气管、减压器、压力表、面罩等部件组成。

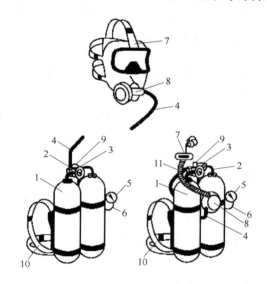

图 4-5　正压式空气呼吸器

1—压缩空气钢瓶；2—钢瓶阀；3—减压器；4—中压连接管；
5—压力表；6—压力表管；7—面具；8—定量阀；
9—报警装置；10—背带；11—呼吸软管

使用时，打开气瓶阀，贮存在气瓶内的高压空气通过气瓶阀进入减压器组件，同时，压力表显示气瓶空气压力。高压空气被减压为中压，中压空气经中压管进入安装在面罩上供气阀，供气阀根据使用者的呼吸要求，能提供大于 200L/min 的空气。同时，面罩内保持高于环境大气的压力。当人吸气时，供气阀膜片根据使用者的吸气而移动，使阀门开启，提供气流；当人呼气时，供气阀膜片向上移动，使阀门关闭，呼出的气体经面罩上的呼气阀排出，当停止呼气时，呼气阀关闭，准备下一次吸气。这样就完成了一个呼吸循环过程。

供气阀上还设有节省气源的装置，即防止在系统接通（气瓶阀开启）戴上面罩之前气源的过量损失。使用者转动开关，把膜片抬起，使供气阀关闭；使用者戴上面罩吸气产生足够的负压，使膜片向下移动，将供气阀阀门打开，向使用者供气。

198. 空气呼吸器气瓶使用注意事项有哪些？

答：空气呼吸器气瓶材料为碳纤维复合材料，额定储气压力为 30MPa，容积为 6.8L。气瓶阀上装有过压保护膜片，当空气瓶内压力超过额定储气压力的 1.5 倍时，保护膜片自动卸压；气瓶阀上还设有开启后的止退装置，使气瓶开启后不会被无意关闭。

气瓶使用过程中注意事项如下：

（1）不准在有标记的高压空气瓶内充装任何其他种类的气体，否则，可能发生爆炸。

（2）避免将高压空气瓶暴露在高温下，尤其是在太阳直接照射下。

（3）禁止沾染任何油脂。

（4）高压空气瓶和瓶阀每三年须进行复检，复检可以委托制造厂进行。

（5）不得改变气瓶表面颜色。

（6）避免气瓶碰撞。

（7）严禁混装、超装压缩空气。

（8）无充气设备，可到国家认可的充气站充气。

自给式空气呼吸器瓶的储气量（指低压空气量）和对应的

型号标志可见表4-4。

表4-4　自给式空气呼吸器瓶的型号标志和储气量

型号标志	额定储气量/L	型号标志	额定储气量/L
6	600	16	1200 ~ 1600
8	600 ~ 800	20	1600 ~ 2000
12	800 ~ 1200	24	2000 ~ 2400

199. 空气呼吸器的报警哨起到哪些作用？

答： 空气呼吸器报警哨的作用是为了防止佩戴者遗忘观察压力表指示压力，而出现气瓶压力过低不能保证作业人员安全退出危险区域。报警哨的起始报警压力为5MPa。当气瓶的压力为报警压力时，报警哨发出哨声报警（但在刚佩戴时打开瓶阀后，由于输入给报警哨的压力由低逐渐升高，经过报警压力区间时，也要发出短暂的报警声，证明气瓶中有高压空气的存在，而不是报警）。报警哨在5MPa报警后，按一般人行走速度计算，到空气消耗到2MPa为止，可佩戴9 ~ 10min左右，行走距离为350m左右，但是由于佩戴者呼吸量不同，做功量不同，退出危险区的距离不同，佩戴者应根据不同的情况确定退出危险区域所需的必要气瓶压力（由压力表显示），绝不能机械的理解为报警后，才开始撤离危险区域。而且在佩戴过程中必须经常观察压力表，以防止报警哨失灵，而出现由于压力过低而无法安全地退出危险区域的可能性。

注意：报警哨出厂时已经调整好并固定，没有检测设备，不能擅自调整。

200. 空气呼吸器的减压阀、供气阀、面罩和压力表有何作用？

答： （1）减压器：减压器组件安装于背板上，通过一根高压管与气阀相连接。减压器的主要作用是将空气瓶内的高压空气降压为低而稳定的中压，供给供气阀使用。减压器属于逆流式减压器，这种减压器性能特点是膛室压力随着气瓶工作压力的下降而略有增加，使自动肺在整个使用过程中自动供给流量不低于起始流量。

（2）供气阀：供气阀的主要作用是将中压空气减压为一定流量的低压空气，为使用者提供呼吸所需的空气。供气阀可以根据佩戴者呼吸量大小自动调节阀门开启量，保证面罩内压力长期处于正压状态。供气阀设有节省气源的装置，可防止在系统接通（气瓶阀开启）戴上面罩之前气源的过量损失。

（3）面罩：面罩可根据需要进行配置，面罩一般为全面结构，面罩的橡胶材料是由天然橡胶和硅橡胶混合材料制成。面罩中的内罩能防止镜片出现冷凝气，保证视野清晰，面罩上安装有传声器及呼吸阀，面罩通过快速接头与供气阀相连接。

（4）压力表：压力表用来显示瓶内的压力。

201. 如何正确佩戴和使用空气呼吸器？

答：（1）使用前的准备：身体健康并经过训练的人员才允许佩戴呼吸器，使用前准备时应有监护人员在场，准备工作的内容如下：

1）从快速接头上取下中压管，观察压力表，读出压力值，若气瓶内压力小于 28MPa 时，则应充气。

2）佩戴人员必须把胡须刮干净，以避免影响面罩和面部贴合的气密性。

3）擦洗面罩的视窗，使其有较好的透明度。

4）做 2~3 次深呼吸，感到畅通，可进入煤气地区。

（2）佩戴和使用：

1）背气瓶。将气瓶阀向下背上气瓶，通过拉肩带上的自由端，调节气瓶的上下位置和松紧，直到感觉舒适为止。

2）扣紧腰带。将腰带公扣插入母扣内，然后将左右两侧的伸缩带向后拉紧，确保扣牢。

3）佩戴面罩。将面罩上的五根带子放松，把面罩置于使用者脸上，然后将头带从头部的上前方向后下方拉下，由上向下将面罩戴在头上。调整面罩位置，使下巴进入面罩下面凹形内，先收紧下端的两根颈带，然后收紧上端的两根头带及顶带，如果感觉不适，可调节头带松紧。

4）面罩密封。用手按住面罩接口处，通过吸气检查面罩密封是否良好。做深呼吸，此时面罩两侧应向人体面部移动，人体感觉呼吸困难，说明面罩气密良好，否则再收紧头带或重新佩戴面罩。

5）装供气阀。将供气阀上的接口对准面罩插口，用力往上推，当听到咔嚓声时，安装完毕。

6）检查仪器性能。完全打开气瓶阀，当压力降至5MPa应能听到报警哨短促的报警声，否则，报警哨失灵或者气瓶内无气，同时观察压力表读数。气瓶压力应不小于28MPa，通过几次深呼吸检查供气阀性能，呼气和吸气都应舒畅、无不适感觉。

7）使用。正确佩戴仪器，并且经认真检查后即可投入使用。

（3）使用过程中注意事项：使用过程中要注意随时观察压力表和报警器发出的报警信号，报警器音响在1m范围内声级为90dB（A）。当报警器发出报警时，立即撤离现场，更换空气瓶后方可工作。

（4）使用结束：

1）使用结束后，先用手捏住下面左右两侧的颈带扣环向前一推，松开颈带，然后再松开头带，将面罩从脸部由下向上脱下。

2）转动供气阀上旋钮，关闭供气阀。

3）捏住公扣锁头，退出母扣。

4）放松肩带，将仪器从背上卸下，关闭气瓶阀。

202. 空气呼吸器使用有哪些注意事项？

答：（1）呼吸器的使用温度在 –20 ~ 60℃之间。

（2）禁止与各种燃料有机物、油脂接触，禁止磕碰气瓶。

（3）有明火区域、动火作业时禁止佩戴呼吸器。

（4）佩戴呼吸器人员必须是身体健康、熟知呼吸器的使用规则。

（5）在工作过程中时刻关注压力表的变化。

（6）在恶劣和紧急情况下，或者使用者需要额外空气补给时，打开强制供气阀将呼吸气流增加到450L/min。

203. 长管式呼吸器的类型有哪些?

答：长管式呼吸器可根据用途及现场条件选用不同的组件，配装成多种不同的组合装置，分为送风式和压气式两类。

（1）送风式呼吸器：送风式呼吸器是通过机械动力或人的肺力从清洁环境中引入空气供人呼吸，根据送风方式的不同，可分为手动送风式、电动送风式和自吸长管式。三种送风式呼吸器的全面罩、吸气软管、背带和腰带、空气调节袋、导气管等部件结构都是相同的，不同之处在于送风方式不同。

1）手动送风呼吸器（如图4-6所示）。其特点是不用电源，人工转动风扇叶送风，面罩内由于送风形成微正压，外部的污染空气不能进到面罩内。手动送风呼吸器在使用时，应将手动风机置于清洁空气场所，保证供应的空气是无污染的清洁空气。由于

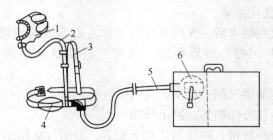

图4-6　手动送风呼吸器

1—全面罩；2—吸气软管；3—背带腰带；4—空气调节袋；

5—导气管；6—手动风机

手动风机需要人力操作，需要两人一组轮换作业。

2）电动送风式呼吸器（如图 4-7 所示）。其特点是使用时间不受限制，供气量较大，可以供 1～5 人使用，送风量依人数和导气管长度而定。

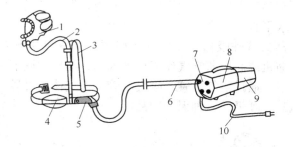

图 4-7　电动送风式呼吸器

1—全面罩；2—吸气软管；3—背带腰带；4—空气调节袋；5—流量调节器；

6—导气软管；7—风量转换开关；8—电动送风机；9—过滤器；10—电源线

3）自吸式长管呼吸器（如图 4-8 所示）。这种呼吸器将导气管的一端固定于新鲜无污染的场所，而另一端与面罩连接，依靠佩戴者自己的肺动力将清洁的空气经导气管、吸气软管吸进面

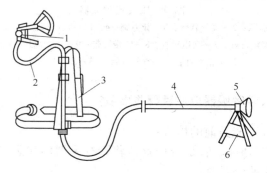

图 4-8　自吸式呼吸器

1—全面罩；2—吸气软管；3—背带腰带；4—导气管；

5—空气输入管；6—警示板

罩内。由于是靠自身的肺动力，因此在呼吸的过程中不能总是维持面罩内为微正压。如在面罩内压力下降为微负压时，就有可能造成外部污染的空气进入面罩内。所以，这种呼吸器不宜在毒物危害大的场所使用。使用前要严格检查气密性，用于危险场所时，必须有第二者监护，用毕要清洗检查，保存备用。此外，导气管要力求平直，长度不宜太长，以免增加吸气阻力。

（2）压气式呼吸器：压气式呼吸器（如图 4-9 所示）是采用空气压缩机或高压瓶空气作为移动气源，经压力调节装置高压降为中压后，通过空气导管、吸气软管，把气体通过导气管送到面罩供佩戴者呼吸的一种保护用品。

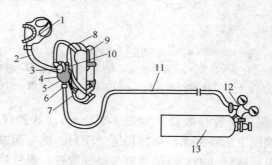

图 4-9　压气式呼吸器

1—全面罩；2—吸气软管；3—肺力阀；4，12—减压阀；5—单向阀；

6—软管接合处；7—高压导管；8—背带腰带；9—小型高压空气容器；

10—压力指示计；11—空气导管；13—高压空气容器

204. 使用长管呼吸器应注意哪些事项？

答：（1）佩戴前的检查：

1）各节通风软管是否拧紧，软管有无划伤和裂口并用酒精棉球对面罩进行消毒。

2）面罩是否严密，眼镜片是否松动，橡胶面罩有无划伤。

3）通风软管不得超过 5 节。

4）面罩固定带是否牢固。

（2）佩戴操作中的注意事项：

1）严禁在有毒区域摘下面罩讲话。

2）使用中应该时刻观察通风软管有无扭曲和被重物压住。

3）通风面具的末端是否在安全通风良好的位置，末端必须有专人配 CO 测定仪监护末端，现场 CO 浓度不能超过 30mg/m³。

（3）使用后的维护处理：

1）使用完毕后，应用酒精棉球对面罩进行消毒处理。

2）检查软管和面罩有无划伤，面罩固定带是否损坏。

3）对清洗消毒后的面罩放在干燥、阴凉的固定区域。

205. 使用长管呼吸器有哪些要求？

答：长管呼吸器的使用人员应经严格培训后方可佩戴使用，在使用前应先检查各气源压力是否满足工作压力要求，并严格例行佩戴检查，发现呼吸器、移动气源、逃生气源出现故障或存在隐患不得强制投入使用。在使用过程中，如感觉气量供给不足、呼吸不畅，或出现其他不适情况，应立即撤出现场或打开逃生气源撤离。

使用过程中，应妥善保护长管呼吸器移动气源上的长管，避免供气长管与锋利尖锐器、角、腐蚀性介质接触或在拖拉时与粗糙物产生摩擦，防止戳破、划坏、刮伤供气管。如不慎接触到腐蚀性介质，应立即用洁净水进行清洗、擦干，如供气长管出现损坏、损伤后应立即更换。

如果长管呼吸器的气源车不能近距离跟随使用人员，应该另行安排监护人员进行监护，以便检查气源，在气源即将耗尽发出警报及发生意外时通知使用人员。

长管式呼吸器可根据用途及现场条件选用不同的组件，配装成多种不同的组合装置，具有使用时间长的优点，尤其是这种呼吸器没有改变人体呼吸的环境，人体通过面罩仍旧吸入空气，因而人体无任何不舒适的感觉。但是，由于送风式呼吸器必须有一根较长的导气管，因而使参加作业的人员不能随便移动，给操作带来不便。尤其是一旦发生事故，很难迅速疏散脱离事故区域。因此不能作为救护仪器使用，一般这种呼吸器适于作业人员活动范围小的地点，如高炉炉顶、地下煤气管道作业坑等。另外，采用大管径蛇形管做导气管的防毒面罩，导气管太长，阻力较大，呼吸感到困难，而且蛇形管一旦被挤压，作业人员就被掐断了气源。

206. 化学氧呼吸器工作原理是什么？

答：在与大气隔离的情况下进行工作时，人体呼出的 CO_2 和 H_2O 经导管进入生氧罐，与化学生氧剂发生化学反应产生氧气，贮存于气囊中，使人呼出的气体达到净化再生。当人吸气时，气体由气囊经散热器、导气管、面罩进入人体肺部，完成整个呼吸循环。

生氧罐内装填含氧化学物质，如氯酸盐、超氧化物、过氧化物等，均能在适宜的条件下反应放出氧气，供人呼吸。现在广泛采用金属超氧化物（超氧化钠、超氧化钾）等，能同时解决吸收 CO_2 和提供氧气问题。

国产 HSG79 型化学氧呼吸器的主要部件有面罩、生氧罐、气囊、排气阀、导气管等，如图 4-10 所示。

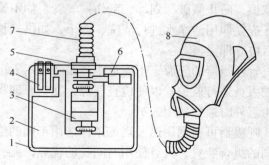

图 4-10　HSG79 型化学氧呼吸器

1—外壳；2—气囊；3—生氧罐；4—快速供氧盒；
5—散热片；6—排气阀；7—导气管；8—面罩

207. 化学氧呼吸器使用注意事项有哪些?

答:（1）使用前将面罩、导气管、生氧罐等部件连接起来，并装入启动药盒和玻璃瓶，然后检查气密性，确认良好时，存放在清洁、干燥、没有阳光直接照射的地方以备用。

（2）备用期间应定期检查气密性、启动药盒和生氧罐内药物的情况，如表面有泡沫时就不能使用。但平时不得任意打开生氧罐，以免药物受潮变质。

（3）使用时，打开面罩堵气塞，戴好面罩，面罩上部要紧贴鼻梁，下部应在下颌。如衬上有雾水出现，说明面罩与面部贴合不够紧密，需调整重戴。

（4）戴好面罩后，立即用手按快速供氧盒供氧，即可进行工作。

（5）使用完毕，生氧罐因反应放热而烫手，换取要小心。使用后的生氧罐、快速供氧盒及玻璃瓶，需重新装新药或更换后才能第二次使用。

208. 呼吸防护用品的使用与存储有哪些要求?

答:（1）呼吸防护用品使用时应注意以下问题:

1）任何呼吸防护用品均有其局限性，使用者在使用前对此局限性应有清楚的了解。

2）使用呼吸防护用品之前，应仔细阅读使用说明书或接受适当的使用培训。

3）使用前应检查呼吸防护用品的完整性、适用性和气密性，符合有关规定才允许使用；必要时检查电池电压、气瓶气压等。

4）进入有害环境之前，应先戴好呼吸防护用品。对于密合型面罩，应检查佩戴气密性，确保佩戴正确并气密。

5）在有害环境中的作业人员应始终佩戴呼吸防护用品，必要时，可迅速离开有害作业环境，更换新的呼吸防护用品后再行进入。

6）在低温环境中使用的呼吸防护用品，其面罩镜片应具有防雾保明功能。

（2）呼吸防护用品存储时应注意：

1）呼吸防护用品应按规定置于包装箱或包装袋内，应避免面罩受压变形，滤毒罐应密封储存。

2）呼吸防护用品应在清洁、干燥、通风良好的房间储存。

3）呼吸防护用品不能与油、酸、碱或其他腐蚀性物质一起储存。

4）应急救援用的呼吸防护用品应处于备用状态，并置于管理、取用方便的地方，放置地点不得随意变更。

209. 自动苏生器工作原理是什么？

答：自动苏生器是一种自动进行正负压人工呼吸的急救装置，能自动将氧气输入患者的肺内，然后又将肺内的气体抽出，并连续工作。它还附有单纯给氧和吸引装置，可供呼吸机能尚未麻痹的伤员吸氧和吸除伤员呼吸道内的分泌物或异物之用。自动苏生器具有体积小、重量轻、操作简便、性能可靠、携带方便等特点，是一种比较理想的有毒气体中毒事故的急救仪器，适于抢救呼吸麻痹或呼吸抑制的伤员，如胸部外伤、一氧化碳或其他有毒气体中毒、溺水和触电等原因所造成的呼吸麻痹、窒息或呼吸功能丧失、半丧失伤员的急救，因此，自动苏生器成为煤气及其他有毒气体救护单位必不可少的抢救和急救仪器。

目前，工厂常用 AS2-30 型自动苏生器，如图 4-11 所示。

工作原理：氧气瓶→氧气管→压力表→减压器减至 0.5MPa →配气阀。配气阀上有 3 个开关，即 12、13、14，其主要作用为：

（1）开关 12 通过引射器 6 和导管相连，其功能是在苏生前，借引射器造成高气流，先将伤员口内的泥、黏液、水等污物抽到吸引瓶 7 内。

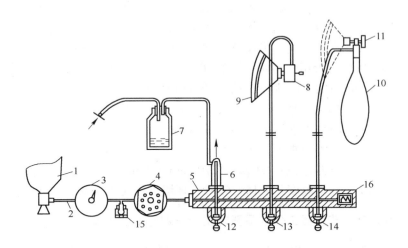

图 4-11　自动苏生器工作原理

1—氧气瓶；2—氧气管；3—压力表；4—减压器；5—配气阀；6—引射器；
7—吸引瓶；8—自动肺；9—面罩；10—贮气囊；11—呼吸阀；
12～14—开关；15—逆止阀；16—安全阀

（2）开关 13 利用导气管和自动肺 8 连接，自动肺通过其中的引射器喷出氧气时吸入外界一定量的空气，二者混合后经过面罩 9 压入伤员的肺内，然后，引射器又自动操纵阀门，将肺部气体抽出，呈现着自动进行人工呼吸的动作。

（3）当伤员恢复自主呼吸能力后，可停止自动人工呼吸而改为自主呼吸下的供氧，即将面罩 9 通过呼吸阀 11 与贮气囊 10 相接，贮气囊通过导气管和开关 14 连接。贮气囊 10 中的氧气经呼吸阀供给伤员呼吸用，呼出的气体从呼吸阀排出。

为了保证苏生抢救工作不致中断，应在氧气瓶内氧气 3MPa 时，改用备用氧气瓶供氧，备用氧气瓶使用两端带有螺旋的导管接到逆止阀 15 上。此外，在配气阀上还备有安全阀 16。它能在减压后氧气压力超过规定数值时排出一部分氧气，以降低压力，使苏生工作可靠地进行。

AS2-30 型自动苏生器的主要性能指标如下：

（1）自带氧气瓶工作压力 20MPa，容积 1L。

（2）自动肺换气量调整范围不小于 12 ~ 25L/min；充气正压力：1960 ~ 2450Pa；抽气负压力：- 1. 47 ~ - 1. 96kPa；耗氧量为 6L/min 时的自动肺最小换气量为 15L/min。

（3）自主呼吸供气量不小于 15L/min。

（4）吸痰引射压力值不小于 60kPa。

（5）仪器净重不大于 6. 5kg。

（6）仪器体积：430mm × 270mm × 160mm。

（7）环境温度：- 15 ~ 65℃；环境大气压力：70 ~ 120kPa。

210. 自动苏生器工作前需要对伤员作哪些准备工作？

答：自动苏生器工作前需要对伤员作以下准备工作：

（1）安置伤员。首先将伤员安放在新鲜空气处，解开紧身上衣或脱掉湿衣，适当覆盖，保持体温。为使头尽量后仰，需将肩部垫高 100 ~ 150mm，使面部转向任一侧，以便使呼吸道畅通。

（2）清理口腔。用开口器从伤员嘴角插入前臼齿间将口启开，用拉舌钳拉出舌头，用药布包住食指，清除口腔中的分泌物和其他污物。

（3）清理喉腔。从鼻腔插入吸引管 200 ~ 240mm，在呼吸道内往复移动，将呼吸道内分泌物及其他污物吸入吸引瓶内。若瓶内积污过多，可拔掉连接管、半堵引射器喷孔（若全堵时，吸引瓶易爆），积污即可排掉。

（4）插口咽导气管。据伤员情况，插入大小适宜的口咽导管，以防舌头后坠使呼吸受阻，插好后，将舌头送回，防止伤员痉挛时咬伤舌头。

上述苏生前的准备工作必须分秒必争，尽早开始人工呼吸。这个阶段的工作步骤是否全做，应根据伤员具体情况而定，但以呼吸道畅通为原则。

211. 如何使用自动苏生器?

答：使用苏生器，应根据患者的中毒程度，选择正确的抢救方法：当患者有自主呼吸时，可进行氧气自主吸入；若无自主呼吸时，应采取下列措施：

（1）人工呼吸。将自动肺与导气管、面罩连接，打开气路，听到"飒……"的气流声音，将面罩紧压在伤员面部、自动肺便自动地交替进行充气与抽气，自动肺上的杠杆即有节律地上下跳动。与此同时，用手指轻压伤员喉头中部的环状软骨，借以闭塞食道，防止气体充入胃内，导致人工呼吸失败，如图 4-12（a）所示。若人工呼吸正常，则伤员胸部有明显起伏动作。此时可停止压喉，用头带将面罩固定，如图 4-12（b）所示。

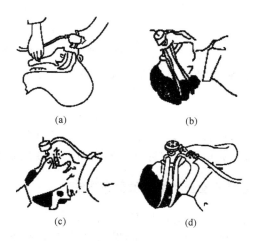

(a) (b)

(c) (d)

图 4-12 自动苏生器的人工呼吸方法

当自动肺不自动工作时，是面罩不严密、漏气所致；当自动肺动作过快，并发出疾速的"喋喋"声，是呼吸道不畅通引起的，此时若已插入了口咽导气管，可将伤员下颌骨托起，使下牙床移至上牙床前，以利呼吸道畅通，如图 4-12（c）所示。若仍无效，应马上重新清理呼吸道，切勿耽误时间。

（2）调整呼吸频率。调整减压器和配气阀旋钮，使成年人呼吸频率达到 12～16 次/min，儿童约为 30 次/min。

当人工呼吸正常进行时，必须耐心等待，除非确显死亡外，不可过早中断。实践证明，曾有苏生达数小时之后才奏效的。当苏生奏效后，伤员出现自主呼吸时。自动肺会出现瞬时紊乱动作，这时可将呼吸频率稍调慢点，随着上述现象重复出现，呼吸频率可渐次减慢，直至 8 次/min 以下。当自动肺仍频繁出现无节律动作，则说明伤员自主呼吸已基本恢复，便可改用氧吸入。

（3）氧吸入。呼吸阀与导气管、贮气囊连接，打开气路后接在面罩上，调节气量，使贮气囊不经常膨胀，也不经常空瘪，如图 4-12（d）所示。对一氧化碳中毒的伤员，氧含量调节环应调在 100%。输氧不要过早终止，直到苏醒、知觉恢复正常为止。

氧吸入时应取出口咽导气管，面罩要松缚。

当人工呼吸正常进行后，要随时观察压力表，当压力降低 3MPa 以下时，必须将备用氧气瓶及时接在自动苏生器后，氧气即可直接输入。

抢救结束后，应将所用部件摆放整齐，以免丢失，影响以后的使用，与人体接触的部件应清洗、消毒。氧气瓶压力低于规定的数值时要重新充填，以保证苏生器随时达到使用状态。

212. 自动苏生器的检查和维护项目有哪些？

答：自动苏生器的检查和维护项目有：

（1）日常检验项目：为了确保自动苏生器处于良好的工作状态，平时要有专人负责维护，其项目如下：

1）工具、附件及备用零件齐全完好。

2）氧气瓶的氧气压力不低于 18MPa。

3）各接头气密性好，各种旋钮调整灵活。

4）扣锁及背带安全可靠。

（2）自动肺的检验：自动肺是自动苏生器的心脏，其主要

检验项目如下:

1)换气量检验。调整减压器供气量,使校验囊动作约为 12 次/min。

2)正负压校验。充气正压值应为 1.96 ~ 2.45kPa;抽气负压值应为 1.47 ~ 1.96kPa。进行这项校验需用专门装置。

(3)正负压的调整:自动换气量的调整,主要是通过充气和抽气时的正负压来进行的。压力大时,则换气量大;压力小时,则换气量小。只要充气正压在 2.0 ~ 2.5kPa 与抽气负压在 1.5 ~ 2.0kPa 之间,换气量则在 12 ~ 25L/min。而正负压调整是通过自动肺的"调整弹簧"和"调整垫圈"来实现的,如图 4-13所示。

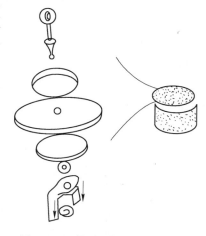

图 4-13　调整正负压的调整垫圈

调松"调整弹簧"则正负压变小;反之,则正负压变大。

增厚"调整垫圈"则正负压变大,负压变小。

减薄"调整垫圈"则效果相反。

213. 一氧化碳报警仪工作原理是什么?

答:煤气中对人体最有害的成分是 CO,为防止 CO 中毒要随时监视煤气区域作业环境 CO 浓度,实现超标报警。

CO 报警仪就是这种能准确快速测定环境中 CO 浓度的仪器,并在浓度达到预先设定的报警值时发出声光报警信号提醒操作人员及时进行处理从而避免事故的发生。

CO 检测报警装置由传感器、信号处理线路板、指示器等组成,目前所采用的传感器主要有电化学传感器、催化可燃气体传感器、固态传感器和红外传感器等。

由于电化学式传感器精度高，重复性好，漂移小，使用寿命较长，因此应用最广。在 CO 自动监测系统中，电化学传感器占 2/3，便携式检测仪则几乎全部为电化学传感器报警仪。电化学传感器对于微小温度的变化并不灵敏，也易受其他气体干扰，因此，不适合在复杂场所检测 CO。

下面以电化学式传感器工作原理为例简要说明如何检测 CO。

目前的 CO 传感器主要采用三点定电位的电化学原电池传感器。它是 20 世纪 70 年代中期，美国发明的三电极控制电位原理检测 CO 敏感元件的专利产品。

三端电化学式传感器检测原理是应用定电位电解法原理，结构如图 4-14 所示。

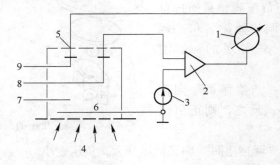

图 4-14　CO 报警仪的结构示意图

1—指示器；2—恒电位；3—直流电压；3—含一氧化碳气体；4—半透膜；
5—电解液；6—测量电极；7—参考电极；8—对应电极

以铂黑为催化剂，与聚四氟乙烯做成半渗透膜，膜内有 98% 的浓硫酸为电解液，组成电化学电池。当 CO 扩散到含铂黑半渗透膜进入传感器后，则发生氧化还原反应

$$CO + H_2O \longrightarrow CO_2 + 2H^+ + 2e$$

$$O_2 + 4H^+ + 4e \longrightarrow 2H_2O$$

CO 被氧化成 CO_2，式中的自由电子数量与 CO 浓度成正比，并由电极引出，经放大后，再转换成电流信号，传输给主机。因此主机根据 CO 浓度不同，进行读数和报警。

CO 报警仪可分为固定式和便携式 CO 报警仪。对于连续生产区域或固定的容易泄漏煤气的作业场所，则应设置固定式 CO 检测报警系统装置，对于在煤气区域流动作业或非连续作业的人员，应配置可移动式或便携式 CO 检测报警仪。

214. CO-1A 型便携式 CO 报警仪的工作原理是什么？

答：便携式检测报警仪产品种类很多，但其原理都是采用三端电化学传感器为气体敏感元件，根据定电位电解法原理监测 CO 气体浓度，下面以 CO-1A 型 CO 检测报警仪为例说明其结构原理。

便携式 CO 报警仪由电化学传感器、信号处理线路板、显示器、外壳等组成，电化学传感器以扩散方式直接与环境中 CO 气体反应产生线性电压信号。电路由多块集成电路构成，信号经放大、A/D 转换、暂存处理后，在液晶屏上直接显示出所测气体浓度值。当气体浓度达到预先设置的报警值时，蜂鸣器和发光二极管将发出声光报警信号（见图 4-15）。

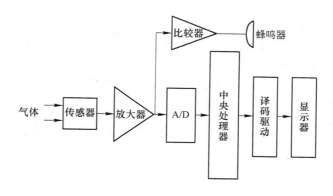

图 4-15　CO-1A 型 CO 检测报警仪原理

仪器在正常工作时，内部电路长期循环自检。使用者可注意到发光二极管每隔 10s 左右闪烁一次，这说明仪器在正常工作。

当电源电压下降到一定程度时需要更换电池，此时仪器会每间隔 10s 发出一个短促声响，提醒使用者更换电池。

215. CO-1A 型便携式 CO 报警仪有哪些主要技术参数？

答：CO-1A 型便携式 CO 报警仪主要技术参数有：

（1）环境参数：工作环境：- 10 ~ 40℃；相对湿度：10% ~ 95%；保存温度：- 20 ~ 50℃。

（2）电源：9V 碱性叠层电池。

（3）技术参数：测量范围：0 ~ 2000cm^3/m^3；报警范围：0 ~ 300cm^3/m^3；精度：±15%。

（4）传感器：进口原装三端电化学传感器，使用寿命大于24 个月。

（5）外形尺寸：128mm × 62mm × 28mm。

（6）重量：185g。

216. 如何使用 CO-1A 型便携式 CO 报警仪？

答：（1）使用前的准备工作。CO-1A 型便携式 CO 报警仪（见图 4-16）使用前应进行以下准备工作：

1）电池的安装。取下电池盖的两个螺丝打开电池盖，放入 9V 层叠电池，连接好电池扣。装入新电池后，蜂鸣器响几分钟，显示器从满量程逐步恢复到稳定状态（此时可关掉开关，节省电池）。严禁在有潜在危险环境下（如毒气、易爆气等）安装电池。

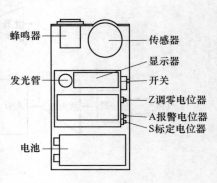

图 4-16 CO-1A 型检测报警仪

2）检查发光二极管是否每间隔 10s 左右闪烁一下。

3）新仪器装上电池后需放置 24h，使系统稳定。更换电池后仪器放置 2h，使系统稳定。

（2）仪器调整。安装好电池后的仪器经 24h 放置稳定后即可进行零点调整、标定调节和报警点的调整工作。取下电池盖，电池仓内可见到 ZSA 三个电位器，Z 为调零电位器，S 为标定电位器，A 为报警电位器。

1）零点调整步骤。在使用过程中，随着时间的推移，仪表的传感器会不同程度地出现零点漂移现象，这样就会使所测气体的浓度产生偏差，因此，要定期调整零点，消除零点漂移。零点调整可在标准空气瓶或清洁空气环境中进行，可以用螺丝刀调节 Z 电位器，使显示器显示 "000"。

2）标定调节。为保证仪器具有一定的测量精度，仪器在使用过程中应定期进行标定，本仪器的标定周期应根据现场有关规定进行，标定可按以下步骤进行：

① 调整标准气瓶流量在 50mL/min。

② 使气体流进传感器约 1min，使仪器显示读数稳定下来。

③ 调节 S 电位器，使仪器显示数字与标准气体浓度相同。

④ 移开气体管后显示值应复到 "000"，否则重复调整零位和标定，使二者均得到满足。

3）报警点数值的调整。仪器出厂已调整在 $50cm^3/m^3$ 报警，也可根据情况调整报警点数值。

（3）使用注意事项。使用时应注意以下问题：

1）仪器在装配和更换电池时应在清洁环境下完成。

2）传感器和电路要注意防水和金属杂质。

3）不要在无线电发射台附近使用和校准仪器。

4）仪器长期不用时，应取下电池，置于干燥无尘的环境内。

5）传感器内含有硫酸溶液，在更换传感器时注意不要弄坏。

6）调整仪器的专用工具应由专人保管。调整好的仪器不要随意打开，不要随意调整电位器。

217. 便携式煤气检测仪维护保养措施有哪些？

答：便携式煤气检测仪的维护保养措施有：

（1）检测仪显示屏要清洁干净，传感器窗口没有脏物堵塞。

（2）电池电量充足，数值显示准确，报警器能正常发出鸣叫。

（3）检测仪应轻拿轻放，避免激烈振动，以防止损坏传感器。

（4）新仪器装上电池后需放置 24h，使系统稳定，更换电池后放置 2h，使系统稳定后使用。

（5）仪器必须由专人负责保管，必须由受过专门培训的人员调试，严禁私自调试检测仪。不得随意打开或调整电位器。

（6）使用人员不得用高浓度可燃气体靠近传感器，以免影响仪器的灵敏度和使用寿命。

（7）传感器和电路要注意防水和金属杂质。检测仪不用时，应放在通风场所，不应存放在潮湿高温场所。

218. 如何正确校验气体监测仪？

答：气体监测仪器是为了使人们发现那些在工作环境中无法看到的有害气体而设计的，这些仪器对于工人的安全非常重要，必须用正确的校验方法确保其能够正常使用。校验气体监测仪应注意以下几点：

（1）应该按照生产厂家的指导进行校验。校验用的参照气体的类型和浓度、采样管、流体校验器和校验适配器，这些在校验过程中都起着重要作用，因此应该尽量使用生产厂家提供的设备。

（2）必须使用合格的参照气体。必须确保仪器生产厂家能提供每个参照气体筒的可靠检验证书。参照气体的浓度，特别是硫化氢和氯气之类容易发生化学反应的气体、保存时间长了会发生变化，所以不能使用过期的参照气体。

（3）校验工人必须训练有素。目前，大多数仪器被设计成容易校验的，且校验说明都被详细地写入用户手册中，企业要确保每一个对设备校验负责的人都经过训练并通过考核。

（4）定期对仪器进行全面校准。一些专家推荐，气体监控仪器应该每周校验一次。现在有很多校验工具和系统可以降低仪器校验成本，没有必要减少校验次数。另外，每次校验之前，也要检查校验仪器是否损坏。

219. 使用固定式 CO 检测报警器时应注意哪些事项？

答：（1）使用固定式 CO 检测报警器时应注意以下事项：

1）仪器探头每隔 3 个月标定一次。

2）探头的防虫网要定期清理，滤片要定期更换，否则灰尘杂质堵塞防护孔使探头的灵敏度下降。

3）严禁人为用高浓度可燃气体靠近探头，以免影响仪器的灵敏度及使用寿命。

4）使用人员不得自行拆卸及调整电位器，否则后果自负。

5）仪器每年送到技术监督部门检定一次。

（2）CO 检测器设置要求。根据《可燃气体检测报警器使用规范》（SY 6503—2000）规定：

1）检测器宜布置在煤气释放源的最小频率风向的上风侧。

2）应设置 CO 检测报警仪的场所，宜采用固定式；当不具备设置固定式的条件时，应配置便携式检测报警仪。

3）当煤气释放源处于封闭或半封闭厂房内，每隔 15m 可设 1 台检测仪，检测器距释放源不宜大于 1m。

4）检测焦炉煤气的 CO 检测器，其安装高度宜高出释放源 0.5～2m。

5）检测其他煤气的 CO 检测器，其安装高度应距地坪（或楼地板）0.3～0.6m。

第5章 煤气管道的安装与验收

220. 冶金企业煤气管道安装的要求有哪些?

答：煤气管道是冶金企业用来输送煤气的基本手段。煤气管道因其本身受力的复杂性有别于一般结构体，又由于煤气的危险性和生产的多变性，输送中涉及的问题很多，使煤气管道的安装形成了独特的结构和工艺方式。一般冶金企业煤气管道安装有以下几方面的要求：

（1）满足输气的需要。这方面的要求有：

1）煤气管道应有足够的输气能力以保证生产需要的煤气流量和压力，在此基础上又要最大限度地节约钢材，减少建设费用。

2）煤气既是多组分的气体混合物，又是固、液、气并存的多相气溶物，管道必须为此考虑影响输气的积液、堵塞、冻结等问题，具备冷凝液连续排放、设备清扫、防寒保温以及污染处理的措施。

3）为适应供应变化，煤气管道必须考虑输气和停修两种工况的工艺要求，有可靠的切断装置和有效的吹刷设施。

4）煤气管网输气既能按品种供应，又能应付特殊情况的替换和充压的需要。

5）为满足工艺操作需要有附属的动力设施和检测自动控制装置。

（2）提供安全的保证。这方面的要求有：

1）尽量减少煤气管道泄漏接点和外泄煤气的工艺操作，并实行划分区域的维护管理。采用可靠的密封和长效的填料，新建和长期停用管道未经严密性试验合格不允许投产使用。

2）有超压自动放散装置和巡检制度保证水封有效高度，无煤气扩散到其他管路的通路。

3）煤气管道与各种火源保持安全距离，防止煤气管道周围出现新的火种（包括静电，高温体）。在火源附近限制煤气作业，在煤气作业中严禁烟火。

4）采用中间替换介质（氮、CO_2、蒸汽等）防止管道内煤气与空气混合，无可靠切断装置和未经试验合格的停气管道与设备不能解除监视和进行动火或进入内部作业。

5）煤气设备易爆部位有泄压装置，煤气管道按爆炸压力计算强度。室内管道有定期试漏制度和防毒监测仪器，室外有消防和急救道路。

（3）符合结构的力学要求。煤气管道绝大多数是架空的钢板焊接管道，一般情况下径壁比（R/δ）>100 属于薄壁结构，就其静态受力情况分析，主应力是受弯，局部受剪、受扭。此外，尚有煤气内压，特别是爆炸事故引起的内压和操作中造成的盲板力，以及由于温度变化管道线膨胀收缩引起的轴向力和横向力，煤气管道及其承载支架和基础必须满足强度、刚度和稳定性的要求。

（4）考虑设备应变能力和生产发展的需要。煤气管道建成后使用寿命长达几十年，在这期间生产的发展变化是相当大的，产品的更新和设备的改造是必不可少的，煤气管道特别是主干线要停产改造将会引起大面积的时间较长的停产，给企业造成巨大的经济损失，因此，在建设煤气管道时，尤其在形成网络的布局中必须考虑以后的发展。

221. 煤气管道如何分类？

答：（1）按煤气管道敷设的位置分类，煤气管道分为：

1）地下管道：埋设在冻结线下地层，不得小于 0.7m；由土壤支承管道。

2）架空管道：管体架空，由专用管架支承。由于管架高度不同，又区分为：

① 高架管道：管道下部净空能满足车辆（包括电机车的架空线、大件运输汽车、液态金属和熔渣车等）通行的需要。

② 低架管道：管道下部空间不能通行的架空管道。

③ 墙架管道：采用牛腿管架沿墙敷设的管道。

④ 枕架管道：在地面或房顶用管枕支垫的管道。

（2）按煤气压力分类，煤气管道按输送介质压力划分为高压管道、中压管道和低压管道。但是，不同的介质和不同的场合分级标准有很大的差异。

1）天然气：厂区高压管道划分 $p_g \geq 0.5884\text{MPa}$，中压管道划分 $0.5884\text{MPa} > p_g \geq 0.0981\text{MPa}$，低压管道划分 $p_g < 0.0981\text{MPa}$。

2）冶金煤气：高压管道 $\geq 10^5\text{Pa}$，低压管道 $< 10^3\text{Pa}$。

3）生活用气：按照城市煤气设计规范划分规定：高压管道 $0.2942 \sim 0.8826\text{MPa}$，次高压管道 $0.1471 \sim 0.2942\text{MPa}$，中压管道 $0.049 \sim 0.1471\text{MPa}$，低压管道 $\leq 0.049\text{MPa}$。

按照介质压力对煤气管道分类，在很大程度上是考虑煤气管道阀门等附属设备使用工作压力的范围，在选型时要按标准匹配，并适合相应的规范要求。

（3）接管理范围分类可分为工业输气管道和民用管道等。

（4）按管道形态分类可分为水平管道、拱形管道、弯管、竖管、盲管、环管等。

（5）按管道功能分类，煤气管道分为：

1）集气主管：若干气源汇集的管道，如炼焦炉汇集各炭化室煤气的焦炉集气主管，几座高炉产生的脏煤气或净煤气的汇集管道均属此类。

2）分配主管：供给两个以上用户（或炉窑）的输气管道。

3）输气主管：公用输气的主干管道。

4）用户主管：为特定用户供气的主管道。

5）支管：直供炉窑用气的管道。

6）联络管：能连通两条管道煤气的专用管道。

7）回返管：煤气加压站加压机前、后两管道的联络管。

8）上升管：管内气流由下而上的竖管。

9）下降管：管内气流由上而下的管道。

10）吸气管：管内介质压力正常低于大气压力的输气管道。

11）放散管：煤气放入大气的联通管段。

12）引火管：提供火源的煤气小管。

13）导管：传递煤气参数变化信息的小管。

14）取样管：为煤气化检验品采集用的小管。

15）检查管：为检查煤气管内情况，专门设置的小管。

222. 煤气管道为什么架空敷设？

答：煤气管道架空敷设主要考虑以下因素：

（1）厂区地下埋设的上、下水道、管沟，电缆和构筑物较多，敷设架空管道只考虑基础点的选择，节省占地面积。

（2）厂区地面公路、铁路和建筑物（构筑物）密集，架空管道较之地下煤气管道便于施工建设，节省投资。

（3）管道架空使钢铁企业各种地面作业危险性相对地少。

（4）架空煤气管道受大气腐蚀，比地下电化学腐蚀的防护处理方法简单而且易奏效。

（5）架空煤气管道漏煤气时易于发现，由于通风良好，危害程度也较轻。架空管道损坏时检修方便，能及时进行处理。

223. 煤气管道架空敷设有哪些要求？

答：为了管理维修方便，管道常采用架空敷设。架空敷设的煤气管道应尽量平行于道路或建筑物，系统应简单明显，以便于安装和维修。架空敷设的管道不允许穿越爆炸危险品生产车间、仓库、变电所、通风间等建筑物，以免发生意外事故。

煤气管道架空敷设应遵守以下要求：

（1）支柱或栈桥为非燃烧体。

（2）不应在存放易燃易爆物品的堆场和仓库区内敷设。

（3）不应穿过不使用煤气的建筑物、办公室、进风道、配电室、变电所、碎煤室以及通风不良的地点等。如需要穿过不使用煤气的生活间，必须设有套管。

（4）架空管道靠近高温热源敷设以及管道下面经常有装载炽热物件的车辆停留时，应采取隔热措施。

（5）在寒冷地区可能造成管道冻塞时，应采取防冻措施。

（6）在已敷设的煤气管道下面，不应修建与煤气管道无关的建筑物和存放易燃、易爆物品。

（7）在索道下通过的煤气管道，其上方应设防护网。

（8）厂区架空煤气管道与架空电力线路交叉时，煤气管道如敷设在电力线路下面，应在煤气管道上设置防护网及阻止通行的横向栏杆，交叉处的煤气管道应可靠接地。

（9）架空煤气管道根据实际情况确定倾斜度，一般为 2% ~ 5%。

（10）通过企业内铁路调车场的煤气管道不应设管道附属装置。

224. 架空敷设管道的安全距离有哪些规定？

答：（1）架空煤气管道与建筑物、铁路、道路和其他管线间的最小水平净距，应遵守表 5-1 的规定。

表 5-1　架空煤气管道与其他物体最小水平净距

序　号	建筑物或构筑物名称	最小水平净距/m	
		一般情况	特殊情况
1	房屋建筑	5	3
2	铁路（距最近边轨外侧）	3	2
3	道路（距路肩）	1.5	0.5
4	架空电力线路外侧边缘 1kV 以下	1.5	
5	1 ~ 20kV	3	
6	35 ~ 110kV	4	

续表 5-1

序　号	建筑物或构筑物名称	最小水平净距/m	
		一般情况	特殊情况
7	电缆管或沟	1	
8	其他地下平行敷设的管道	1.5	
9	熔化金属，熔渣及其他火源	10	有隔热可缩短
10	煤气管道	0.6	0.3

注：1. 架空电力线路与煤气管道的水平距离，应考虑导线的最大风偏。

　　2. 安装在煤气管道的栏杆、走台、操作平台等任何凸出结构，均作为煤气
　　　　管道的一部分。

　　3. 架空煤气管道与地下管、沟的水平净距，是指煤气管道支柱基础与地下
　　　　管道或地沟的外壁之间的距离。

（2）架空煤气管道与铁路、道路、其他管线交叉时的最小
垂直净距，应遵守表 5-2 的规定。

表 5-2　架空煤气管道与其他管线交叉时的最小垂直净距

序　号	建筑物和管线名称	最小垂直净距/m	
		管道下	管道上
1	厂区铁路轨顶（不含电车轨）	5.5	
2	厂区道路路面	5	
3	人行道路面	2.2	
4	架空电力线路外侧边缘 1kV 以下	1.5	3
5	1～20kV	3	3.5
6	35～110kV	不允许	4
7	架空索道（至小车最低部分）		3
8	与其他管道	同管道直径	同管道直径
9	电车架空线	1.5	
10	管径 <300mm	同管径但不小于 0.1	
11	管径 ≥300mm	0.3	

注：1. 表中厂区铁路轨顶不包括行驶电气机车的铁路。

　　2. 架空电力线路与煤气管道的交叉垂直净距。

（3）架空高度。煤气管道的敷设高度因管道规格的不同有不同的要求，具体有以下规定：

1）大型企业煤气输送主管管底距地面净距不宜低于6m，煤气分配主管不宜低于4.5m，山区和小型企业可以适当降低。

2）新建、改建的高炉脏煤气、半净煤气、净煤气总管一般架设高度：管底至地面净距不低于8m（如该管道的隔断装置操作时不外泄煤气，可低至6m），小型高炉脏煤气、半净煤气、净煤气总管可低至6m。

3）新建焦炉冷却及净化区室外煤气管道的管底至地面净距不小于4.5m，与净化设备连接的局部管段可低于4.5m。

4）水煤气管道在车间外部，管底距地面净空一般不低于4.5m，在车间内部或多层厂房的楼板下敷设时可以适当降低，但要有通风措施，不应形成死角。

5）跨越熔渣、液态金属、炽焦、热钢锭线路不低于8m。

6）确定煤气管道的敷设高度除遵循上述规定外，还应满足煤气管道与铁路、道路，其他管线相交叉时有关垂直净距离的要求。

225. 多种管道共架敷设有哪些规定？

答：多种管道共架敷设时应遵守以下规定：

（1）煤气管道与水管、热力管、燃油管和不燃气体管在同一支柱或栈桥上敷设时，其上下敷设的垂直净距不宜小于250mm。

（2）煤气管道与在同一支架上平行敷设的其他管道的最小水平净距见表5-3。

表5-3　同一支架上平行敷设煤气管道最小水平净距　　（mm）

其他管道公称直径	煤气管道公称直径		
	< 300	300 ~ 600	> 600
< 300	100	150	150
300 ~ 600	150	150	200
> 600	150	200	300

（3）与输送腐蚀性介质的管道共架敷设时，煤气管道应架设在上方，对于容易漏气、漏油、漏腐蚀性液体的部位如法兰、阀门等，应在煤气管道上采取保护措施。

（4）与氧气和乙炔气管道共架敷设时，应遵守 GB16912 的有关规定和乙炔站设计规范的有关规定。

（5）油管和氧气管宜分别敷设在煤气管道的两侧。

（6）与煤气管道共架敷设的其他管道的操作装置，应避开煤气管道法兰、闸阀、翻板等易泄漏煤气的部位。

（7）在现有煤气管道和支架上增设管道时，必须经过设计计算，并取得煤气设备主管单位的同意。

（8）煤气管道和支架上不应敷设动力电缆、电线，但供煤气管道使用的电缆除外。

（9）其他管道的托架、吊架可焊在煤气管道的加固圈上或护板上，并应采取措施，消除管道不同热膨胀的相互影响，但不得直接焊在管壁上。

（10）其他管道架设在管径大于或等于 1200mm 的煤气管道上时，管道上面应预留 600mm 的通行道。

226. 架设在厂房墙壁外侧或房顶的煤气主管有哪些要求？

答：煤气分配主管可架设在厂房墙壁外侧或房顶，但应遵守下列规定：

（1）沿建筑物的外墙或房顶敷设时，该建筑物应为一级、二级耐火等级的丁、戊类生产厂房。

（2）安设于厂房墙壁外侧上的煤气分配主管底面至地面的净距不宜小于 4.5m，并便于检修。与墙壁间的净距：管道外径大于或等于 500mm 的净距为 500mm；外径小于 500mm 的净距等于管道外径，但不小于 100mm，并尽量避免挡住窗户。管道的附件应安在两个窗口之间。穿过墙壁引入厂房内的煤气支管，墙壁应有环形孔，不准紧靠墙壁。

（3）在厂房顶上装设分配主管时，分配主管底面至房顶面的净距一般不小于 800mm；外径 500mm 以下的管道，当用填料式或波形补偿器时，管底至房顶的净距可缩短至 500mm。此外，管道距天窗不宜小于 2m，并不得妨碍厂房内的空气流通与采光。

227. 厂房地沟内敷设煤气管道有哪些要求？

答：厂房内的煤气管道架空敷设有困难时，可敷设在地沟内，但应遵守下列规定：

（1）沟内除敷设供同一炉的空气管道外，禁止敷设其他管道及电缆。

（2）地沟盖板宜采用坚固的炉算式盖板。

（3）沟内的煤气管道应尽可能避免安装附件、法兰盘等。

（4）沟的宽度应便于检查和维修，进入地沟内工作前，应先检查空气中的 CO 浓度。

（5）沟内横穿其他管道时，应把横穿的管道放入密闭套管中，套管伸出沟两壁的长度不宜小于 200mm。

（6）应防止沟内积水。

228. 埋地煤气管道的要求是什么？

答：对埋地煤气管道有以下要求：

（1）厂区煤气管道埋地敷设时，应与建筑物或道路平行，宜设在人行道或绿化带内，不得通过堆积易燃易爆材料和有腐蚀物的场地。埋地管道应设在土壤冻结线以下地层，其管敷土深度不得小于 0.7m。管道不得在地下穿越建筑物或构筑物，不得敷设于有轨电车的轨道之下。为保证安全及管道安装维修方便，要求煤气管道与各种其他管道、建筑物有一定间距，最小净距应符合有关标准规定。

（2）管道应视具体情况，考虑是否设置排水器，如设置排水器，则排出的冷凝水应集中处理。

（3）地下管道排水器、阀门及转弯处，应在地面上设有明显的标志。

（4）与铁路和道路交叉的煤气管道，应敷设在套管中，套管两端伸出部分，距铁路边轨不少于 3m，距有轨电车边轨和距道路路肩不少于 2m。

（5）地下管道法兰应设在阀门井内。

229. 哪些煤气管道不允许埋地敷设，为什么？

答： 发生炉煤气、水煤气、半水煤气、高炉煤气、转炉煤气管道严禁埋地敷设。因为这些煤气管道 CO 含量比较高，一旦发生煤气泄漏，可能从地缝窜入值班室等地方，不易被人察觉，容易引起中毒事故。

所以，严禁 CO 含量高于 10% 的煤气管道埋地敷设。

230. 煤气区域建筑物和设施的建设有什么规定？

答：（1）厂区距居民区应不小于 1000m。

（2）除尘器应位于高炉铁口、渣口 10m 以外的地方，有设备不符合上述规定的，应在改建时予以解决。

（3）高炉煤气区附近应避免设置常有人工作的地沟，如必须设置，应使沟内空气流通，防止积存煤气。

（4）厂区办公室、生活室在厂区常年最小频率风向下风侧，离高炉 100m 以外。

（5）区内的操作室、仪器仪表室应设在厂区常年最小频率风向的下风侧，不应设在经常可能泄漏煤气的设备附近，一般不小于 40m，如空间受限不能满足，则应采取相应措施（配备煤气报警器、呼吸器）及必要的防护（如通风）。

（6）高炉煤气净化设备应布置在宽敞的地区，保证设备间有良好的通风。各单独设备（洗涤塔、除尘器等）间的净距不应少于 2m，设备与建筑物间的净距不应少于 3m。

（7）设备、机房、煤气柜在主厂房最小频率风向的上风侧。

（8）各单体设备之间以及与墙壁之间的净距应不小于 1m。

（9）煤气抽气机室和加压站厂房可设在主厂房内，但应遵守下列规定：

    1）与主厂房建筑隔断。

    2）废气应排至主厂房外。

231. 煤气管网的类型有哪些？

    答：同一气源的若干煤气用户主管连接成的互相关联的统一供气体系，称为管网。各种气源的供气管网组成企业的供气系统，各供气管网是相对独立的体系，但是彼此间又有一定的联系。管网构成的形式决定于整个企业的布局和发展考虑，它关系到企业各部门的供气可靠性，资源利用的合理性和企业发展的可能性。管网与单一煤气管道只顾及本身能力、操作和安全等因素大不相同，它着眼于宏观效果，必须从企业全局进行综合处理，要保证安全、可靠地供给各类用户以正常压力和足够数量的燃气。布置煤气管网首先要满足使用上的要求，同时要尽量缩短管线，以节省金属用量和投资费用，常用煤气管网有以下几种类型：

    （1）树枝型煤气管网（见图 5-1）。树枝型管网是最常见、应用最普遍的管网类型，它是由一条分配主管如树干分枝一样，按用户位置前后分别接通用户主管，同时随煤气流量减少分配主

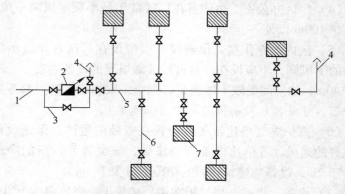

图 5-1　树枝型煤气管网

1—煤气源；2—流量计；3—旁通管；4—放散管；

5—主干管；6—支管；7—用气点

管逐段缩小管径。

树枝型煤气管网结构简单，操作方便，投资节省。但是，在煤气使用量超过设计水平或煤气压力低于设计指标时，树枝型煤气管网就不能保证所有用户的供气要求，受影响最大的就是末端煤气用户。因此，树枝型煤气管网的供气可靠程度是按煤气流量前后来排列的，此类型煤气管网在煤气供应上首先限制了末端用户的发展。要满足末端用户的要求，势必要增大主干线的设计富裕量。其次，主干线需要停气作业时牵涉所有用户，相关因素多，给工作安排带来很大困难，因而难于实现。

由于树枝型煤气管网有以上优缺点，因而，目前在钢铁企业里主要用于可以间断生产的煤气用户区。

（2）辐射型煤气管网（见图 5-2）。辐射型煤气管网的特点是分配主管短而粗，不随用户敷设，而是各用户主管的集中引出始端，这种管网的组成形式常见于多座高炉的煤气净化区和多用户的煤气加压站。

辐射型煤气管网使各用户煤气主管彼此很少干扰，供应上同等地得到保证。停气检修也易于实现；而且由于集中操作，因而便于控制管理，这是它的优点。但是，这种类型管网的管线敷设量大而且集中，造成线路多、支架庞大，使空间阻塞、投资也较

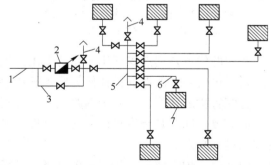

图 5-2　辐射型煤气管网

1—煤气源；2—流量计；3—旁通管；4—放散管；
5—主干管；6—支管；7—用气点

多。分配主管虽然较短，但要停气抢修几乎是不可能，这就成为维修的薄弱环节。

综合以上优缺点，从保证煤气供应和生产管理上看，这种类型的管网在一定情况，还是必需采用的。

（3）环型煤气管网（见图 5-3）。环型煤气管网由一些封闭成环的管道组成，其特点是煤气分配主管构成无端点的闭路环，任何一个节点均可由两向或多向供气。只有距离气源的远点，不存在气管道的末端。

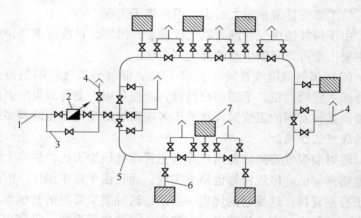

图 5-3　环型煤气管网
1—煤气源；2—流量计；3—旁通管；4—放散管；
5—主干管；6—支管；7—用气点

环型煤气管网的优点是远点煤气用户受近点用户供气的影响大为减少，实现了供气的全面保证，任何管段停气作业不致造成大面积停产；分配管构成环形，无异于两路供气，有利于安全生产和企业发展的需要，同时具有供气调节的灵活性。显然，管线增长使投资加大是其缺点。

环型管网通常用于炉组较多，热工要求严格，又需要不间断生产的用户，如炼焦车间、大型平炉车间（使用煤气熔炼的）以及企业供气的主干线。从生产安全的需要考虑，采用环型供气管网都是必要的。

（4）双管型煤气管网（见图 5-4）。双管型煤气管网是两条煤气分配主管，双路同时保证各用户供应煤气的结构形式。实质上，双管型煤气管网是双重的树枝型管网，如果末端连通则变成重叠式的环型煤气管网。因此，双管型管网较环型煤气管网投资少，场地空间占用相对少。同时具有检修时不间断供气和用户互相干扰较少的优点。钢铁企业，如果厂区狭窄敷设管线的地面受到限制，用双管煤气管网来保证炼焦车间、平炉车间的连续生产供气，无疑是可行的。

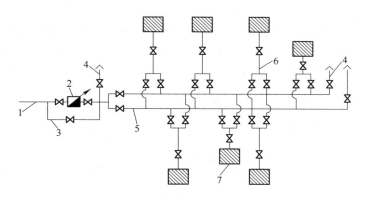

图 5-4　双管型煤气管网

1—煤气源；2—流量计；3—旁通管；4—放散管；

5—主干管；6—支管；7—用气点

232. 煤气管道的流速如何选择？

答：煤气管道内的设计流速选择，取决于以下三个条件：

（1）保证设计的计算流量。

（2）满足最远点煤气用户的煤气压力。

（3）选取考虑发展需要的最小管径，以节约工程投资。

显然，第（3）个条件，是对条件（1）和（2）的制约，因为煤气管道的固定资产往往是企业燃气设施的最大份额，在经济上是不能忽视的。但是，条件（1）和（2）是基本的因素必须保证，否则将毫无意义，这就是我们选择煤气管道流速的出发点和归宿。

一般煤气管道设计时选择流速，最高都不超过 20m/s。

当然，煤气管道设计选择的煤气流速也不可过小，煤气流速小意味着煤气管道直径大，要受到条件（3）的约束，除此之外还应提及的是焦炉煤气的流速过低，还有一个加速腐蚀的问题，因为焦炉煤气在管道输送过程中降温，其中饱和的萘和水蒸气析出，煤气中的油雾及其他杂质也逐渐凝并下来，在管道内壁形成疏松多孔积液层，这既增加管壁的粗糙度造成更大压力降，又不利于冷凝液的及时排出。当煤气流速很低时，由于停留时间长将加剧这一现象的发展，特别是因为焦炉气中含有 H_2S 或溶于水或积蓄在多孔层中，它的存在都使管壁腐蚀加速，所以焦炉煤气的最低流速必须高于 5m/s。

在许多设计手册中推荐，煤气管道设计的经济流速如表 5-4 所示。

表 5-4　管径与煤气流速关系

管径/mm	流速/m·s^{-1}	
	高炉煤气	焦炉煤气
200 ~ 400	4 ~ 6	6 ~ 10
500 ~ 800	6 ~ 10	8 ~ 14
900 ~ 1200	9 ~ 12	12 ~ 18
1300 ~ 1500	11 ~ 14	14 ~ 20
1600 ~ 2000	12 ~ 16	>16
>2000	>14	

233. 减少煤气管道阻力损失的措施有哪些？

答：我们已知道，管道中的阻力损失包括沿程阻力损失（$h_{沿}$）和局部阻力损失（$h_{局}$）。所以要减少阻力损失即分别减少上述两种损失，措施有：

（1）选取适当的流体流速。阻力损失随流速增大而急剧增加，所以流速过大，会带来大的压降，增加能耗。但流速过小，又会造成管道断面增大，浪费材料并占用较大的空间。

（2）尽量减少管道长度。管道越长，$h_{失}$ 也就越增大，所以要合理安排，尽量减少管道长度。

（3）尽量减少管道的局部突变，以减少局部损失，管道的局部变化越小，局部阻力损失也就越小；通常用断面的逐渐变化代替断面的突然变化。用圆弧拐弯或折弯代替直角转弯。合理地选择阀门及阀门直径，合理设计三通等。

234. 煤气管道截面的选择有什么要求？

答：煤气管道一般选用圆形截面，只有特殊情况下，个别管段才允许采用方形截面，因为：

（1）等面积而不同的几何图形中，圆的周边最短，制作圆形管道省钢材，省投资。

（2）圆形截面的管道输送流体时，压力损失最小，同样条件下输送量最大，技术经济性好。

（3）圆形管道具有相同条件下最大抗扭能力，能保证管道的安全运行。

（4）圆形管道沿周边没有应力集中点，各部分受压均匀，充压后不变形。

（5）加工方便，有利于批量制作和日常维修。

235. 煤气管道的壁厚如何选择？

答：冶金企业敷设的煤气管道的内径 D 与外径 d 比（D/d）一般在 1.1 ~ 1.2 范围，属于薄壁壳金属容器；而且多数情况下径壁比（R/δ）$\geqslant 100$（即管道半径 R 与管道壁厚 δ 之比），因此按薄壁结构理论分析的强度条件应能满足煤气管道管壁强度计算的要求。

常温、常压条件下，各种煤气的爆炸压力分别为：高炉煤气 0.4MPa、焦炉煤气 0.7MPa、高焦混合气 0.6MPa、天然气 0.7MPa。我国推荐的煤气管道壁厚见表 5-5。

表 5-5　我国煤气管道设计推荐壁厚

管径/mm	δ/mm		
	高炉煤气	焦炉煤气	混合煤气
<400	4.5	5	5
500~1400	5	6	6
1500~2200	6	7	7
2400~2800	7	—	8
3000~3400	8	—	8

236. 架空煤气管道为什么会出现膨胀和收缩？

答：架空管道由于温度变化会引起管道的线性膨胀或收缩。

影响架空煤气管道的线性胀缩的因素是环境气温和介质温度，一般情况下，煤气管道的最高温度来源于介质（如用蒸汽做煤气管道吹刷）温度的升高，规程规定煤气管道的温度不允许超过 60℃。最高温度的确定将取决于当地夏季太阳辐射热使管壁达到的高限，抑或煤气被加压机压缩升温、被预热等原因造成的温升高度。

煤气管道的最低温度起因于气候寒冷。温度的变化下限往往仅取决于当地冬季的气象部门提供的室外计算采暖温度的规定。

根据煤气管道可能出现的温度上限（T_1）和温度下限（T_2）即可求出煤气管道的轴向胀缩量（ΔL）：

$$\Delta L = a(T_1 - T_2)L$$

式中　ΔL——管道轴向伸缩量，m；

　　　L——煤气管道计算长度，m；

　　　a——线膨胀系数，管道为碳钢时，$a = 1.2 \times 10^{-5}$ m/ (m·K)。

例如：当对于 1km 的煤气管道，温度变化处于 253 ~ 333K 的范围时，管道轴向伸缩量为：

$$\Delta L = 1.2 \times 10^{-5}(333 - 253) \times 1000 = 0.96m$$

1km 煤气管道将产生 960mm 的轴位移，如果不妥善处理，其后果是十分严重的，企业的煤气管道要按不同情况，以不同空间角连接成管网。煤气管道本身，及其各种附属装置与地面固定或与其他建筑物、设备有一定的间距或连接，大量的位移势必造成破坏，因此，煤气管道因温度变化引起的轴向位移必须进行控制处理，处理的原则就是不允许发生位移的部位必须固定，其余部分的位移要控制在材质机械强度允许的范围内。

237. 如何选择煤气管道固定支架位置？

答：为防止煤气管道的轴位移，固定点的确定，即固定支架位置的选择、焊接，非常重要。煤气管道的固定点包括：

（1）煤气管道始点。

（2）煤气管道的末端。

（3）煤气管道的枝杈联接点。

（4）煤气管道的变向拐点附近。

（5）直线段的分段补偿界点。

（6）利用管道弯曲自然补偿的界点。

（7）拱形管道的两端。

（8）其他设施及附属装置（包括各种切断装置，控制装置）要求的固定点。

238. 煤气管道位移的自动补偿选择原则是什么，有几种类型？

答：利用管道的自动弯曲管段来吸收管道的热伸长变形，称自动补偿。自动补偿是简单、方便的补偿设施，无须另外添加补偿，在小管径管道上广泛应用。其缺点是管道变形时会产生横向位移。

自动补偿的选择原则如下：

（1）布置管道时，应尽量利用管道的自然弯曲来进行膨胀变形的自动补偿，只有当自动补偿不能满足要求时，才考虑补偿装置。

（2）当弯曲的管道夹角小于 150°时，能进行自动补偿；大于 150°时，不能进行自动补偿。

（3）自动补偿管道的臂长不宜超过 20～25m，碳钢管道的弯曲应力不应超过 80MPa。

利用自动补偿的管道，有以下几种类型：

（1）直角 L 形（见图 5-5(a)）。利用直角 L 形管段的直角弹性变形的特点和要求如下：

1）伴随轴线位移的同时产生横向位移，因此要根据横向位移的量，也就是说要看臂的长度，来确定支承的支架，位移量大时只适应轴位移的柔性或半绞支架（俗称单片支架）安放在拐点附近就不适合了，应选用摇摆支架。

2）由于长臂方向的轴位移量大，使拐点后短臂上第一个单片支架处的管壁承受最大的弯曲应力必须进行计算，并不得超过许用应力，如果计算结果符合要求则其他各点无需计算。

3）应计算对两端固定支架的轴向推力和拐点附近两个单片支架的横向推力。

（2）钝角 L 形。钝角 L 形与直角 L 形类同，只是交角较大，推力方向不同，其特点和要求基本上是相同，包括以下计算内容：

1）对两端固定支架的轴向力，该力为一臂的补偿量 L 产生的推力和另一壁补偿量产生推力的分力之和。

2）拐点两边单片支架处管壁的弯曲应力，重点在短臂。

3）拐点两边单片支架的横向推力，重点在短臂。

（3）Z 形（见图 5-5(b)）。固定点使煤气管道在该处不允许产生上、下轴向和横向任意位移，管壁和固定支架必须用 Z 形（为两直角 L 形）连接，但连接处无固定点，因此：

1）当出现长短臂时，短臂侧的拐点承受较大的应力，应对此做管壁弯曲应力计算，不得大于许用应力。

2）对两端固定支架进行推力计算。

3）对拐点附近单片支架的横向力计算。

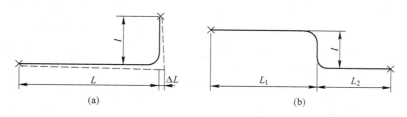

图 5-5　自动补偿器

（a）L 形自动补偿器；（b）Z 形自动补偿器

（4）立体形。立体形同样由两直角 L 形组成，但不在一个平面上，当煤气管道温度变化产生膨胀或收缩时将产生扭转，因此力系较为复杂，要进行更多的计算，包括：

1）短臂拐点管壁的弯曲应力为重点，长臂拐点可不做计算。

2）短臂拐点附近单片支架处管壁的弯曲应力应小于许用应力。

3）垂直段产生扭转力应小于管材许用的剪应力。

4）计算长臂固定支架的轴向力及短臂拐点附近单片支架的横向力。

5）计算短臂固定支架的轴向力及长臂拐点处单片支架的横向力。

6）两拐点处单片支架的竖向作用力。

（5）拱形。拱形管道是利用管道本身强度的大跨度管段，拱的两端固定，拱的危险断面在拱脚，要求充压状态时的总应力不超过许用应力，无压状态时轴应力不超过许用应力，因为无压时轴应力达到最大，故按此来核算支架强度，拱形管道除拱的强度要求之外尚需考虑空间稳定性。

239. 煤气管道上专用补偿器的制作有哪些要求？

答：当煤气管道成直线敷设时就不可能利用自身的位移来补偿膨胀、收缩的位移量，否则架空管道膨胀时将脱离支架托座起拱上升或向侧面摆出，而收缩时将出现拉裂情况，这都将难以维持其正常工作状态，导致严重的破坏事故。因此，在直管段要安装特制的补偿器来吸收煤气管道的轴位移量。

煤气管道上专用补偿器应按以下要求进行制作和选择：

（1）有足够的补偿能力。

（2）有利于煤气管道保持气密性；补偿器的安装尽量不增加煤气管道的漏泄点；补偿器在承受煤气计算压力下工作不产生漏泄。

（3）不使气流产生较大的局部阻力损失。

（4）占用空间较少，便于共架敷设。

（5）使用寿命较长，能匹配煤气管道使用周期。

（6）维护简便，无需专用维护材料和设施。

（7）容易制造，适于商业化生产或自制。

（8）投资少，维护费用低。

240. 煤气管道补偿器有哪几种类型？

答：煤气管道补偿器有以下几种类型：

（1）弯管补偿器。弯管补偿器的工作原理是以其弹性变形补偿煤气管道的轴位移量。弯管补偿器有如图 5-6 所示几种形式。

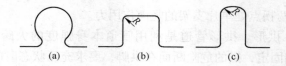

图 5-6 三种弯管补偿器

由于"Ω"形制造费工，弓形补偿量较小已很少采用；

"门"字形是通用的形式，弯管补偿器受力集中在两边弯头和弯管的中心点，所以制作时焊缝要避开这三点。加工弯头采用充砂火煨法将使弯头外侧壁厚减薄，而烤煨皱折管不利于防腐，这两种加工方法都影响使用，应采用冲压弯头对接或冷弯成型，以保证弯头强度。

弯管补偿器的优点是：

1）补偿能力大。

2）制作简单可以就地施工。

3）与直管段对接即可不增加管道泄漏点。

4）日常无需经常维护，材料、费用少、消耗低。

5）无需附属设备投资省。因此在直径 300mm 以下煤气管道上广泛使用。

弯管补偿器的缺点是：

1）阻损较大。

2）外形尺寸大，占用空间面积。

3）不适于大直径管。

（2）波形补偿器。波形补偿器又称调长器，其构造如图 5-7 所示，采用普通碳钢薄板经冷压或热压制成半波节，再将两个半

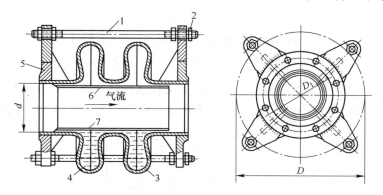

图 5-7　波形补偿器

1—螺杆；2—螺母；3—波节；4—石油沥青；

5—法兰盘；6—套管；7—注入孔

波节焊成一个整波节，数波节与颈管、法兰、套管组对焊接而成波形补偿器。因为套管一端与颈管固定，另一端为活动端，故波节可沿套管外壁轴向移动，利用连接两端连接法兰的螺杆可使波形补偿器拉伸或收缩。煤气管道上一般用2个波节。

（3）波纹管补偿器。波纹管补偿器是用薄壁不锈钢板压成，然后与端管、法兰和内套管焊接而成。燃气管道上用的波纹管补偿器一般不带拉杆，如图5-8所示。对腐蚀性煤气波纹管补偿器采用耐腐蚀钢材制作。波纹管补偿器外形尺寸较小，共架布置紧凑，可以与煤气管道直接对焊，不增加管道泄漏点。

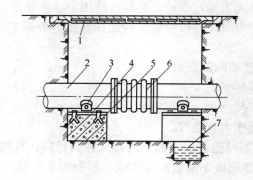

图 5-8 波纹管补偿器安装示意图

1—闸井盖；2—燃气管道；3—滑轮组；4—预埋钢板；

5—基础；6—波纹管补偿器；7—集水坑

（4）套管补偿器。套管补偿器又称填料补偿器（见图5-9），在使用填料静密封的条件下，吸收煤气管道的轴向位移。有单向

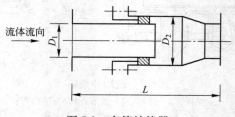

图 5-9 套管补偿器

和双向滑动两种形式。

套管补偿器的优点是：流体阻力小，补偿能力大，制作、安装简便。

套管补偿器的缺点：体积大，易漏，造价高，需要经常维修，需加重油，需作操作平台。

套管补偿器一般用于管径大于100mm、工作压力小于1.3MPa的管道上。

（5）球形补偿器。球形补偿器也称球形接头（见图5-10），是利用补偿器的活动球形部分的随机转动来吸收管道的热膨胀，因而两端直管可以不必严格地在一条直线上，不引起管内介质的推力，适宜有三向位移的管道。这种补偿器占用空间小，是一种新型的管道热膨胀补偿器。

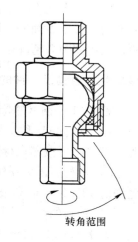

转角范围

图 5-10　球形补偿器

241. 煤气管道补偿器如何安装?

答：（1）为保证补偿煤气管道轴线上的位移顺利进行，补偿器前后应安设两个专用的活动管架，其间距一般在3～6m，以免自重产生弯曲影响导流筒的同心度。弯管补偿器的弯管中心部位还应增加支承管架。

（2）煤气管道的直线段应根据支承管架高度及其顶部的活动量（一般采用2.5%）来确定两固定点间的最大距离。

$$最大间距 L = 0.025H/\Delta L$$

式中　H——支架高度，m；

　　　ΔL——膨胀收缩量，m。

（3）补偿器安装前应根据当地当时气温经预拉伸固定后才进行安装，在整体安装完毕后放开。

（4）根据两个固定点的间距计算补偿量，选择的补偿器能力不得少于补偿量的要求。补偿器应该设在两固定点间的中心位置，共架管道和煤气管道上的附加管道的补偿分段应同母管一致，以免相互干涉。

（5）补偿器的导流板应与气流顺向安装，如煤气管道设有坡度则顺排水方面安装。导流板必须与管道同心，安装前要认真检查四周间隙并清除杂物、焊皮等卡碰因素，确保伸缩。

242. 煤气管道及附件的制作有哪些要求？

答：（1）钢材的检查、切割与弯曲：

1）钢材的品种、质量应符合设计要求，并且具有质量证明。必要时可按国家标准抽样检查。

2）钢材表面无锈蚀、麻点、气泡重皮和超过钢材质负公差允许值 50% 以上的划痕，断口无分层缺陷。

3）钢材的剪切或切割的偏差不大于 2mm。切裂面上无裂纹和不大于 1mm 的缺棱，其不垂直度不大于钢材厚度 10%，且不大于 2mm。边缘应清除毛刺，熔瘤和飞溅物。

4）气温低于 253K（低合金钢不小于 258K）的场所不得对钢材锤击，剪切和冲孔。低于 257K（低合金钢不小于 261K）不得进行矫直和冷弯。

5）钢材可以进行冷矫正和冷弯，要符合设计和规范要求。钢材热矫正温度不超过正火温度（1173K），热弯时必须在钢材温度降至 773~823K 前加工。

注：绝对温度，即热力学温度，又叫热力学标温，符号 T，单位 K（开尔文，简称开），热力学温度 T 与人们惯用的摄氏温度 t 的关系是 $T = t + 273.15$。

6）矫正后的钢材应符合以下的质量要求：

① 钢板局部挠曲矢高不大于 1.5mm。

② 角钢、槽钢、工字钢的挠曲矢高不大于长度的 1‰，且不大于 5mm。

③ 角钢肢的不垂直度不大于边长 1%，工字钢、槽钢的翼缘

倾斜度不大于宽度的 1/80。

7）捲板表面不得出现凹面、裂纹、分层和大于 0.5mm 的划痕。

（2）组装与焊接：

1）参加煤气管道焊接的焊工必须经过考试取得合格证。

2）必须按设计要求，使用具有质量合格证的焊条，并应按规定烘焙。低氢型焊条须放保温箱随用随取，药皮脱落的焊条严禁使用。

3）焊缝两侧 50mm 范围内应事先清除铁锈、油污和毛刺。

4）钢板的焊接前组装允许偏差要求为：

① 钢板厚度不大于 5mm 接口不用铲坡口，对接、搭接和丁字接口间隙允许偏差为 1mm，搭接长 ±5mm。

② 钢板厚度大于 5mm 应铲"V"形坡口，错口偏差为 +1.0mm，坡口为 60°±5°、锐边 1.5±0.5mm，对口间隙偏差同 ① 项，搭接长度偏差 ±5mm。

5）管道的组装长度要求：$\geqslant D_g$ 1300mm 长度在 13m 以内，$< D_g$ 1300mm 长度不超过 20m；长度的允许偏差，带法兰接连管段为 ±5.0mm，搭接的管段为 ±10mm。

6）弯头、三通、四通的长度允许偏差（从几何中心至管端）规定为：

$\leqslant 500$mm　　　　允许偏差 ±3.0mm。

$500\sim1000$mm　　　允许偏差 ±6.0mm。

>1000mm　　　　允许偏差 ±0.5%，但 ≤10mm。

7）钢质管架的组装允许偏差要求：

柱长 ≤10m 时允许偏差 ±10mm，>10m 时允许偏差 ±15mm。

柱身挠曲矢高不大于柱长 $L/1000$，但应 ≤15mm。

缀条长度允许偏差为 ±3mm。

缀条挠曲矢高不大于长度 $L/1000$，但应 ≤10mm。

支架宽度允许偏差 ±3mm。

8）管材（无缝管，螺旋电焊管等）对口的错边不允许超过壁厚 10%。

9）管道对口的点焊应对称，并不得少于 4 处；管道的所有组装点焊高度不得超过设计焊缝高度的 2/3。

10）管道组装的纵焊缝间距不少 100mm，环焊缝间距必须大于 200mm。

11）管道组装的端部接头倾斜：≤D_g 1500mm 不超过 1mm，>D_g 1500mm 不超过 D/1500。

12）管道端头的允许直径偏差要求：

对接、搭接时，允许偏差 ±1.5D/1000。

法兰连接时（按法兰孔中心直径）允许偏差 1.5mm。

13）出厂管段的挠曲矢高不超过 1‰ 管长，并不得大于 10mm。

14）≤D_g 800mm 管道进行单面焊接，必须保证根部焊透 ≥D_g 900mm 管道须双面焊接，在反面焊接前应将正面焊缝根部焊瘤、熔渣清除干净。

15）管道的焊接应尽量减少焊接应力和变形，先焊纵焊缝后焊环焊缝；采用对称、分段、倒退焊法。

16）对焊缝外形尺寸的要求：

① 无坡口对接焊缝：高度 1.5 ~ 2m 管道，焊缝余高 0 ~ 1mm，宽度 7 ~ 9mm。

② 坡口对接焊缝：高度 2 ~ 3m 管道，焊缝余高 0 ~ 1.5mm，宽度大于坡口宽度 2mm。

③ 贴角焊缝：高度为板厚 ±1mm，与设计要求焊脚宽偏差 0 ~ 1.5mm，焊缝余高 0 ~ 1.5mm。

17）焊缝的外观检查要求其质量满足：

① 具有平滑的细鳞形表面，焊波均匀，无裂纹、夹渣、焊瘤、烧穿、弧坑、针状气孔和焊接区内的飞溅物。

② 焊缝的咬边深度不超过 0.5mm，累计长度不超过焊缝长度 1.0%。

③ 焊缝允许个别气孔存在，但每 50mm 长度内，$\phi 1mm$ 以下的气孔数不超过 6 个，大气孔应按规范换算点数计量。

凡出现断焊、陷槽，咬边超深和尺寸不足处应补焊；对于裂纹、未透、夹渣和气孔等缺陷则应铲除重焊。

18）焊缝外观检查合格后涂白垩，用煤油检查；高压煤气管道的全部接口应经无损探伤合格。

19）$\geqslant D_g 1400mm$ 的管道要在制作同时焊加固圈。$\geqslant D_g 2400mm$ 管道为防止搬运变形，管道内每 $4 \sim 5m$ 应焊十字架临时支撑。

20）补偿器应按设计要求预拉伸，并以撑铁临时固定，在安装后试压前拆除。

21）管道及附件在焊缝检查合格后应除锈，内外刷防锈底漆。不再切割和焊接的部位可在安装前刷完第一遍防腐漆。

243. 煤气管道和附件的安装有哪些要求？

答：（1）管道上安装的所有设备和附件在安装前都应进行清洗、涂油和试压；超过供货要求的安装时间都应按出厂技术条件重新试验合格后才准安装在管道上。

（2）基础应达到 70% 的设计强度时才允许安装支架。

（3）管道的环焊缝应离开支架托座 300mm 以上，纵焊缝应在托座的上方。

（4）管段之间的连接力求对头焊接，不提倡搭接焊法，接点位置应在管道跨距 $1/4 \sim 1/3$ 处。

（5）法兰连接应优先考虑粘胶密封衬垫，安装时要对称地上螺栓并逐步拧紧；如采用油浸石棉绳补垫应将其全部置放在螺孔里侧。每个螺栓不得垫两个以上垫圈或用螺母代垫圈，以紧固后外露丝扣不少于 $2 \sim 3$ 扣，并应防止松动，螺孔不允许气割扩孔。

（6）补偿器的内部导流板出口应面向排水点方向。

（7）蝶阀在安装时必须确认其开关位置与外部标志一致。其他阀门开关也应同样要求。

（8）流量孔板的内孔锐边迎煤气来源方向，导管取出口应钻孔，并保持光滑，两面无毛刺，而且垂直管中心。流量孔中心偏差不超过 $D/100$。

（9）煤气管道的椭圆长轴应垂直于地面。

（10）煤气管道上安装的阀门其阀杆应垂直地面；蝶阀的轴应保持水平，特殊情况需要斜安装时应征得设计部门同意，但一般不超过 15°的偏斜。

（11）管道上开口连接支管或附件时，管端不得插入超过管壁。

（12）管道安装的轴向允许偏差不大于 20mm，径向偏差不大于高度的 3‰。

（13）管道的安装同时进行管架的调整和固定工作。设计保有排水坡度的管道应严格按图纸调整标高。一般水平管道的最高点和零低点选在支架附近 1～2m 处。应避免把最低点选在补偿器附近。

（14）钢支架安装的轴线与定位轴线的偏差不得超过 5mm。柱脚螺孔与中心轴线偏移小于 1.5mm。柱脚底板翘曲偏差小于 3.0mm。

（15）支架的不垂直度：长度不大于 10m 管架小于 10mm，长度大于 10m 管架应不小于长度的 1‰。

（16）管道及附属装置安装，调整完毕后应进行内部清扫，清除焊渣，碎铁及杂物，经建设单位检查认可后封闭人孔，去掉安装临时使用的支撑和固定件。

（17）在试压合格后进行试压盲板（无煤气关联的）拆除、二次涂防腐漆，管道及设备保温和基础的二次浇灌。

（18）基础的二次混凝土浇灌前应将结合面凿毛清洗干净，并在浇灌的 24 小时前保持湿润。

244. 煤气燃烧装置的安装要求有哪些？

答：（1）当燃烧装置采用强制送风的燃烧嘴时，煤气支管上应装逆止装置或自动隔断阀。在空气管道上应设泄爆膜。

（2）煤气、空气管道应安装低压警报装置。

（3）空气管道的末端应设有放散管，放散管应引到厂房外。

245. 煤气管道上切断装置的安装有哪些基本要求？

答：（1）安全可靠。生产操作中需要关闭时能保证严密不再漏气；检修时切断煤气来源，没有漏入停气一侧的可能性。

（2）操作灵活。煤气切断装置应能快速完成开、关动作，适应生产变化的要求。

（3）便于控制。煤气切断装置须适应现代化企业的集中自动化控制操作。

（4）经久耐用。配合煤气管道使用的煤气切断装置必须考虑耐磨损、耐腐蚀，保证长期使用寿命。

（5）维修方便。煤气切断装置的密封、润滑材料和易振件应力要求在保证煤气正常输送中进行检修；日常维护中便于检查，能采取预防或补救措施。

（6）避免干扰。煤气切断装置的开关操作应不妨碍周围环境（如冒煤气），也不因外来因素干扰（如停水、停电、停蒸汽等）无法进行操作或使功能失效。

246. 煤气隔断装置有哪些形式，安装有哪些要求？

答：凡经常检修的部位应设可靠的隔断装置。焦炉煤气、发生炉煤气、水煤气（半水煤气）管道的隔断装置不得使用带铜质部件。寒冷地区的隔断装置，应根据当地的气温条件采取防冻措施。具体隔断形式和安装要求如下：

（1）插板。插板是可靠的隔断装置，一般用于高炉煤气净化系统，煤气压力小于 10kPa 的管道。因操作时大量冒煤气，所以安设插板的管道底部离地面要有一定净空距，具体要求为：金属密封面的插板不小于 8m，非金属密封面的插板不小于 6m，在煤气不易扩散地区须适当加高；封闭式插板的安设高度可适当降低。

（2）水封。水封的安装要求为：

1）水封装在其他隔断装置之后并用时，才是可靠的隔断装置。水封的有效高度为煤气计算压力加 500mm 水柱，并应定期检查水封高度。

2）水封的给水管上应设 U 形给水封和逆止阀。煤气管道直径较大的水封，可就地设泵给水，水封应在 5～15min 内灌满。

3）禁止将排水管、满流管直接插入下水道。水封下部侧壁上应安设清扫孔和放水头。U 形水封两侧应安设放散管、吹刷用的进气头和取样管。

（3）眼镜阀和扇形阀。眼镜阀和扇形阀的安装要求为：

1）眼镜阀和扇形阀不宜单独使用，应设在密封蝶阀或闸阀后面。

2）眼镜阀和扇形阀应安设在厂房外，如设在厂房内，应离炉子 10m 以上。

（4）密封蝶阀。密封蝶阀的安装要求为：

1）密封蝶阀不能作为可靠的隔断装置，只有和水封、插板、眼镜阀等并用时才是可靠的隔断装置。

2）密封蝶阀的使用应符合下列要求：

① 密封蝶阀的公称压力应高于煤气总体严密性试验压力。

② 单向流动的密封蝶阀，在安装时应注意使煤气的流动方向与阀体上的箭头方向一致。

③ 轴头上应有开、关程度的标志。

（5）旋塞。旋塞的安装要求为：

1）旋塞一般用于需要快速隔断的支管上。

2）旋塞的头部应有明显的开关标志。

3）焦炉的交换旋塞和调节旋塞应用 20kPa 的压缩空气进行严密性试验，经 30min 后压降不超过 500Pa 为合格。试验时，旋塞密封面可涂稀油（50 号机油为宜），旋塞可与 0.03m³ 的风包相接，用全开和全关两种状态试验。

（6）闸阀。闸阀的安装要求为：

1）单独使用闸阀不能作为可靠的隔断装置。

2）所用闸阀的耐压强度应超过煤气总体试验的要求。

3）煤气管道上使用的明杆闸阀，其手轮上应有"开"或"关"的字样和箭头，螺杆上应有保护套。

4）闸阀在安装时，应重新按出厂技术要求进行严密性试验，合格后才能安装。

（7）盘形阀。盘形阀的安装要求为：

1）盘形阀（或钟形阀）不能作为可靠的隔断装置，一般安装在脏热煤气管道上。

2）盘形阀的使用应符合下列要求：

① 拉杆在高温影响下不歪斜，拉杆与阀盘（或钟罩）的连接应使阀盘（或钟罩）不致歪斜或卡住。

② 拉杆穿过阀外壳的地方，应有耐高温的填料盒。

（8）盲板。盲板的安装要求为：

1）盲板主要适用于煤气设施检修或扩建延伸的部位。

2）盲板应用钢板制成并无砂眼，两面光滑，边缘无毛刺，盲板的厚度按使用目的经计算后确定。堵盲板的地方应有撑铁，便于撑开。

（9）双板切断阀（平行双闸板切断阀、NK 阀）。双板切断阀的安装要求为：

1）阀腔注水型且注水压力为煤气计算压力至少加 5000Pa，并能全闭到位，保证煤气不泄漏到被隔断的一侧的双板切断阀是可靠的隔断装置。

2）非注水型双板切断阀为不可靠的隔断装置，要求与闸阀同。

247. 煤气吹扫放散装置的安装有哪些要求？

答：（1）吹刷煤气放散管安设位置及安装要求为：

1）吹刷煤气放散管应装在煤气设备和管道的最高处。

2）吹刷煤气放散管应装在煤气管道以及卧式设备的末端。

3）吹刷煤气放散管应装在煤气设备和管道隔断装置前，管道网隔断装置前后。支管闸阀在煤气总管旁 0.5m 内，可不设放散管，但超过 0.5m 时，应设放散管。

4）放散管口应采取防雨、防堵塞措施。

5）放散管的闸门前应装取样管。

6）放散管根部应焊加强筋，上部用钢绳固定。

7）煤气设施的放散管不应共用，放散气集中处理的除外。

（2）煤气放散管的高度要求为：放散管口必须高出煤气管道、设备和走台 4m，离地面不小于 10m。厂房内或距厂房 20m 以内的煤气管道和设备上的放散管，管口应高出房顶 4m。厂房很高，放散管又不经常使用，其管口高度可适当减低，但必须高出煤气管道、设备和走台 4m。禁止在厂房内或向厂房内放散煤气。

（3）剩余煤气放散管的安装要求为：

1）剩余煤气放散管应安装在净煤气管道上。

2）剩余煤气放散管应控制放散，其管口高度应高出周围建筑物，一般距离地面不小于 30m，山区可适当加高，所放散的煤气应点燃，并有灭火设施。

3）经常排放水煤气（包括半水煤气）的放散管，应高出周围建筑物，或安装在附近最高设备的顶部，且设有消声装置。

（4）事故放散管的安装要求为：当煤气不断向煤气柜输入时，活塞到达上部极限位置，为了不让活塞继续上升，以保护煤气柜设备的安全，可在煤气柜的侧壁上部设置事故用煤气放散管，将这些煤气放散到大气中去。事故放散管通常还设在洗涤塔顶、重力除尘器顶等，在管内压力超过最大工作压力时，可进行人工或自动放散。

248. 设置和使用煤气吹刷放散管有哪些要求?

答：煤气吹刷放散管使用比较广泛，它安装在煤气管道及卧式设备的末端，切断装置两侧应设置吹扫气出口的放散管，放散管距煤气管道 1.5m 高度处设置阀门，在放散管道上安装取样头。

为此，企业在建设氮气球罐时应考虑煤气吹刷用氮气，并敷设相应的氮气管线，在煤气设备及煤气管道切断装置处安置吹扫接气管头，吹扫用气量为煤气管道容积的 3～5 倍。

在安装使用放散管时应符合以下要求：

（1）厂房内或距厂房 20m 以内的煤气管道和设备上设置的放散管，其管口应高出房顶 4m。厂房很高而且放散管又不经常使用时，放散管口可适当降低，但必须高出煤气管道、设备和走台 4m，禁止在厂房内或向厂房内放散煤气。

（2）吹刷放散管直径大小应能保证在 1h 内将残余煤气全部吹净。一般管道直径为 300～600mm 时，放散管的直径为 30～40mm；管道直径为 700～1000mm 时，放散管直径为 40～60mm；管道直径为 1000～1500mm 时，放散管直径为 125～200mm，工业炉支管放散管直径通常为 20～60mm。直径大于或等于 150mm 的放散管根部应设加强筋，如安装过高还应有加固措施。

（3）煤气设施的放散管相互之间不能共用，工业炉放散管不可串联使用。

（4）放散管应采用锥形帽头以及通过采用弯管或 T 形管起到防雨的作用。

（5）放散管的闸门前应设取样管，并在闸阀处设置平台和梯子。

（6）放散管应保持畅通。秋、冬两季应做开、关检查，并涂油，闸阀丝杆应设保护套。

249. 煤气冷凝排水器的安装有哪些要求？

答：（1）排水器之间的距离一般为 200～250m，排水器水封的有效高度应为煤气计算压力至少加 500mm。高压高炉从剩余煤气放散管或减压阀组算起 300m 以内的厂区净煤气总管排水器水封的有效高度，应不小于 3000mm。

（2）煤气管道的排水管宜安装闸阀或旋塞，排水管应加上、下两道阀门。

（3）两条或两条以上的煤气管道及同一煤气管道隔断装置的两侧，宜单独设置排水器。如设同一排水器，其水封有效高度按最高压力计算。

（4）排水器应设清扫孔和放水的闸阀或旋塞；每个排水器均应设检查管头；排水器的满流管口应设漏斗；排水器装有给水管的，应通过漏斗给水。

（5）排水器可设在露天，但寒冷地区应采取防冻措施；设在室内的，应有良好的自然通风。

250. 如何安装排水器？

答：（1）排水器应设基础，要求平稳坚固。

（2）排水器安装的垂直度偏差应小于 1 : 100。

（3）排水器不宜垂直直接连接在煤气主管上，防止连接管排水器的热胀冷缩及沉降等拉裂管道，连接管应带有一定的倾斜弯度，转弯平管与水平线的夹角大于 36°。对于高度大于 5m 的连接管应有自己独立的固定点，连接管采用自然补偿方式。

（4）不应在排水器上焊接其他物件，不应将排水器悬空。排水器不应安装在易被车辆碰撞的位置，对有可能被车辆和移动物体碰撞的排水器应采取保护措施。

251. 煤气管道蒸汽管、氮气管的安装有哪些要求？

答：（1）具有下列情况之一者，煤气设备及管道应安设蒸汽或氮气管接头：

1）停、送煤气时需用蒸汽和氮气置换煤气或空气者。

2）需在短时间内保持煤气正压力者。

3）需要用蒸汽扫除萘、焦油等沉积物者。

（2）蒸汽或氮气管接头应安装在煤气管道的上面或侧面，管接头上应安旋塞或闸阀。

为防止煤气窜入蒸汽或氮气管内，只有在通蒸汽或氮气时，才能把蒸汽或氮气管与煤气管道连通，停用时应断开或堵盲板。

252. 煤气管道补偿器、泄爆阀的安装有哪些要求?

答：（1）补偿器的安装要求为：

1）补偿器宜选用耐腐蚀材料制造。

2）带填料的补偿器，须有调整填料紧密程度的压环。补偿器内及煤气管道表面应经过加工，厂房内不得使用带填料的补偿器。

（2）泄爆阀的安装要求为：

1）泄爆阀安装在煤气设备易发生爆炸的部位。

2）泄爆阀应保持严密，泄爆膜的设计应经过计算。

3）泄爆阀端部不应正对建筑物的门窗。

253. 煤气管道人孔、手孔和检查管的安装有哪些要求?

答：人孔是供人员进入煤气设备检修的出入口和通风口，在不同的煤气设备或管道上设置人孔有不同的要求。

（1）闸阀后、较低管段上、膨胀器或蝶阀组附近、设备的顶部和底部、煤气设备和管道需经常入内检查的地方，均应设人孔。

（2）在煤气设备或单独管段上设置人孔，一般要求不少于两个，直管段每隔 150 ~ 200m 设置一个人孔。设置人孔的直径应不小于 600mm，直径小于 600mm 的煤气管道应设手孔，其直径应与管道的直径相同。

（3）当在直径不大于 1600mm 的煤气管道设置人孔时，一般设在管道的水平中心线上。直径大于等于 1700mm 煤气管道上设置的人孔应在管道水平中心线以下，人孔中心线距管底约为 600 ~ 800mm。

（4）在人孔盖上应设置把手和吹刷管头。

（5）有砖衬的管道其人孔圈的深度应与砖衬的厚度相同。

（6）人孔处还应设置梯子和平台。

（7）在容易积存沉淀物的管段上部，宜安设检查管。

254. 煤气流量孔板如何安装？

答：现在企业气体计量使用最广泛的就是孔板，制造简单、成本低廉、安装方便是其优点。比其他测定差压计量的元件如文丘里管、喷嘴式等阻损大 50% 以上是其主要缺点。

（1）流量孔板的安装应根据孔径与管径的比值（d/D）保证其前后管线的直线段长度。

（2）流量孔差压的取出形式。流量孔的前后差压取出导管有三种不同接法：

1）法兰接法：取出口在孔板前、后 $2.5D$ 处，一般大型管道均采用此种接法，静压取出口则选在孔板后的管段上。

2）管式接法：取出口分别在孔板前 $2.5D$ 处和孔板后的 D 处，这种接法在国外某些国家采用，国内不多见。静压取出口设在孔板前的管段上。

3）边角接法：取出口分别设在孔板 $0.03D$ 以内，我国推荐为标准孔板。标准孔板又有环室和圆盘式两种，但一般都用于较小的管道上。静压取出口设在孔板前的管段上。

255. 煤气管道操作平台与梯子的安装有何要求？

答：煤气管道操作平台载重为 2000N/m，每个操作面宽度不小于 800mm，长度应满足工作需要。高于 2m 的平台应加防护栏杆，其下部有 150mm 高的挡脚板。平台与地面一般用直梯连接，经常上人工作的平台应安设 45°～70° 斜梯，2m 以上平台的直梯应设安全围栏，其高度应适合佩戴防护用具的人员通过，两层操作平台的垂直间距不少于 2m，过人平台上部的净空不得低于 800mm。

平台、梯子和安全栏杆的制作应遵守国家标准《固定式钢直梯安全技术条件》（GB 4053.1—1993）、《固定式工业钢斜梯》（GB 4053.2—1993）、《工业防护栏杆》（GB 4053.3—1993）和《工业钢平台》（GB 4053.4—1993）的有关规定。

操作平台的安装位置通常是需要检查、操作、润滑、清扫和维修的部位，如切断装置、蝶阀、流量孔、补偿器、人孔、放散管、采试样点等处。人孔中心距离平台面以 800mm 为宜。

此外，对于 $\phi1200mm$ 以上管道可以根据需要在上部设通行护栏和直梯。

平台面一般采用栅形构件，以免积水腐蚀和结冰造成操作人员的滑倒。

256. 如何设置煤气管网接地装置？

答：为防止煤气管道遭到雷击和产生电火花，一般在 300m 范围内至少设一处接地装置。

在基础附近打入深度不少于 2.5m，能接触潮土的 D_g50mm 的钢管桩或 50×50 角钢，桩间距 4m。在桩端部焊接 40×4 扁钢，并在中间部位用同样扁钢成丁字焊接，另端接钢管架柱或沿钢筋混凝土管架上接管壁。所有焊接点都除锈焊接，以保证其良好导电。

安装后测试的对地电阻不得超过 10Ω，否则应采取补救措施直至合格。

257. 对管道标志、警示牌和安全色有什么规定？

答：（1）厂区主要煤气管道应标有明显的煤气流向和煤气种类的标志，并按规定进行色标。

（2）所有可能泄漏煤气的地方均应挂有提醒注意的警示标志。

（3）煤气管道必须标有醒目的限高标志，避免过往车辆碰撞。

（4）煤气管道必须标有醒目的直径标志。

（5）煤气阀门必须有醒目的"开""关"字样和箭头指示方向。

（6）煤气管道为灰色、蒸汽管道为红色、氮气管道为黄色。

258. 何谓煤气隔离水封?

答：隔离水封是一种煤气隔离装置，为圆柱桩形筒体，上部设有法兰盖，下部为清理水封，自顶部开始，沿纵向圆周中心设隔板，将筒体分成两个半圆柱体，隔板下部有一段插入清理水封。隔离水封后半圆与粗煤气总管相连，下部清理水封有一个正常溢流水阀和最高溢流水阀。当需要切断粗煤气总管与净化系统时，只要将清理水阀注满水，直到最高溢水阀出水时，即将煤气来源切断。净水系统投入生产时，将最高溢流水阀关闭，开启正常溢流阀，就可使煤气自动通过。

煤气系统中的水封要保持一定的高度，生产中要经常溢流。水封的有效高度室内为计算压力加 10kPa，室外为计算压力加 5kPa。

259. 煤气管道排水器工作原理是什么?

答：通常架空管道的排水器由于介质压力不同为保持设备高度在便于操作维修的范围内，分别有单水封和复水封两种形式。一般说煤气排水器的水封高度在 1000mm 以内，采用单室；超过 1000mm 水柱采用双室水封或多室水封。

（1）工作原理：复式水封的原理图以立式双室水封为例（见图 5-11），是煤气压力 p 突破第 1 室水封后在第 1 室水面以上空间聚集形成 p_1 压力，当 p_1 压力不足以突破

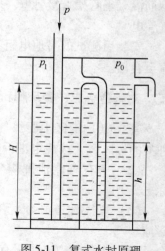

图 5-11 复式水封原理

第 2 室水封，即单水封排水器的水柱高度时，形成以下的压力平衡：

第 1 室　　　　　　　　$p = H + p_1$

第 2 室　　　　　　　　$p_1 = (H - h) + p_0$

其中 p_0 为大气压，求其相对压力，则：

$$p = H + (H - h) = 2H$$

（2）排放的位置：

1）波浪式布置的低位点；水平式布置的间距不超过 $100 \sim 150\text{m}$。

2）局部低位点。

3）各种阀门前，如果阀后煤气管道仰起敷设，阀后不需设排放点。

4）煤气管道因安装孔板等阻挡水流的地点应设排放管，但不一定安装排水器。

5）其他需要排放的部位。

（3）排水器的工艺要求：

1）煤气管道的冷凝液排放点设集液漏斗与下水管法兰或阀门连接，以备必要时切断。

2）应尽量避免排水口与排水器垂直连接，以免排水器基础下沉时给煤气管道增加局部荷载，这对煤气管道伸缩也有影响。

3）在下水管与排水器的连接处应设阀门，以便清扫排水器时切断煤气。

4）下水管的下部阀门上方安装带阀门的试验管头，做排水工况的日常检查使用。

5）排水器应定期清扫，所以排水器筒体下部应设清扫孔（每室一处），上部有通风孔。焦炉煤气冷凝液排水器尚需有备用汽源。

6）复式排水器的溢流口不得低于前室溢流口以便必要时从后部补水。

7）排水器的溢流管应与受水漏斗端面保持一定间隔，以便溶水气体散发，禁止将溢流管延伸至下水道。

8）冬季寒冷的地区从集液漏斗以下应有保温措施。使用蒸汽采暖时可将排水器设于专门的室内，也可以放置露天，但应注意设备下部的采暖；如果通汽直接加热排水，应防止出现真空和倒吸现象。

9）冷凝液中含有害物质超过排放标准时应就近设积水池，定时抽运到处理场。一般焦炉煤气、混合煤气冷凝液送焦化脱酚设施集中处理，其他煤气的冷凝液经稀释后即可排放。

10）共架管道的公用排水器，水封高度以高介质压力的煤气计算压力为准，排水按污染较重的煤气冷凝物考虑。

260. 煤气管道上安装的水封有哪几种类型？

答：煤气管道上安装的水封有缸式水封、隔板水封和"U"形水封三种类型。

缸式水封（见图 5-12）一般用于炉前支管闸阀的后面，安放在室内使用，这对停气检修十分方便。缸式水封的主要缺点是插入管易腐蚀，日常无法检查，一旦出现穿孔就可能因水封失效酿成灾难；其次是煤气阻损较大，故使用范围受到限制。

隔板水封（见图 5-13）一般附属某一设备使用，隔板水封的缺点和缸式水封相似，隔板漏气事先难以预防同时阻损较大。

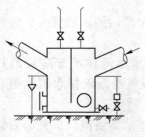

图 5-12　缸式水封

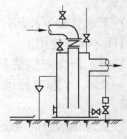

图 5-13　隔板水封

U 形水封（见图 5-14）与前两者比较，它把水封高度的溢流管安在外面，便于维修检查，其煤气阻损相对小些，故使用比较普遍。

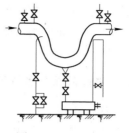

图 5-14　U 形水封

261. 煤气水封有哪些优缺点？

答：水封是静置设备，开闭操作方便；水封设置简单、投资少；水封只要达到煤气计算压力要求的有效水封高度即可切断煤气，不致产生漏气问题。

但水封普遍存在以下缺点：

（1）必须有可靠的水源，重要部位设置的水封要有备用高位水箱，以保证断水时的操作。

（2）必须与蝶阀、闸阀等装置联合使用，否则一旦发生煤气压力升高（如爆炸）突破水封有效高度，水被气浪吹走就会造成严重事故。水封不能视为可靠的切断装置单独使用。

（3）操作时间长：注水和放水需要很长时间，不适应操作变化的需要。必要时应安装专用泵以保证 5～15min 注漏水。

（4）冬季寒冷地区使用水封易出现冻结，因此维护量大。

（5）煤气阻损较大，不利于输气。

由于以上原因，在煤气管道上不宜广泛使用，当然也不能因此而禁止使用，要根据情况而定。

停产检修用水封切断煤气时，要关闭联用阀门并打开停气侧放散管。生产时要保持水封连续排水。冬季要防寒保温，日常要注意防腐。

262. 为什么煤气水封不能单独作为可靠的隔断装置？

答：在生产实践中，由于煤气水封缺水或由于煤气压力骤增冲破水封而造成煤气外逸的中毒事故屡有发生，因此国家标准中规定，煤气水封不能单独作为可靠的隔断装置。将水封装设在其他隔断装置之后才是可靠的隔断装置。

只有将插板阀、眼镜阀、盲板或闸阀与水封并用才是可靠的隔离装置。

263. 为什么煤气水封与排水器满流管口应设漏斗?

答: 在煤气水封与排水器满流管口处设漏斗, 对于防止发生煤气中毒事故是非常必要的。它除了便于检查水封或排水器是否流满水外, 主要是防止水中逸出的少量煤气进入下水道, 或由于水封缺水、煤气压力骤增冲破水封而造成煤气外逸直接进入下水道, 窜入与下水道相通的生活间, 导致煤气中毒事故的发生。

264. 使用煤气隔离水封的安全要求有哪些?

答: 水封本身不是可靠的煤气隔断装置, 只有与其他隔断装置并用, 才能可靠地隔断煤气。在使用水封时有以下安全技术要求:

(1) 在水封的给水管上设 U 形水封和逆止阀。

(2) 对于直径较大的煤气管道使用水封可就地设泵给水, 水封应在 5~15min 内灌满。

(3) 在使用水封时禁止将排水管、满流管直接插入下水道, 水封下部侧壁上应安设清扫孔和放水头。

(4) U 形水封两侧还应安设放散管、吹刷用的进气头和取样管。

(5) 每年的 4 月、11 月应对水封彻底清淤。

265. 为什么说煤气管道排放的冷凝水有毒?

答: 焦炉煤气冷凝物中含有挥发酚、硫化物, 氰化物、苯等有害物质; 高炉煤气冷凝液中含有酚、氰、硫等有害物质; 转炉煤气凝液中含有硫、铅、锌等有害物质, 铁合金炉煤气中含有硫、铅、铬、镉等有害物质。

煤气中各组成气体大多溶于水，随温度的下降溶解量增加，但排放后又随压力降低释放出来。冷凝液从煤气管道流经排水器后与大气连通气相降压，溶解气体便随即释放出来，并扩散到周围空气里。

其中 CO、H_2S、氨、苯、甲苯、酚等经呼吸道吸收后造成中毒，苯、酚还易经皮肤吸收。CO_2、CH_4 等滞留在不通风处（如地下井、阀室等）使人窒息，局部还有可能达到爆炸极限，因此，煤气管道排污区域应视为煤气危险区管理，排放不得与生活下水道连通，并限制在就地或有限的范围内集中处理。在企业内由于煤气管道冷凝液排放不加控制，造成的煤气中毒事故屡见不鲜；检修时动火造成下水道爆炸，未经检测空气中有害气体浓度而去地下井工作造成窒息死亡的情况也不乏其例。

266. 为什么要及时将煤气管道中的冷凝水排放掉？

答：煤气管道中的冷凝水积存在管道下部，如不及时排放将产生以下不良影响：

（1）冷凝液在管道内形成浓差电池造成管壁的电化学腐蚀，如果煤气中含有 H_2S 等化学成分，腐蚀将加速进行。

（2）冷凝液较多时被煤气流推动将产生潮涌，造成煤气压力波动。严重时产生水垂现象致使管道振晃而坍塌。

（3）冷凝水积聚使管道断面减少，增加压力降，在低洼地段形成水封使输气停止，也有可能因积水过多，管道荷载过大而坍塌。

267. 排水器冷凝水的处理有哪些要求？

答：（1）排水器排出的冷凝水不得排入下水道、电缆沟，或随地排放，应排入指定的蓄水坑，定期回收处理，以免对环境造成影响。

（2）煤气排水器应设置排水坑或收集管道。坑的大小至少能装下一天最大的排水量。应定时将坑中的水抽走，集中进行处理。

（3）蓄水坑应设放气孔，并用孔径最大尺寸小于等于 50mm 的格栅盖板掩盖。

268. 煤气管道上的排水点如何布置？

答：为防止管道积水，在煤气管道上必须布置排水点，具体有两种布置方式：

（1）波浪式排放。将煤气管道分段，每 200～250m 设置一个低位排水点，每个排水点两侧的煤气管道相倾斜的坡度分别大于 0.03，通常最高点就在煤气管道的固定支架处。整个管线呈现上下起伏的波浪形。

（2）水平式排放。煤气管道水平敷设，每 100～150m 设置一个排放点。

以上两种工艺方案比较，水平式排放显然具有很多优点，可以归纳为：

（1）水平式排放口多一倍，在相同的条件下冷凝液排放快。

（2）如果排放口出现堵塞，水平式可由相邻排放口承担，排放时间可能延长，但不致造成后果；波浪式则不然，积液不超过高标位管底不能溢流，轻则造成压力窜动，重则切断煤气流，甚至管道坍塌。

（3）为配合水流方面，波浪式管线部分补偿器导向板逆向安装，增加煤气摩擦阻损，不利于煤气输送。

（4）水平式煤气管道支架在设计、施工中比波浪式减少了不必要的麻烦和工作量。

（5）波浪式使一半以上的管段的水和气逆向流动，使冷凝液不能畅流，其中的固形物和胶质体滞留下来，增加管道内壁粗糙度，管道存在低洼段也必然集中沉积物使排放口易于堵塞。

269. 煤气管道排水器出口如何选择？

答：煤气管道的冷凝液排水器出口应满足以下技术要求：

（1）连续性排放。

（2）排放时只能排放冷凝液不能排放煤气。

（3）便于检查排放口是否堵塞。

（4）排放液中的溶解煤气不迁移它处，扩大煤气危险区域。

（5）排放液不扩大污染区域。

（6）便于日常维护检查和定期清扫工作。

（7）设备加工制作简单，方便检修。

（8）节约能源，维持费用低。

270. 排水器的选用原则有哪些？

答：排水器的选用原则为：

（1）煤气压力比较高（>0.1MPa）、排水量比较小（<2L/h）的煤气管道设施排水宜选用直排式排水器。直排式排水器应人工定期进行排水。排水时应先关闭进水阀门，打开卸水阀门，水排出后关闭卸水阀门，打开进水阀门。

（2）煤气压力比较低（一般<0.1MPa）的煤气管道设施排水宜选用水封式排水器。水封式排水器宜优先选用有防煤气泄漏装置的安全型水封排水器。安全型水封排水器应为国家安监部门组织论证的产品。厂房内、距离厂房20m以内、距离重要道路和人员活动区域（含绿地）20m以内应使用有防煤气泄漏装置的安全型水封式排水器。

（3）立式水封式排水器结构比较简单，适于管道及设施标高较高部位的排水。

（4）由于卧式水封排水器不耐击穿，因此只用于靠近有调压、放散等稳压设施附近的地方。宜使用在距离调压、放散设施在煤气主管直径20倍以内的地方。卧式水封排水器结构比较复杂，适用于管道及设施标高较低部位的排水。

（5）地下煤气管道及设施的排水应选用地下排水器。地下排水器应安装在排水器井内，便于检查、维护、管理。

（6）在煤气管道上，不宜选用依靠机械接触密封的水封排水器。

271. 盲板有哪几种类型？

答：煤气管道上的盲板分为固定盲板和活动盲板两类。

（1）固定盲板。固定盲板按其固定方式不同又分为以下两种：

1）焊接固定盲板。焊接固定盲板又称内焊堵板。

2）螺栓固定盲板。盲板周围有螺孔，用螺栓与法兰紧密连接，其间有衬垫材料密封、管道人孔盖板、管道端头堵板等属于螺栓固定盲板。

固定盲板可按周边简支承受内压的整圆形板进行理论计算。

（2）活动盲板。活动盲板是可以根据生产需要进行抽出或堵入的短期使用盲板，活动盲板可视为周边简支承受内压的整圆板进行理论计算。低压煤气管道常用活动盲板厚度见表 5-6。

表 5-6　低压煤气管道常用活动盲板厚度　　（mm）

盲板直径	≤500	600 ~ 1000	1100 ~ 1500	1600 ~ 1800	1900 ~ 2400	≥2500
盲板厚度	6 ~ 8	8 ~ 10	10 ~ 12	12 ~ 14	16 ~ 18	≥20

272. 煤气管道腐蚀分哪几类？

答：腐蚀是金属在周围介质的化学、电化学作用下所发生的一种反应。由于煤气管道腐蚀的现象和机理比较复杂，腐蚀分类的方法有多种，主要有：

（1）按腐蚀环境分类，可以分为化学介质腐蚀、大气腐蚀和土壤腐蚀等。

（2）按腐蚀反应机理分类可分为：

1）化学腐蚀。金属管道与非电介质溶液发生化学作用而引起的反应。反应特点是只有氧化-还原反应，没有电流产生。化学腐蚀通常为干腐蚀，腐蚀速率相对较小，如金属管道在干燥气体中，表面没有湿气冷凝的腐蚀和非电解质溶液的腐蚀。实际上单纯的化学腐蚀很少。

2）电化学腐蚀。金属与电介质溶液因发生电化学作用而产生的反应。反应过程中均包括阳极反应和阴极反应两个过程，在腐蚀过程中有电流产生。

电化学腐蚀是最普遍和常见的腐蚀，煤气输送系统的管道和煤气柜的腐蚀以电化学腐蚀为主。

当煤气管道埋地敷设时，土壤中微生物的存在能促进金属的电化学腐蚀。土壤中的硫酸盐还原菌可把 SO_4^{2-} 还原成 H_2S，从而大大加快了土壤中碳钢管道的腐蚀速度。

3）物理腐蚀。金属管道由于单纯的物理溶解作用而引起的腐蚀。

（3）按腐蚀形式分类，可分为均匀腐蚀和局部腐蚀。

1）均匀腐蚀。整个管道表面均匀地发生腐蚀，均匀腐蚀一般危险性较小。

2）局部腐蚀。整个管道仅局限于一定区域发生腐蚀，而其他部位腐蚀甚微。煤气管道常见的局部腐蚀有以下几种：

① 小孔腐蚀。又称点蚀，在金属管道某些部位，被腐蚀出一些小而深的孔，严重时可发生穿孔。

② 斑点腐蚀。腐蚀形态像斑点一样分布在金属管道表面上，所占面积较大，但不深。

③ 电偶腐蚀。两种不同电极电位的金属相接触，在一定的介质中发生的电化学腐蚀。

④ 应力腐蚀破裂。金属材料在拉应力和介质的共同作用下所引起的腐蚀破裂。

⑤ 细菌腐蚀。指在细菌繁殖活动参与下发生的腐蚀，此外，还有缝隙腐蚀、穿晶腐蚀垢下腐蚀、浓差电池腐蚀等。

273. 煤气管道腐蚀的原因有哪些？

答：输送煤气的管道按其腐蚀部位的不同，分为内壁腐蚀和外壁腐蚀。因其所处的条件不一样，引起腐蚀的原因有所不同。

（1）内壁腐蚀：煤气输送过程中，由于煤气中含有少量的水或是因为温度的下降引起水蒸气的冷凝，当水在管道内壁生成一层亲水膜时，就形成了原电池腐蚀的条件，产生电化学腐蚀。此外，输送的燃气中含有硫化氢、二氧化碳、氧、硫化物或其他腐蚀性化合物直接和金属发生作用，引起化学腐蚀。因此，在架空或埋地钢管的内壁一般同时存在化学腐蚀及电化学腐蚀，内壁防腐的根本措施是将煤气净化，使其杂质含量达到允许值以下。还可以在管道内用合成树脂或环氧树脂等作内涂层，这样可防止管道内壁的腐蚀，并能降低管壁的表面粗糙度，相应地提高管道的输气能力。

（2）外壁腐蚀：外壁腐蚀同样可以在架空或埋地钢管上发生，架空钢管暴露在大气中，外壁用油漆覆盖层防腐，当防腐层破坏时，就会发生大气腐蚀。

埋地钢管的化学腐蚀是全面性的腐蚀，在化学腐蚀的作用下，管壁厚度的减薄是均匀的，所以从钢管受到穿孔破坏的观点看，化学腐蚀的危害性不大，故通常埋地钢管的外壁和煤气柜的腐蚀是以电化学腐蚀为主的。

274. 常用煤气管道防腐有哪些方法？

答：煤气输配系统管道设备的腐蚀，不但增加了设备投资费用，还会造成供气不正常影响生产。防止煤气管道腐蚀常用的防护方法有电化学方法和金属表面的防腐涂层。

（1）管道外防腐主要有：

1）石油沥青防腐层。环氧煤沥青和煤焦油瓷漆具有较好的耐细菌腐蚀和抗植物根茎穿透能力，施工工艺也较成熟，应用最广，效果良好。沥青防腐层等级与结构如表 5-7 所示。

表 5-7　沥青防腐层等级与结构

防腐层等级	防腐层结构	涂层总厚度/mm	管外壁涂色
普通防腐	沥青底漆—沥青—玻璃布—沥青—玻璃布—沥青—聚乙烯工业薄膜	≥1.0	红色
加强防腐	沥青底漆—三层玻璃布、四层沥青—聚乙烯工业薄膜	≥5.5	绿色
特加强防腐	沥青底漆—四层玻璃布、五层沥青—聚乙烯工业薄膜	≥7.0	蓝色

2) 聚乙烯黏胶带。具有较好的防腐性，施工工艺简便、成本低、质量易控制，国内有很多成功的实例。

3) 熔结环氧粉末涂层。具有很好的黏结力，耐蚀性及较好的耐温性。其优异的抗阴极剥离性和涂层屏蔽作用，能很好地与阴极保护相配合，近年来在我国得到大规模应用。

4) 包覆聚乙烯和聚乙烯泡沫夹克。20 世纪 90 年代引进的三层 PE 夹克防腐层技术是由环氧粉末、共聚物黏结剂和聚乙烯互熔为一体，并与钢质管道牢固地结合，形成优良的防腐层。

（2）管道内防腐。由于管道内介质的多样化，管道腐蚀穿孔日益频繁。管道内防腐技术逐渐得到发展，20 世纪 90 年代初形成了环氧液体涂料内挤涂工艺以及环氧粉末涂装技术。配套使用的内涂层补口技术有管头涨口内衬短节、钢质记忆合金接头、机械压接、机械速接接头以及自动找口、补口内防腐补口机等。实现了内防腐层连续性施工技术，保证了喷涂质量。

275. 煤气管道的防腐有哪些要求？

答：（1）架空管道。钢管制造完毕后，内壁和外表面须涂刷防锈涂料。管道安装完毕试验合格后，全部管道外表面应再涂刷防锈涂料。管道外表面每隔 4~5 年应重新涂刷一次防锈涂料。

（2）埋地管道。埋地管道钢管外表面应进行防腐处理，并遵守表 5-8 的规定。在表面防腐蚀的同时，根据不同的土壤，宜采用相应的阴极保护措施。铸铁管道外表面可只浸涂沥青。

（3）应定期测定煤气管道管壁厚度，建立管道防腐档案。

表 5-8 煤气管道防腐处理

绝缘等级	绝缘层次									总厚度/mm
	1	2	3	4	5	6	7	8	9	
加强	底漆一层	沥青~1.5mm	玻璃布一层	沥青~1.5mm	玻璃布一层	沥青~1.5mm	玻璃布一层	沥青~1.5mm	塑料布或牛皮纸一层	≥5mm

276. 煤气管道竣工试验的准备工作有哪些？

答：煤气管道的试验标志主体工程的竣工，是整体质量的检验。因此试验前管道系统（包括附属氮、蒸汽、电力、上下水线、计器仪表以及附属设施）必须施工完毕，经过检查认定符合设计和有关规范要求才能进行试验。凡新建、改建和长久停用后的煤气管道都必须经过试验、验收才能投入生产。试验的准备工作具体如下：

（1）管道试验前必须与其他管道和设备用盲板隔断开。

（2）试验的管道以阀门隔离的各部分应分别在不安装盲板的情况下单独试验。但相邻两段不能同时进行。插板和水封只做整体试验。

（3）管道试验前附属装置应提前进行试验，试验包括以下内容：

1）阀门、蝶阀的全程开关试验。

2）排水器和水封的有效水封高度测量和其上阀门的开关试验。

3）汽道通汽试验及加热设施试漏、试压。

4）给、排水试验。

5）电气传动试验。

6）吹刷用氮气管的试验。

（4）全部管道上的开孔封闭，封闭前应清点人员，确信内部无人。

（5）准备蒸汽或氮气气源，测试用温度计和压力表（一般用汞柱压力计）。

（6）通知有关部门（包括安全技术和煤气防护单位）派人参加，并准备好记录。

（7）准备检漏用肥皂水，刷子或其他测漏仪表。

（8）制定试验方案与计划送有关部门审查同意后实施。

277. 管道竣工试验与验收的标准有哪些？

答：（1）煤气管道计算压力规定包括：

1）常压煤气发生炉出口至煤气加压机前的管道和热煤气发生炉输送管道，计算压力为发生炉出口自动放散装置的设定压力，也等于最大工作压力。

2）水煤气发生炉进口管道计算压力等于气化剂进入炉底内的最大工作压力，水煤气出口管道计算压力等于炉顶的最大工作压力。

3）常压高炉至半净煤气总管的管道，计算压力等于高炉炉顶的最大工作压力；净煤气总管及以后的管道，计算压力等于过剩煤气自动放散装置的最大设定压力；净高炉煤气管道系统设有自动煤气放散装置时，计算压力等于高炉炉顶的正常压力。

4）高压高炉至减压阀组前的管道，设计压力等于高炉炉顶的最大工作压力；减压阀组后的煤气管道，设计压力等于煤气自动放散装置的最大设定压力。

5）焦炉煤气或直立连续式炭化炉煤气抽气管的煤气计算压力等于煤气抽气机所产生的最大负压力的绝对值；净煤气管道计算压力等于煤气自动放散装置的最大设定压力；净煤气管道系统没有自动放散装置时，计算压力等于抽气机最大工作压力。

6）转炉煤气抽气机前的煤气管道计算压力等于煤气抽气机产生的最大负压力的绝对值。

7）煤气加压机（抽气机）入口前的管道，计算压力等于剩余煤气自动放散装置的最大设定压力；煤气加压机（抽气机）出口后的煤气管道，计算压力等于加压机（抽气机）入口前的管道计算压力加压机（抽气机）最大升压。

8）天然气管道计算压力为最大工作压力。

9）混合煤气管道的计算压力按混合前较高的一种管道压力计算。

10）发生炉煤气管道的计算压力为炉顶最高工作压力。

（2）试验项目的规定：煤气管道的计算压力大于等于 0.1MPa 应进行强度试验，强度试验合格后应进行严密性试验。煤气管道计算压力小于 0.1MPa，可只作严密性试验。

（3）试验强度的规定有：

1）架空管道气压强度试验的压力应为计算压力的 1.15 倍，压力应逐级缓升，首先升至试验压力的 50%，进行检查，如无泄漏及异常现象，继续按试验压力的 10% 逐级升压，直至达到所要求的试验压力。每级稳压 5min，以无泄漏、目测无变形等为合格。

2）埋地煤气管道强度试验的试验压力为计算压力的 1.5 倍。

（4）严密性试验压力的规定：架空煤气管道经过检查，符合压力试验规定后，再进行严密性试验。试验压力如下：

1）加压机前的室外管道为计算压力加 5kPa，但不小于 20kPa。

2）加压机前的室内管道为计算压力加 15kPa，但不小于 30kPa。

3）位于抽气机、加压机后的室外管道应等于加压机或抽气机最大升压加 20kPa。

4）位于抽气机、加压机后的室内管道应等于加压机或抽气机最大升压加 30kPa。

5）常压高炉（炉顶压力小于 30kPa 者为常压高炉）的煤气管道（包括净化区域内的管道）为 50kPa，高压高炉减压阀组前的煤气管道为炉顶工作压力的 1.15 倍，减压阀组后的净煤气总管为 50kPa。

6）常压发生炉脏煤气、半净煤气管道为炉底最大送风压力，但不得低于 3kPa。

7）转炉煤气抽气机前气冷却、净化设备及管道为计算压力加 5kPa。

（5）试验时间及允许的小时平均泄漏率见表 5-9。

表 5-9　试验时间及允许的小时平均泄漏率

管道计算压力/MPa	管 道 环 境	试验时间/h	允许的小时平均泄漏率/%
<0.1	室内外、地沟及无围护结构的车间	2	1
≥0.1	室内及地沟	24	0.25
	室外及无围护结构的车间	24	0.5

注：管道计算压力大于或等于 0.1MPa 的允许泄漏标准，仅适用公称直径为 0.3m 的管道，其余直径的管道的压力降标准，尚应乘以按下式求出的校正系数 C：$C = \dfrac{0.3}{D_g}$，式中，D_g 为试验管道的公称直径，m。

278. 煤气管道压力试验前应完善哪些工作？

答：煤气管道的主体工程的竣工后，可采用空气或氮气做强度试验和气密性试验，并应做生产性模拟试验，还须完善下列工作：

（1）管道系统施工完毕，应进行检查，并应符合相关规程的有关规定。

（2）对管道各处连接部位和焊缝，经检查合格后，才能进行试验，试验前不得涂漆和保温。

（3）试验前应制定试验方案，附有试验安全措施和试验部位的草图，征得安全部门同意后才能进行。

（4）各种管道附件、装置等，应分别单独按照出厂技术条件进行试验。

（5）试验前应将不能参与试验的系统、设备、仪表及管道附件等加以隔断；安全阀、泄爆阀应拆卸，设置盲板部位应有明显标记和记录。

（6）管道系统试验前，应用盲板与运行中的管道隔断。

（7）管道以闸阀隔断的各个部位，应分别进行单独试验，不应同时试验相邻的两段；在正常情况下，不应在闸阀上堵盲板，管道以插板或水封隔断的各个部位，可整体进行试验。

（8）用多次全开、全关的方法检查闸阀、插板、蝶阀等隔断装置是否灵活可靠；检查水封、排水器的各种阀门是否可靠；测量水封、排水器水位高度，并把结果与设计资料相比较，记入文件中。排水器凡有上、下水和防寒设施的，应进行通水、通蒸汽试验。

（9）清除管道中的一切脏物、杂物，放掉水封里的水，关闭水封上的所有阀门，检查完毕并确认管道内无人，关闭人孔后，才能开始试验。

（10）试验过程中如遇泄漏或其他故障，不应带压修理，测试数据全部作废，待正常后重新试验。

279. 什么叫严密性试验，其标准是什么？

答：为了保证煤气管道和煤气设备区域的空气符合国家规定的卫生标准，防止煤气中毒，应使煤气管道和煤气设备完全严密，因此，在大修、改建或新建的煤气管道和设备在投产前所进行的打压试漏过程称为严密性试验。只有合格后，才准交付使用。

严密性试验的标准是：

（1）室内或厂房内部的管道和设备的试验压力为煤气计算压力加 15kPa，但不少于 30kPa，试验时间持续 2h，压力降不大于 2%。

（2）室内或厂房外部的管道和设备的试验压力为煤气的计算压力加 5kPa，但不少于 20kPa，试验持续时间为 2h，压力降不大于 4%。

压力降（即泄漏率）的计算公式为：

$$A = 100(1 - p_2 T_1 / p_1 T_2), \%$$

式中，p_1 及 T_1 分别为试验开始时管道内空气的绝对压力和绝对温度；p_2 及 T_2 分别为试验结束时管道内空气的绝对压力和绝对温度。

280. 地下煤气管道的气密性试验应遵守哪些规定？

答：地下煤气管道的气密性试验，应遵守下列规定：

（1）试验前应检查地下管道的坐标、标高、坡度、管基和垫层等是否符合设计要求，试验用的临时加固措施是否安全可靠；仅需做气密性试验的地下煤气管道，在试验开始之前，应采用压力与气密性试验压力相等的气体进行反复试验，及时消除泄漏点，然后正式进行试验。

（2）遵守煤气管道压力试验有关规定。

（3）长距离煤气管道做气密性试验时，应在各段气密性试验合格后，再做一次整体气密性试验。

（4）地下煤气管道应将土回填至管顶 50cm 以上，为使管道中的气体温度和周围土壤温度一致，需停留一段时间后才能开始气密性试验，停留时间应遵守表 5-10 的规定。

表 5-10 停留时间

管道直径/mm	≤0.3	>0.3~0.5	>0.5
停留时间/h	6	12	24

（5）试验压力和试验时间，应遵守表 5-11 的规定。

表 5-11 试验压力和试验时间

计算压力 p_j/Pa	气密性试验压力/Pa	试验时间/h
≤5×10^3	钢管：5×10^4 铸铁管：2×10^4	24
>5×10^4 ~ >10^5（1.02）	$1.25 p_j$ （>5×10^4）	24
>10^5	p_j	24

注：p_j 为管道的计算压力，Pa。

281. 煤气管道竣工验收内容有哪些?

答：煤气管道竣工验收工作分两个阶段进行，在煤气管道整体试验前应进行单体设备和单项附属工程检查验收；在煤气管道整体实验后进行全部工程的整体验收。

（1）单体设备及部件的检查验收包括：

1）各种阀门在安装前进行清洗、试压和加注润滑油。

2）调节蝶阀：检查椭圆度不超过 $2D/1000$，板面挠度不超过 $D/1000$，板轴配合无松动现象，稳钉材质及尺寸符合图纸要求，轴头转向标志与蝶阀开度一致。安装后经 360° 反复盘转灵活无异常声响，传动机构性能可靠，制动准确重复性好。

3）补偿器：安装位置及方向正确，预拉伸尺寸合格，壁板无损伤及裂纹。填料（填料补偿器）合格。鼓型补偿器注防冻油。

4）排水器：安装位置合理，排水器不得使其成为煤气管道或基础荷载，水封有效高度检测后记录存档，单体试压合格，附属设备完备无缺。

5）汽道：以 1.25 倍水压进行试验，10min 内无渗漏为合格，安装位置及附属设备（重点是疏水器）符合要求。

6）吹刷用氮气管道：按设计要求试压合格，安装位置合理并有冷凝液排出装置。

7）给、排水符合设计要求，无泄漏及堵塞现象。

8）接地装置：接地电阻合格，布置合理。

9）放散装置：位置合理、操作安全方便，防风、防雨及开关设备齐全完好。

10）梯子、平台位置合理，安装牢固，便于操作、走行，符合安全技术要求。

11）支架：外形尺寸，配筋（钢筋混凝土架）或钢材质均符合图要求，安装位置，高度及倾斜度符合设计要求。

12）基础：地基土质、埋深及宽度符合设计要求，混凝土质量、配筋及养护合格。外形尺寸及地脚螺栓位置的偏差在允许范围内。

（2）整体验收：整体验收煤气管道工程包含以下内容：

1）煤气管道经过整体严密性试验合格。

2）接点工程完工。

3）防腐工程（含第二次刷防腐漆）完工。

4）基础二次浇灌完工。

5）完善或整修工作全部结尾。

6）现场施工设施及机具拆除。

7）空间及场地清理，平整及清扫。

8）施工单位向建设单位提交以下竣工资料：

① 竣工图。

② 原材料试验资料。

③ 混凝土施工日期及试块检验报告。

④ 钢筋及接头试验报告。

⑤ 标高及坐标测量记录。

⑥ 重大工程问题处理文件。

⑦ 隐蔽工程验收记录。

⑧ 其他自检和验收。

第 6 章 煤气柜   加压机

282. 设置煤气柜有哪些作用？

答：钢铁企业设置煤气柜主要有以下三个作用：

（1）可有效地回收放散煤气。钢铁企业建立煤气柜，主要是利用煤气柜可以及时吞吐煤气的特点，回收企业内部因生产不均衡性所造成的瞬时煤气放散量。也即煤气柜可以有效地吞吐煤气用户所难以适应的频繁、短时的煤气波动。当煤气有剩余时存入柜内，煤气不足管网压力下降时，再补入管网，起到以余补欠的作用，减少煤气放散量。

（2）可充分合理的使用企业内部的副产煤气。由于建立了煤气柜，在工厂煤气平衡中，可以不预留煤气缓冲量，从而可充分利用工厂副产煤气，以减少外购燃料量，提高工厂煤气的使用率。

（3）稳定管网压力，改善轧钢加热炉等用户的热工制度。利用煤气柜调节煤气管网压力，稳压效果好，可大大改善煤气供应的质量，使加热炉热工制度稳定，提高加热炉的煤气利用效率，从而可降低煤气消耗量，同时还可以改善轧钢产品的质量。

应当说明的是，由于煤气柜受到容积的限制，不可能做得很大，因而不能适应波动幅度过大，延续时间长的气量波动。所以，煤气柜必须有稳定的煤气用户相配合，方能取得理想的调节与回收剩余煤气的效果。

283. 煤气柜有哪几种类型？

答：煤气柜按其密封方式不同，可分为干式煤气柜及湿式煤气柜两大类。干式煤气柜与湿式煤气柜又按其结构形式不同而分为几种形式，详见表 6-1。

（1）湿式煤气柜：湿式煤气柜是一种结构比较简单的储气柜。湿式煤气柜是在水槽内放置钟罩和塔节，钟罩和塔节随着煤气的进出而升降，并利用水封隔断内外气体来储存煤气的容器。煤气柜的容积（容量）随燃气量的变化而变化。

根据结构不同，湿式煤气柜又有直立升降式（简称直立柜）和螺旋升降式（简称螺旋柜）两种。

湿式煤气柜易于加工制造和安装，操作管理简便，运行可靠。湿式煤气柜靠水密封，密封性较好，但其基础荷载大，地基条件要求较高，因而基础工程费用较大，寒冷地区尚需考虑水槽的防冻问题。此外，湿式煤气柜受塔体结构限制，储存煤气的压力较低，一般不超过 4kPa，且塔内压力随塔节升降而变化，对稳定企业煤气管网压力的效果较差。

（2）干式煤气柜：干式煤气柜主要由圆形或多边形的柱状外筒及沿筒内壁上下的活塞、底板和顶板组成，煤气储存于活塞的下部，靠活塞上下移动来改变煤气柜的储气容积。干式煤气柜按活塞与筒壁间的密封方式分为稀油密封式（MAN 型）、干油密封型（KLONEEN 型）和橡胶夹布帘式（WIGGINS 型）三种形式。

干式煤气柜最大的优点是其储气压力较高，一般可达 6 ~ 8kPa，最高可达 12kPa，煤气压力在活塞的升降过程中变化不大，因而稳定管网压力的效果较好。由于干式煤气柜制造安装精度要求比较高，因而造价较高，金属耗量也较大。但随着煤气柜容积的增大，干式柜与湿式柜的投资相差逐渐接近，当煤气柜容积大到 20 万立方米时，两者造价基本相同。

表 6-1 煤气柜分类

按密封方式分类	按结构类型分类	按密封方式分类	按结构类型分类
湿式（水封）煤气柜	直立升降式 螺旋升降式	干式煤气柜	稀油密封式（MAN 型） 干油密封型（KLONEEN 型） 橡胶夹布帘式（WIGGINS 型）

284. 干式煤气柜与湿式煤气柜相比主要优点有哪些?

答: 干式煤气柜与湿式煤气柜相比具有以下优点:

(1) 储气压力高而稳定。干式煤气柜煤气压力波动小,一般波动在 ±5% 左右。储气压力可按需要设计,目前设计压力 6 ~ 8kPa,最高可达 12kPa,可直接与冶金工厂煤气管网连接,系统简单稳压效果较好。

湿式煤气柜储气压力随钟罩升降而变动,压力波动在 1.5 ~ 4.5kPa 左右,储气压力低,不能直接与冶金工厂煤气管网连接。气柜向管网送气需经加压机升压,管网系统复杂,且需增加基建和日常运行费用。

(2) 基础工程费用低。干式煤气柜由于没有大型水槽,荷重小,基础易于处理,特别对地质条件差的地区更为有利,以 15 万立方米煤气柜为例,干式柜全重 2200t,湿式柜重 40372t,其中水量 39000t,金属重 1372t。

(3) 使用年限长,维修工作量小。湿式煤气柜由于钟罩经常浸入升出水槽水面,钢板易受水浸蚀,需经常进行刷漆防腐,维修工作量大,投产 5 ~ 6 年水槽就锈蚀,需经常进行修补,一般寿命为 15 ~ 20 年。

干式煤气柜内壁有油膜保护,不会产生锈蚀,柜体防锈刷漆工作量小,使用寿命可长达 50 年以上。

(4) 冬季不需要大量的保温用蒸汽。湿式煤气柜在北方寒冷地区,为防止水槽冻结,需用蒸汽保温,耗用大量蒸汽,以一个 5 万立方米气柜为例,冬季 (150 天) 水槽所需保温蒸汽量约为 10t/h。

干式煤气柜冬季只需少量蒸汽用于加热密封油,其蒸汽耗量不到 100kg/h,因而运行费用低。

(5) 无大量污水排放,对环境污染少。湿式煤气柜经常有含酚、氰污水外排,在停气检修时,一次要排放大量的含酚、氰污水,以 15 万立方米湿式煤气柜为例,一次排放量约 39000t,

难以处理，造成污染。在雨季，柜顶部的雨水流下外排时，也会对环境造成污染。

干式煤气柜只有少量的煤气冷凝水外排，经集水井收集后，定期用车运到水处理车间集中处理，不会对环境造成污染。

（6）操作简便，运行安全。湿式煤气柜需经常向水封槽补水，水位不足时，有漏泄煤气的危险。冬季在北方地区还要防止因水槽冻结引起的操作事故。

干式煤气柜操作简便，运行安全，一般遥控的干式煤气柜可以无人管理，每周只需对柜检查一次即可。

（7）占地面积小。干式煤气柜高度与直径之比，可较湿式煤气柜大。因此相同容积的煤气柜，干式柜比湿式柜占地面积小。

由以上比较可以看出，干式煤气柜虽然造价较高，一次投资大，但在使用年限上却远远超过湿式煤气柜，且操作维护简单，所以干式煤气柜的优点是十分明显的。

低压湿式煤气柜存在的主要问题是：在北方采暖地区，冬季要采取防冻措施。因此管理较复杂维护费用较高。由于塔节经常浸入、升出水面，因此必须定期进行涂漆防腐。直立柜耗用金属较多，尤其是在大容量时更为显著。螺旋柜和干式煤气柜金属用量比较相近，容积越大，则干式煤气柜越经济。

285. 煤气柜的总图布置有哪些形式？

答：煤气柜的总图布置，除与工厂煤气管网的压力有关外，还决定于工厂的总体布置。一般有以下两种布置方式：

（1）煤气柜布置在煤气发生区域，与厂区煤气总管连接。煤气柜布置在煤气发生区域，与厂区煤气总管连接，管路系统简单，煤气柜可以直接调节全企业煤气管网压力的波动，稳压效果好。采用这种布置方法，煤气柜的储气压力能满足厂区煤气总管压力要求。

（2）煤气柜设在煤气用户区域，与工厂的区域煤气干管相接。当煤气发生区总图布置，没有放置煤气柜的位置，或煤气柜的储气压力不能满足企业煤气总管的压力要求时，煤气柜也可放置在煤气用户区域，且一般多设在煤气用量大，且波动频繁的轧钢区。

煤气柜设在煤气用户区域，由于远离煤气发生区，为了能得到理想的稳压调节效果，在管网的设计上，应有足够的容量来适应煤气的波动。

286. 煤气柜布置安全距离有哪些要求？

答：煤气柜的总图布置与建筑物、道路、变电站等设施必须有一定的防火间距，具体见表 6-2 ~ 表 6-4。煤气柜之间的防火距应不小于相邻两煤气柜中较大一个煤气柜的半径。

表 6-2　湿式煤气柜与户外总变电站、总配电站的防火间距

煤气柜容量/m³	防火间距/m
20 ~ 500	25
501 ~ 10000	30
10000 以上	40

注：干式煤气柜的防火间距按本表增加 25%。

表 6-3　湿式煤气柜与建筑物、堆场的防火间距　　（m）

建筑物名称	煤气柜容量		
	≤500m³	501 ~ 10000m³	>10000m³
民间建筑、明火地点、易燃液体储罐、易燃材料场、甲类物品仓库	25	30	40
一、二级耐火等级建筑物	12	15	20
三级耐火等级建筑物	15	20	25
四级耐火等级建筑物	20	25	30

注：干式煤气柜的防火间距按本表增加 25%。

表 6-4　煤气柜与道路、铁道的防火间距　　　（m）

厂外铁路 （中心线）	厂内铁路 （中心线）	厂外道路 （路边）	厂外铁路（路边）		架空电线
			主道	次道	
25	20	15	10	5	不小于杆高的 1.5 倍

287. 直立式煤气柜工作原理是什么?

　　答：直立柜的结构如图 6-1 所示，它是由水槽、水封环、顶架、导轮、立柱、外导轨框架、增加压力的加重装置及防止造成真空的装置等组成。

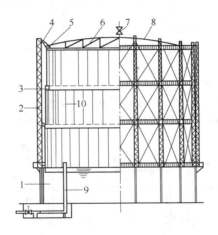

图 6-1　直立柜结构

1—水槽；2—外导轨框架；3—水封环；4—导轮；5—顶环；6—顶架；
7—放散阀；8—顶板；9—进出气管；10—立柱

　　（1）水槽通常是由钢板或钢筋混凝土制成，有地上式和地下式两种。地上式水槽又分为满堂水槽和内胆式环形水槽两种，如图 6-2 和图 6-3 所示；地下式水槽常采用双壁沉井式，如图 6-4 所示。一般中、小型储气柜和地基条件比较好的地区都采用满堂水槽。大型储气柜在地基条件比较差的地区，一般采用内胆式环形水槽或地下双壁沉井式水槽，其特点是荷重小、基础沉降

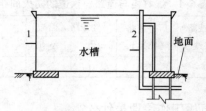

图 6-2　地上式满堂水槽

1—水槽壁；2—进出水管

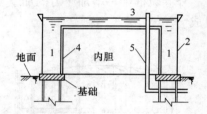

图 6-3　地上式内胆环形水槽

1—环形水槽；2—水槽外壁；3—内胆顶；4—水槽内壁；5—进出水管

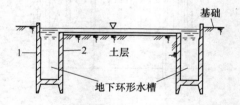

图 6-4　地下双壁沉井式水槽

1—沉井外壁；2—沉井内壁

量少、造价较低。水槽的附属设备有人孔、溢流管、进出气管、给水管、垫块、平台、梯子及在寒冷地区防冻用的蒸汽管等。

（2）钟罩和塔节是储存煤气的主要结构，由钢板制成，每节的高度与水槽高度相当，总高约为直径的60% ~ 100%。钟罩顶板上的附属装置人孔、放散管，人孔应设在正对着进气管和出气管的上部位置，放散管应设在钟罩中央最高位置。

（3）水封环设于各塔节之间，是湿式煤气柜的密封机构，由上挂圈和下杯圈组成，见图 6-5。上挂圈和下杯圈之间形成 U 形水封，达到气密效果。为防止水封在挂钩和脱钩时"跑气"，应根据各节压力及水封间隔（即图 6-5 中的 A、B、C 宽度），在下杯圈的外圈板上开一定数量的不同高度的溢水孔。

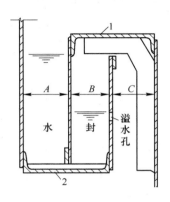

图 6-5 水封环结构
1—上挂圈；2—下杯圈

（4）导轮与导轨是湿式煤气柜的升降机构，数量按煤气柜升足时承受风力、半边雪载及地震力等条件计算确定，导轨与导轮的数量相等，且应为 4 的整倍数。

（5）立柱是煤气柜钟罩及塔节侧壁板的骨架，未充气时承受钟罩及塔节的自重，其断面由稳定计算控制。

（6）外导轨框架是煤气柜升降的导向装置，它既承受钟罩及塔身所受的风压，又作为导轮垂直升降的导轨，外导轨框架一般在水槽周围单独设置。另外，在外导轨框架上还设有与塔节数相应的人行平台，同时可作为横向支承梁。

（7）顶环即钟罩穹顶与侧壁板交界处的结构，是煤气柜的重要结构。顶环的受力特点是：无气时承受顶板，顶架自重和雪载，使顶环受拉；充气后，顶环在内部气压和钟罩各节自重的作用下受压。

（8）顶架的主要作用是安装和支承顶板，未充气时承受顶板、顶架自重和雪载。充气后，顶板受气压作用与顶架脱离，顶架承受其自重和径向压力。顶架的结构一般为拱架或桁架。直立柜的主要技术参数见表 6-5。

表 6-5　直立柜主要技术参数

公称容积 /m³	有效容积 /m³	单位耗钢 /kg·m⁻³	压力/Pa	节数 （包括钟罩）	总高度 /m	水槽直径 /m	水槽高度 /m
600	630	57.51	1960	1	14.5	17.48	7.4
6000	6100	32.39	1580	1	24.0	26.88	11.8
10000	10100	28.35	1270/1880	2	29.5	27.93	9.8

288. 螺旋式煤气柜工作原理是什么？

答：螺旋式煤气柜（见图 6-6）没有导轨柱，柜身靠安装在每个钟罩侧板上并与侧板成 45°角的导轨来升降。钟罩由于受到气体的压力作用缓慢旋转上升或下降，由于导轨互相牵制作用，使气柜不致在升起后倾斜，导轮都是安装在水槽平台上，气柜升

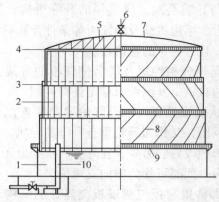

图 6-6　螺旋式煤气柜结构

1—水槽；2—立柱；3—水封环；4—顶环；5—顶架；6—放散阀；
7—顶板；8—导轨；9—导轮；10—进出气管

降速度一般不超过 0.9 ~ 1.0m/min；

与直立式气柜相比较，由于不需设立永久性格架，钢材消耗量一般可节约25% ~ 35%，造价也有所降低。

目前，国内对于螺旋式煤气柜的制造、安装和操作经验均较成熟，但由于它不能承受强烈的风压，故不宜建在强台风侵袭的地区，因此这种煤气柜没有被广泛采用。螺旋式煤气柜主要技术参数见表6-6。

表6-6 螺旋式煤气柜主要技术参数

公称容积 /m³	有效容积 /m³	水槽直径 /m	节数包括钟罩	总高度/m		耗钢量 /t	压力/Pa	
				钟罩塔节	水槽		有配重	无配重
5000	4927	22	2	15.9	8	123		2110 ~ 1200
20000	22000	39	3	23.1	8	371	3000	2000 ~ 1000
50000	54200	46	4	39.7	9.98	662		2280 ~ 1180
100000	105800	64	4	39.9	10	926		2250 ~ 1030
150000	166000	67	5	56.8	11.28	1372		2800 ~ 1600

289. 稀油密封式（MAN型）煤气柜工作原理是什么？

答：曼型（MAN型）稀油密封式煤气柜外壳一般作成正多边形，近年来国外也有作成圆形的，主要分为侧板、柜顶、底板及活塞四部分。稀油密封式煤气柜的密封安装在活塞上的油槽和侧壁之间，间隙充满密封油，密封油流量的大小由滑板控制，使其油压与活塞下部储气压力相平衡而进行密封。密封油循环使用，活塞油槽中的密封油，从滑板和侧壁间的间隙往下流，积布在底部油沟中，然后汇集至集油箱，在此进行油水分离，当油量达到一定量以上时，泵自动启动，将油打入送油管中，油从侧壁顶部的溢流孔沿侧壁流到活塞油槽中，自动保持密封部位的油压平衡。此外，在溢流孔旁还设置了备用油箱，在停电等紧急情况下，可以手动操作补充密封油。密封油为经过特殊处理的煤焦油和特别的矿物油，它需具有随温度变化的幅度小、良好的油水分离性能、凝固点低、高的着火点（为了运行安全）等特性。曼型干式煤气柜的构造如图 6-7 所示，曼型干式煤气柜的密封结构如图 6-8 所示。

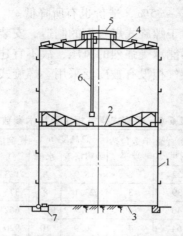

图 6-7 曼型干式煤气柜的构造

1—外筒；2—活塞；3—底板；4—顶板；
5—天窗；6—梯子；7—煤气入口

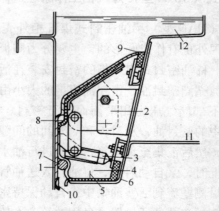

图 6-8 曼型干式煤气柜的密封结构

1—滑板；2—悬挂支托；3—弹簧；4—主帆布；5—保护板；
6—压板；7—挡水；8—悬挂帆布；9—上部覆盖帆布；
10—冰铲；11—活塞平台；12—活塞油杯

稀油密封式煤气柜，贮气压力 6~8kPa，最大设计压力可达 12kPa。为节省占地面积，可适当增加高径比，高径比一般控制在 1.2~1.7 范围内。

为了操作安全，在柜顶中央设有换气装置，柜顶的檐部设有通风孔，以及管理用的内外部电梯。活塞升降速度一般不超过 1m/min，最大可达 4m/min。稀油密封式煤气柜各项参数见表 6-7。

表 6-7 稀油密封式（即 MAN 型）煤气柜各项参数

容积/m³	角数	边长/mm	最大直径/mm	侧板/mm	供油装置数量
20000	14	5900	26514	4300	2
50000	20	7000	37715	53051	3
100000	20	7000	44747	73217	4
150000	24	7000	53629	76526	4
200000	26	7000	58073	85510	4
250000	22	8824	62003	94350	5
300000	24	8824	67603	94867	5
400000	26	8824	73206	107000	6

290. 干油密封式（KLONEEN 型）煤气柜工作原理是什么？

答：干油密封式煤气柜具有一个直立的圆柱体外壳，侧板外部设有若干加强用的基础，以承受风压和内压，为节约钢材塔顶做成球型。活塞的外周由环状桁架组成，为加强活塞的强度外形设计成蝶形。密封构造安装在活塞环状桁架的外周下部，是用树胶与棉织品薄膜制成的密封垫圈，垫圈内还注了特制的干油润滑脂，使活塞可以平滑的升降。活塞升降时，通过配重将密封垫圈紧压在侧板内壁上，以保持所需的气密性，活塞升降速度一般为 2m/min，最大可达 4m/min。干油密封式煤气柜结构如图 6-9 所示。干油密封式煤气柜的密封结构如图 6-10 所示。

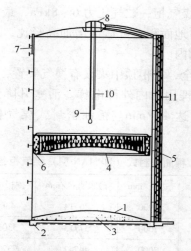

图 6-9 干油密封式煤气柜结构

1—底板；2—环形基础；3—砂基础；4—活塞；5—密封垫圈；6—加重块；
7—放散管；8—换气装置；9—内部电梯；10—电梯平衡块；11—外部电梯

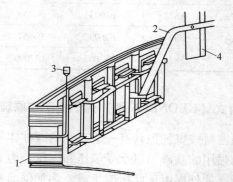

图 6-10 干油密封式煤气柜的密封结构

1—密封垫圈；2—连杆；3—润滑油注入口；4—活塞梁

　　煤气出入通过塔底连接的管道，这种气柜密封采用密封垫圈
及干油润滑脂，不需循环供油装置，与稀油密封式相比，基础荷
载小，工程造价低，储气压力 6～8kPa，最高可达 12kPa。干油
密封式煤气柜的各项参数见表 6-8。

表 6-8　干油密封式煤气柜的各项参数

容积/m³	储气压力/Pa	高度/mm	直径/mm
40000	5000	50028	35200
70000	4250	56092	44800
80000	6500 ~ 7500	63250	44800
100000	4000 ~ 5000	74284	44800
	6000	76000	44800
150000	4000	84896	51200
	6000	88000	51200
	8000	85596	51200
	8500	87000	51200

291. 布帘式（WIGGINS 型）煤气柜工作原理是什么？

答：威金斯型布帘式煤气柜主要由底板、侧板、顶板、活塞、套筒式护栏以及保持气密作用的特制密封帘和简单的平衡装置等组成（见图 6-11）。柜内壁下端与活塞之间用特制的密封帘连接。密封帘为具有可挠性的特殊合成橡胶膜，它随活塞升降而卷起或放下达到密封的目的，密封帘是煤气柜的关键部分，要求具有很好的弹性及充分的强度，并要求能适应较宽的温度范围，以保证可靠的气密性并经久耐用。目前，采用的密封帘一般由石棉玻璃纤维或尼龙线作底层，外敷氯丁合成橡胶等材料作成。

布帘式煤气柜储气压力较低，压力为 2.5 ~ 6kPa，活塞升降速度一般不超过 4m/min。这种煤气柜柜体及基础构造都很简单，造价和操作维护费用较低。布帘式煤气柜的各项参数如表 6-9 所示。

表 6-9　布帘式煤气柜的各项参数

容积/m³	最大直径/mm	高度/mm	活塞行程/mm	底面积/m²	耗钢材/t
10000	26960	21820	18630	571	220
50000	45850	38100	32040	1651	750
100000	57800	47400	41040	2624	1400
150000	65230	54150	47730	3342	2120

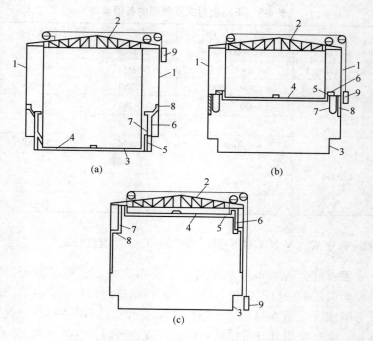

图 6-11　威金斯型干式罐的构造

（a）储气量为零；（b）储气量为最大容积的一半；（c）储气量为最大容积

1—侧板；2—罐顶；3—底板；4—活塞；5—活塞护栏；6—套筒式护栏；

7—内层密封帘；8—外层密封帘；9—平衡装置

干式煤气柜在国外均有几十年的历史，尤其 MAN 及 KLONEEN 型煤气柜使用最长，目前在世界上已有数百座在运行。

292. 我国新型干式煤气柜（POC）有哪些特点？

答：新型干式煤气柜是我国自行设计、自行制造的容积最大的煤气柜之一。煤气柜的容积最大达 $30 \times 10^4 m^3$、柜体高度达 120m、直径 6.4m、柜体重近 5000t，是目前最先进的干式煤气柜。新型干式煤气柜的结构特点如下：

（1）外壳侧板为圆筒形，从筒体受力的结构状态来看较多边形侧板要好很多。同时采用大尺寸侧板，从而减少了侧板块数，侧板无需折边。既加快了制作进度，又减少了钢材的用量。

（2）柜顶、活塞均为球形，从受力的结构状态来看是最为理想的。特别是活塞，由于其重心位置低于形心位置，当活塞倾斜后，具有自动复原的性能（球面自动对心）。

（3）采用凸起的球面底板，减少了死空间的容积，既简便了煤气置换的操作，又减少了对环境的污染，同时也有利于中央底板的排水。

（4）活塞与圆筒形的柜壁接触采用稀油密封。从运行两年的使用情况来看，油泵站的平均日启动次数为 12 次，仅为曼型干式煤气柜的 40%。

（5）密封材料采用橡胶填料，其柔软性、耐磨性、严密性及使用寿命都较曼型干式煤气柜的钢滑板要好，新型干式煤气柜密封圈设计使用寿命超过 20 年，而曼型干式煤气柜一般只有 4 ～ 6 年。

（6）设有两套防活塞回转装置，保证了活塞导轮上下滚动的方向，使活塞倾翻的力作用在立柱上而不是侧板上。

新型干式煤气柜具有储存煤气压力高（高压），气柜运行平稳（稳定），节省建柜所需钢材（经济）等三大优点，新型干式煤气柜正常运行的日常维护工作量较少，只需对活塞导轮、电梯、吊笼等的润滑部位进行定期加油，每年补充密封油量不到 5t。无易损件极少需要维修，同时由于没有煤气加压系统，减少了该部分的运行、维护、检修费用，故新型干式煤气柜的运行费用比曼型干式煤气柜每年减少约 10 万元。

293. 煤气柜容量如何确定？

答：由于企业内部生产不均衡的特点，使得煤气的发生与消耗没有一个固定的变化规律。因此，在确定煤气柜的容积时，只能根据企业的具体生产情况，从满足煤气调度需要出发，分析各种瞬间波动因素，一般应用概率统计的方法来确定煤气柜的容量。

（1）高炉煤气柜：高炉煤气柜的容量，应能满足以下各种情况的需要：

1）高炉突然休风安全容量。企业内容积最大一座高炉突然休风，煤气发生量急剧减少，发电厂锅炉或其他用户更换或停用煤气需要一定的时间，在此时间内需继续供给高炉煤气，所需煤气平时储于柜内，休风时由煤气柜继续供给，这部分煤气容量称为高炉突然休风的安全储气量。

2）煤气波动调节容量。钢铁企业正常生产情况下，煤气的发生和使用不断变化，常造成煤气供需不平衡，煤气柜用来调节这种不平衡所需的储气容量称为波动调节容量。在确定此容量时，除考虑煤气的波动情况外，尚应考虑发电厂或其他缓冲用户增减或停用煤气的制度。

3）突然发生的过剩煤气安全容量。在煤气发生量突然增多，煤气柜不可能完全吸收的情况下，需要打开煤气放散塔进行放散，由于打开放散塔有滞留时间，在这个时间内，增多的煤气需储入柜内，煤气柜应经常保留这部分容积，以吸收突然发生的过剩煤气。这部分储量称为突然发生的过剩煤气安全容量。

4）煤气柜安全容量。为使煤气柜在生产中安全运行，不允许升到最高点，或降至最低点，以免因碰撞而损坏，为此应留有上下限保安容量，干式煤气柜约为总柜容的 10%，湿式煤气柜因拱顶容积的影响，约占柜容的 15%～20%。

以上四部分容量之和即为所求的高炉煤气柜容量。

（2）焦炉煤气柜：焦炉煤气柜的容量，包括以下几部分：

1）焦炉煤气排送机突然故障的安全容量。当焦炉煤气排送机突然发生故障，煤气发生量突然减少，用户停用煤气处理过程中，需由煤气柜继续供给的焦煤炉煤气，煤气柜储存这部分煤气的容量，称为焦炉煤气煤气柜的安全储量。

2）波动调节容量。与高炉煤气柜一样，这部分气柜容量主要用来调节焦炉煤气发生和使用不平衡造成的煤气量波动。

3）突然发生的过剩煤气安全容量。当煤气输送系统或用户突然发生故障，焦炉煤气突然出现过剩，在打开放散塔放散的滞后时间内，过剩的煤气需进入气柜，煤气柜应经常保留这部分容量。

4）煤气柜安全容量。焦炉煤气上、下限安全容量，与高炉煤气柜一样，干式煤气柜取总柜容的 10%；湿式煤气柜为柜容的 15% ~ 20%。

以上四部分容量之和，即为所求的焦炉煤气柜容量。但当企业煤气供应中，为保证转炉煤气供应设有合成转炉煤气时，在焦炉煤气柜容量计算中，还需考虑转炉煤气停止供应时，用作制备合成转炉煤气的焦炉煤气储备量。

（3）转炉煤气柜：钢铁企业设置转炉煤气柜的主要作用，是为解决转炉煤气间歇回收与连续外供的矛盾，其容量的计算包括以下几部分：

1）变动调节容量。由于转炉煤气回收是间歇进行的，而煤气外供则是连续的，为解决这种间歇回收与连续外供之间的不平衡所必需的煤气储量，称为变动调节容量。这可由转炉煤气回收时间内的瞬间小时最大产气量与按车间作业时间计算的平均小时产气量的差值来确定。

2）突然发生的过剩煤气安全容量。考虑正在回收煤气时，外供加压机突然故障，煤气送不出去，大量煤气突然过剩，在打开放散管放散的滞后时间内，过剩的煤气需储入柜内，煤气柜应经常保留住这部分容积，以吸收这部分煤气。

3）煤气柜安全容量。干式煤气柜上、下限安全容量各取气柜容量的 5%；湿式柜取 5% ~ 20%，以上三部分容量相加，即为所求的转炉煤气储气柜容量。

294. 如何选择煤气柜的型号？

答：钢铁企业在选用煤气柜时，应根据储存煤气的种类、性质及所需储气压力来选择。MAN 型及 KLONEEN 型煤气柜储气压力较高，可以满足高炉、焦炉煤气储气压力的要求。WIGGINS

型煤气柜储气压力较低，适合于储存转炉煤气。

MAN 型煤气柜由于采用的是稀油密封，且柜底油沟中设有蒸汽加热管，当储存煤气中含有的苯、甲苯、焦油等溶入密封油中流至柜底油沟经加热后可重新挥发出来，不致影响密封油的质量。所以，MAN 型煤气柜多用于储存焦炉煤气。MAN 型煤气柜同样可用于储存高炉煤气，但高炉煤气中的含尘量不可太高，一般应在 10mg/m^3 以下。含尘量高，密封油易被污染，这些灰尘易沉积于底部油沟、油水分离器及其他部位中，从而缩短了油系统的清扫周期，增加系统清扫维护的工作量，同时还将增加密封油的补充量。

KLONEEN 型煤气柜密封结构中采用润滑油脂，活塞与柜壁紧密接触。这种油脂在溶入了煤气中的苯类及焦油、氨、硫化氢等后，黏度会下降，导致密封性能降低。因此，KLONEEN 型煤气柜一般不宜用于储存焦炉煤气特别是未经脱苯、脱硫处理的焦炉煤气。至今国外大部分 KLONEEN 型煤气柜都用于储存高炉煤气，少数用于储存经过处理的焦炉煤气。

WIGGINS 型煤气柜由于活塞与气柜壁是用橡胶膜连接起来形成密封结构的，活塞与柜壁之间的间隙较大，因此对煤气中的含尘量不敏感。同时其储气压力较低，在冶金企业中最适宜储存转炉煤气。

295. 威金斯（WIGGINS）型煤气柜密封橡胶布帘破损原因及采取的措施有哪些？

答：威金斯型煤气柜外圈橡胶布帘，在高柜容状态时非常容易破损出现裂口状，主要部位均处在中下部、斜向皱褶的末端和外圈布帘与侧板连接处。由于煤气从裂口处泄出，柜体侧板内壁对应处的下方有明显的污泥痕迹。

密封帘破损的主要原因为：

（1）T 形挡板与柜体侧板之间的活塞漂移量偏大，特别是高柜容时，活塞漂移量经常出现超过最大允许漂移量的情况。致使外圈橡胶布帘在柜体一侧翻卷不畅，甚至发生机械碰撞、挤压现象。这是造成橡胶布帘破损的主要原因。

（2）受活塞漂移量和倾斜度过大的影响，活塞在上下升降过程中会出现颤动、扭动等现象，造成橡胶布帘产生皱褶，这也是橡胶布帘破损的重要原因。

（3）在生产运行过程中，活塞经常处于煤气柜高位，大大提高了外圈橡胶布帘破损部位的翻卷频次。

（4）密封橡胶布帘经常在最高允许温度附近运行，特别是夏季，煤气温度普遍较高，接近橡胶布帘的最高允许温度，使橡胶布帘发生老化，降低了橡胶布帘的强度和气密性。

煤气柜密封橡胶布帘破损后采取的主要技术对策有：

（1）对密封橡胶布帘破损部位进行修补，具体做法是：先对橡胶布帘破损部位修剪、打磨和清洁，将破损部位用修补材料双面贴补，然后对修补处进行人工手工缝制固定，最后再对修补处用修补胶双面均匀涂抹。

（2）活塞导向机构改造。这包括：

1）增加活塞 T 形挡板导向轮尺寸，达到既能适应活塞升降运行的导向要求，又能有效避免橡胶布帘磨损和 T 形挡板与柜体侧板刚性接触。

2）活塞调平装置改造。改造前，活塞调平装置的钢丝绳吊点为固定式，只能有效纵向调节活塞水平度，无法有效调节活塞横向漂移量，调节装置的调节功能有很大的局限性。改造后，将原调节装置的钢丝绳固定吊点改为可横向调节的调节丝杠，使活塞在柜内能够实现 200mm 范围内的横向平移调节，达到有效调节活塞横向漂移问题。

防止煤气柜密封橡胶布帘破损的管理对策主要有：

（1）强化柜内活塞运行状况安全点检和维护，加强对柜内活塞运行状况的检查，完善日常安全点检和维护制度，严格做好检查维护记录，是确保活塞正常运行的重要管理措施，有利于及时发现异常情况，及时进行活塞调整和维护处理。

（2）加强密封橡胶布帘的外观检查，密封橡胶布帘外观检查的重点是对表面磨损、表面皱褶和橡胶老化程度的检查，经常观察橡胶布帘表面有无滑动摩擦痕迹，有无老化渗漏煤气现象，有无皱褶等，并做好检查记录，便于对检查结果进行分析。

296. 稀油煤气柜的漂油故障和处理措施有哪些？

答：稀油密封式煤气柜的漂油问题是一大难题，在密封油从上部油箱沿煤气柜侧板向活塞油槽流淌的过程中，不能完全流入活塞油槽，部分油滴溅落在活塞上，不但污染活塞环境且造成密封油的部分损失，这就是漂油问题。由于稀油密封式煤气柜的密封油循环系统是半封闭半开放式的，即从油泵到油箱为封闭系统，从上部油箱到活塞密封油槽为开放系统，密封油从油箱沿煤气柜侧板自然下落，容易造成漂油。

漂油的危害首先是密封油的损失，其次是对环境的污染，同时给煤气柜操作和检修人员的工作带来不便。引起这一现象的原因很多，综合分析有以下几点：

（1）煤气柜密封系统的结构与质量问题。密封结构质量越好，油泵启动频率越低，造成漂油的可能性就越小。

（2）柜容大小。柜容越大活塞位置越高，密封油走过的路程越短，漂油的可能性越小。

（3）密封油油温。油温越高，黏度越低，造成漂油的可能性就大。油温低，黏度大，油滴不易外漂。

（4）季节因素等。夏季气温高，密封油流速快，也易产生漂油现象。

解决漂油问题，一般从密封油循环结构入手，采用密封软管连接上部油箱和密封油槽，尽量封闭从油槽到活塞的密封油循环路线，以减少密封油的溅落和挥发。

297. 如何作煤气柜气密性试验？

答：在新煤气柜投入运行或煤气柜大修完成之后，均需进行煤气柜气密性试验。干式煤气柜的气密性试验一般采用间接法，即在煤气柜内充入空气，充气量约为全部储气容积的90%，静置1天后柜内气体标准容积为起点容积，再静置7天后的柜内空气容积为结束点容积，起始点容积与结束点容积相比，泄漏率不超过2%为合格。

298. 如何减少温度对煤气柜的影响?

答：温度的变化会影响密封油黏度，还会使筒体本身热胀冷缩，导致煤气柜运行不正常，一般可采用以下方法减少温度对煤气柜的影响：

（1）夏季将弹簧导轮调整螺钉向内调；冬季把弹簧导轮调整螺钉向外调，以保证弹簧导轮的轮压在设计范围之内。

（2）如果调整弹簧导轮后仍不能有效调节轮压或者活塞偏心过大时，应调节固定导轮座的垫片，保证活塞上、下平稳顺畅，无异响。

（3）增设活塞倾斜度测量远传装置，监控活塞倾斜度。

（4）当调节弹簧导轮的轮压及固定导轮的垫片后效果仍不理想时，应考虑修改导轮弹簧的弹性系数，或者将个别固定导轮改为弹簧导轮，以增加活塞的适应性。

温度对干式煤气柜的影响很复杂，如密封橡胶因温度变化而伸缩、橡胶的线胀系数比钢材大很多倍等，还有许多方面需要仔细探讨。

299. 煤气柜的运行管理有哪些内容?

答：煤气柜的运行管理主要包括以下内容：

（1）煤气柜基础的保护和管理。基础不均匀沉陷会导致柜体的倾斜。湿式煤气柜倾斜后其导轮、导轨等升降机构易磨损失灵，水封失效，以致酿成严重的漏气失火事故。干式煤气柜倾斜后也易造成液封不足而漏气。因此，必须定期检查观测基础不均匀沉陷的水准点，发现问题及时处理。处理的办法一般可用重块纠正塔节（或活塞）平衡或采取补救基础的土建措施。

（2）控制钟罩（低压湿式煤气柜）升降的幅度。钟罩的升降应在允许的红线范围内，如遇大风天气，应使塔高不超过两节半。要经常检查储水槽和水封中的水位高度，防止煤气因水封高度不足而外漏。宜选用仪表装置控制或指示其最高、最低操作限制。

（3）补漏防腐。煤气柜一般都是露天设置，由于日晒雨淋，煤气柜表面易腐蚀。一般要安排定期检修，涂漆防腐。另外，煤气本身也有一定的化学腐蚀性，所以煤气柜不可避免地会有腐蚀穿孔现象发生。补漏时，应在规定允许修补的范围内采取相应的措施，确认修补现场已不存在可爆气体时，方可进行补漏。完毕应做探伤、强度和气密性试验等验收检查。

（4）冬季防冻。对于湿式煤气柜，要加强巡视，注意水封、水泵循环系统的冰冻问题。对于干式煤气柜应在柜壁内涂覆一层防冻油脂。

（5）建立煤气柜的维修制度。确定煤气柜的维修周期，定期检查。

300. 煤气柜及附属设备点检内容有哪些？

答：煤气柜及附属设备点检内容包括：

（1）确认气柜活塞水平度、漂移度、气密性正常。

（2）所有人孔、放散阀、侧门处于关闭状态。

（3）气柜进出口水封保持低位溢流，柜体排污水封注满水。

（4）仪表、通信、柜容指示器正常。

（5）检查螺栓连接是否紧固。

（6）检查煤压机前后放散管阀门、人孔应关闭，无煤气泄漏。

（7）机前电动阀、出口电动阀应打开，调节阀应关闭。

（8）检查机下排水器应满水，机后排水阀门打开。

（9）检查润滑油是否符合要求，油位正常。

（10）检查各仪表和联锁装置是否正常有效。

（11）检查电机接地是否良好，地脚螺栓是否牢固。

（12）观察机前机后煤气压力、流量。

（13）检查电机电流。

（14）观察轴承温度、电机温度、环境温度。

（15）轴承机壳、电机振动情况。

（16）水槽溢流是否正常。

（17）油箱油位是否正常加到规定位置。

（18）检查各阀门、放散阀、油箱等密封处是否有泄漏。

（19）检查柜体钢丝绳及滑轮完好、润滑良好。

301. 煤气柜巡检应注意哪些事项?

答：进行煤气柜巡检应注意以下事项：

（1）巡检工劳保用品必须穿戴整齐。

（2）巡检时必须两人同去同回。

（3）巡检时必须配带煤气检测仪，必要的通信设备和照明设备。

（4）巡检检查项目及标准为：

1）加压机及附属设备（前后水封、阀门、放散）加压机电机运转情况，各阀门水封情况。

标准：加压机电机无异响，润滑良好，各阀门和盲板阀开关灵活，放散阀门开关灵活、严密，水封排污流畅无漏气。

2）三通阀、柜前放散阀、水封逆止阀。三通阀、放散阀、气缸运行情况。

标准：各阀门开关灵活、无泄漏、运行灵敏，水封逆止阀填料不超标，气缸不亏油、不漏气、灵活，水封溢流管必须溢流。

3）V形水封、水封各处阀门使用情况、控制柜前过滤器放水情况。

标准：水封供水阀门、放水阀门、排污阀门要灵活可靠、不堵不漏，按时排污放水，阀门灵活可靠、无泄漏。

4）柜内漂移量、水平度。

标准：漂移量 ±120mm、水平度 ±30mm。

5）柜顶、钢丝绳、滑轮、配重小车、表盘。

标准：有无磨损，滑轮轴承运行正常，配重小车滑轮入轨，表盘准确，钢丝绳无毛刺、断股，滑轮及配重小车无卡涩。

6）柜体。标准：柜体完好，无开焊、无泄漏。

7）灭火器。标准：饱瓶有压力，量足。

8）煤气报警仪。标准：检测合格，电量充足。

302. 回收煤气时 O_2 含量高的主要原因有哪些？

答：（1）一次风机进口阀门封闭不严，造成空气进入。

（2）一次风机进口管道有漏点，有空气进入。

（3）炼钢煤气回收烟罩位置高，有空气进入。

（4）回收时三通阀及逆止水封阀关闭不及时，有空气进入。

（5）炼钢转炉炉口氮气封闭不好，有空气进入。

303. 煤气柜 O_2 含量高事故如何处理？

答：（1）当发现氧含量高时，应立即打电话通知用户停止使用煤气，并止火。

（2）停收转炉煤气。

（3）运行人员关闭加压机后煤气总管阀门，并停加压机，禁止向外输送煤气。

（4）打开柜体放散，将煤气柜内煤气全部放散。并指派两人（或两人以上）对放散点周围 40m（有风时为下风侧 45° 夹角、半径 40m 的扇形面）内的范围进行监视，防止有人中毒，严禁各种火源出现。

（5）通入蒸汽或氮气吹扫设备内的煤气（有计量器时先关闭计量器导管）。

（6）在末端放散管处取样检测至含氧量低于 2% 为置换合格（如用蒸汽转换，末端放散见到白色蒸汽逸出即为合格）。

（7）通知公司生产调度并做好记录。

304. 影响转炉煤气回收的主要原因和采取的措施有哪些？

答：影响转炉煤气回收量的因素包括转炉设备条件、原料条件、钢水碳含量、空气吸入量、煤气回收条件、供氧强度等，其中空气吸入量、煤气回收条件、供氧强度等对其影响尤为显著。采取的具体措施如下：

（1）完善软硬件设备，实现生产炉数的全回收。煤气回收系统良好运行是煤气高效回收的基本前提。

（2）降罩到位与炉口微差压调控并行，提高回收煤气品质。

（3）优化供氧制度，实施高效冶炼。

（4）改进回收方式与操作，延长煤气回收时间。

305. 转炉煤气回收需要具备哪些条件？

答：由于转炉煤气中的 CO 含量高达 60% ~70%，短时甚至越过 80%，当煤气中 O_2 含量大于 5% 时，转炉煤气是带爆炸性的危险气体，因此转炉煤气回收生产中应将 O_2 含量控制在一定范围。当 O_2 含量大于 2% 必须自动报警，将煤气燃烧放散，所以 O_2 分析仪是煤气回收中安全生产必不可少的仪表。理论上转炉煤气回收需同时具备以下几个条件：

（1）氧枪下降到正常吹炼位置，转炉降罩。在规定的时间内（吹氧 3min 以后，及关氧 3min 前）。

（2）CO 含量大于 30%，O_2 含量小于 1.5%（实际生产中 CO 含量大于 25% 时也可以进行煤气回收）。

（3）煤气柜柜位不处于高位（一般在最大柜容量的 90% 以下）。

（4）煤气风机按规定高转速运转。

（5）三通切换阀、水封阀设备正常。

当同时满足上述条件时，水封逆止电磁阀得电打开，15 ~20s 后，三通切换阀电磁阀得电打开，煤气处于回收状态。

当上述条件有一项不满足时，三通切换电磁阀失电，由回收位置转向放散，煤气处于放散状态，15～20s 后，水封逆止电磁阀失电关闭。

306. 提高煤气柜 CO 含量的操作方法有哪些？

答：转炉煤气回收制度上采用中间回收法，用前烧、后烧，烧掉成分不好的前后期烟气。在风机后三通阀前安装 CO、O_2 分析仪，检测烟气中的 CO、O_2 含量。若想提高回收气体中 CO 的含量，可以在氧气符合要求的情况下，尽量回收 CO 含量高的气体，因为吹氧期间，CO 浓度最高可达 70% 以上。

为了保证煤气回收的可靠性和安全性，达到良好的回收目的，可以考虑必要的联锁控制，如氧枪和烟罩联锁，回收放散切换自控与联锁；煤气柜高低位联锁；水封逆止阀与三通阀的联锁等。

307. 煤气柜操作工安全操作规程有哪些？

答：煤气柜操作工安全操作规程有：

（1）班中劳保用品穿戴齐全，进入加压站区域禁带易燃易爆物品和火种，非岗位人员不得进入。

（2）各种防护器具确保正常，消防器材正常和各种煤气报警装置通信系统正常。

（3）操作盘前不得少于一人，密切监控回收模拟盘上的信号反映是否正常，若有异常及时打开柜前放散阀门，防止气柜进氧。

（4）坚持每小时化验制度，含氧量大于 1% 时及时查找原因，含氧量大于 1.8% 时停止供气，进行置换，决不允许含氧量大于 2%。

（5）保持与汽化和风机房的联系，以确定是否符合回收条件和回收是否能顺利进行。

（6）巡检时，必须两人同去同归，携带灵敏的报警仪，排污时先补水后排污并站在上侧。

（7）进柜检查时，禁止回收煤气，并有煤防员或专职安全员的监护。

（8）加压机检修时，必须置换合格，挂检修牌，有煤防员监护情况下方可进行检修。

308. 如何处理煤气柜胶膜破裂漏煤气事故？

答：（1）停收煤气，通知用户停止用气、止火。

（2）关闭加压站后煤气总管回流阀，加压机停运。

（3）关闭柜体进出口盲板阀、蝶阀。

（4）打开柜体四个放散阀（注意对称操作放散阀），注意观察（活塞平稳下落，排空气柜），水封保证溢流。

（5）原因未查明，故障未消除，不得回收煤气。

（6）通知公司调度并做好记录。

309. 如何处理煤气回收时突然停电事故？

答：（1）煤气回收时突然停电，留一人监视外，其他人员应迅速携带照明灯具、对讲机及煤气报警仪赶到水封逆止阀和三通阀操作柜现场，手动关闭逆止阀和三通阀防止气柜进氧气。

（2）关闭完成后，应将手动控制打到远程控制，做好来电准备工作。

（3）同时注意观察水封水位，如果无水位显示，第一时间通知转炉岗位监视转炉现场煤气浓度，同时手动快速关闭煤气总管路蝶阀，防止柜体煤气回流造成重大事故。

（4）监视人员及时通知能源调度和总厂调度，并通知煤气用户关阀止火并做好记录。

310. 煤气柜柜体放散如何维护保养？

答：（1）定期对放散阀上的钢丝绳进行加油保养，如钢丝绳断裂严重，则更换钢丝绳。

（2）定期对放散阀上的滑轮进行加油保养。

（3）定期对放散阀门进行开关调试，防止生锈，影响使用。

311. 煤气柜的吹扫置换步骤有哪些？

答：（1）氮气吹扫的步骤为：

1）将机前水封下侧阀门关严，打开进水阀门，保持水封高位溢流，关闭进水阀、溢流阀。

2）关闭机后蝶阀、盲板阀，打开机后放散。

3）接好氮气进行吹扫，同时转动转子，方向与运转方向相同，吹扫 10～20min。

4）取样化验合格后，停止氮气吹扫，断开吹扫点，关闭进口盲板阀。

（2）氮气置换步骤为：

1）在氮气合格的前提下，打开氮气阀门，向气柜内充入氮气。

2）当气柜柜容上升到 10000m³ 时，停止充氮。手动打开柜体放散阀，放出气柜内的混合气体。柜容下降到 6000m³ 时，关闭放散阀，继续充氮，反复操作几次，直到化验煤气柜内 O_2 小于 1.5%、CO 为零为合格，柜容保持在 4500m³ 以上。

312. 煤气柜送煤气置换（正置换）操作步骤有哪些？

答：煤气柜建成投入运行前，或停止运行进行检修时，均需对煤气柜内气体进行置换，用所要储存的煤气替换气柜内原有空气，这种置换称之为正置换。

（1）将排气口打开，浮塔（湿式）或活塞（干式）处于最低安全位置。通过进口或出口放进惰性气体，应注意吹扫的对象还应包括煤气柜的进口管路和出口管路。

（2）在关掉惰性气体前，应将顶部浮塔或活塞浮起，对可能出现的气体体积的收缩应考虑适当修正量。关掉惰性气体，换接煤气管道，使排气口向气柜进煤气，以便尽可能地置换惰性气体。换气需持续到气柜残存的惰性气体不致影响煤气特性为止。

（3）在整个置换过程中，应始终保持柜内正压，一般约1500Pa 左右，最小不低于 500Pa，随后关闭排气孔，此时柜内已装满煤气，可投入正常使用。

注意事项有：

（1）为减少置换时的稀释或混合作用，要求送入惰性气体的速度越快越好，但同时也要使送入的惰性气体尽可能少搅动气柜内原有的气体，一般送入气柜的惰性气体的流速以 0.6 ~ 0.9m/s 为宜。

（2）选择适当的送入惰性气体用的管径，如管径过小，流速过大，则将使惰性气体流速贯通气柜内整个空间，而使气柜内空气或煤气充分混合，这对置换是不利的。

（3）选用惰性气体时，需要注意气体相对密度对置换的影响。因气柜内空气或煤气与惰性气体的相对密度，对置换时管道的连接位置有密切关系。例如，选用密度比煤气大的惰性气体置换，惰性气体处在气柜的底部，此时最好在钟罩顶部装排气管以排出气柜内的煤气。相反，如果用相对密度较小的煤气置换气柜内相对密度较大的惰性气体，则宜将煤气进气管放在气柜顶部，而将惰性气体排气管放在气柜底部。

（4）惰性气体的温度对置换效果也有影响，为了避免形成热流，送入气柜内的惰性气体的温度越低越好，但是也应当注意到气体的体积由于温度降低而收缩的影响，必须使气柜内的气体在任何情况下保持正压，否则将造成由于气柜内产生负压而压毁钟罩顶板的事故。

313. 煤气柜停煤气置换（逆置换）操作步骤有哪些？

答：当煤气柜因需要停产检修或停止使用，气柜内原有的煤气需要用空气替换，这种置换称为逆置换。

逆置换时，气柜应同样排空到最低的安全点，关闭进口与出口阀门，使气柜安全隔离，应保持气柜适当的正压力。所选用的惰性气体介质，不应含有大于1%的氧或大于1%的CO，使用氮气做吹扫介质时，所使用氮气量必须为气柜容积的2.5倍。惰性气体源应连接到能使煤气低速流动的气柜最低点或最远点位置上，正常情况下应连接在气柜进口或出口管路上。顶部排气口打开，以使吹扫期间气柜保持一定压力。吹扫要持续到排出气体成为非易燃气体，使人员和设备不会受到着火、爆炸和中毒的危害，可用气体测爆仪或有害气体检测仪对气柜内的气体进行检测。

用惰性气体吹扫完毕，应将惰性气体源从气柜断开，然后向气柜鼓入空气，用空气吹扫应持续到气柜逸出气体中CO含量小于0.01%，氧的含量不小于18%，还应测试规定的苯和烃类等含量，符合卫生标准，以达到动火作业和设备内作业要求。

314. 煤气柜运行的基本安全要求有哪些?

答：煤气柜运行的基本安全要求有：

(1) 煤气柜启用前应使用惰性气体置换空气，置换时湿式或干式煤气柜应处于最低安全位置，并将放散管打开。

(2) 置换过程中，柜内应始终保持正压，一般约为1500Pa左右，最小不低于500Pa。

(3) 在关闭惰性气体前，应将顶部浮塔或活塞浮起，对可能出现的气体体积的收缩应考虑适当修正量。

(4) 煤气柜正常运行压力不能低于1500Pa，低于时应向煤气柜充压。

(5) 煤气柜正常运行时容积上限不能超过设计容量的90%，容积下限不能低于设计容量的20%。当发生柜位上、下限报警时，应立即采取措施控制柜位在允许范围内。当面临不可抗拒情况时，如自然灾害、战争等，为防止事故，应降低柜位或用惰性介质置换。

(6) 煤气柜柜位达到上限时应关闭煤气入口阀，煤气柜位降到下限时，应自动停止向外输出煤气或自动充压。

（7）直立导轨式煤气柜升降速度不宜超过 1.5m/min，螺旋式气柜的升降速度不宜超过 0.9～1.0m/min。

干式煤气柜活塞升降速度应符合设计文件要求，不宜超过表6-10 的规定。

表6-10 干式煤气柜活塞升降速度 （m/min）

柜 型	一般升降速度	最高升降速度
稀油密封式煤气柜	多边形≤1；圆筒形≤2	多边形≤2；圆筒形≤3
干油密封式煤气柜	≤2	≤3
橡胶模密封式煤气柜	≤4	≤5

（8）煤气柜运行时应监视活塞平衡度及密封状况、塔节倾斜度及水封高度、导轨导轮的运行等，发现异常应立即处理。

（9）有人值班的煤气柜值班室值班人员不应少于 2 人。

（10）室内禁止烟火，如需动火检修，应有安全措施和动火许可证。

315. 湿式煤气柜运行的安全要求有哪些？

答：湿式煤气柜运行的安全要求有：

（1）湿式煤气柜投入运行时应对其穹顶部分的空气用惰性介质置换后才能引入煤气，投入运行后应定期测定其沉降情况，严重倾斜时应进行处理或停用。

（2）当气温低于 0℃ 时，应保证各处水封有足够的水流量，以防结冰而导致事故。

（3）应定期检查、试验控制柜位高限的放散装置的手动和自动开关的功能和高位报警的功能，防止因柜位过高泄漏煤气造成事故。

（4）应定期检查有无卡轨、断轨、漏气、水池底板漏水，一经检查发现问题应立即处理。

（5）应经常检查煤气柜内压力与柜高是否相适应，发现不适应必须查明原因，进行处理。

（6）高位水池沉积物过多应组织清扫。水池放水时，柜顶放散管应打开，以防产生负压而损坏穹顶部分；采用抽吸压送装置排放柜内煤气时应防止柜顶损坏；柜顶防止产生真空的装置要保持正常功能。

（7）遇七级及以上大风，应适当降低运行高度。

（8）应定期对煤气柜除锈刷漆，有效保护柜壁。

316. 干式煤气柜运行的安全要求有哪些？

答：干式煤气柜运行的安全要求有：

（1）应保证活塞能上下平稳移动，不能倾斜、滞卡，而且密封煤气的性能良好。

（2）无论采用稀油、干油还是橡胶膜进行密封，都应定期检查其润滑和密封情况，以及橡胶膜的上下卷动情况是否正常。

（3）应监视活塞下部煤气压力，以防止压力过低或形成负压时活塞突然大幅度下落，甚至坠落损坏。

（4）应经常检查活塞上部空气中煤气的含量，发现异常应及时查明煤气泄漏的原因。

（5）转炉煤气进柜前的含氧量不应超过 2%，超标时立即拒收。柜内煤气氧含量超过 2% 时应放散柜内煤气。

（6）稀油柜的储气温度不宜超过 60℃，膜密封柜储气温度不宜超过 72℃。

（7）检修巡视人员进入煤气柜活塞上部，应佩戴空气呼吸器。

317. 煤气柜的安全检查与维护检修要求有哪些？

答：煤气柜的安全检查与维护检修要求有：

（1）煤气柜应定期进行巡检、维护，柜外日常检查每周不少于 1 次，柜内日常检查每月不少于 1 次。

（2）柜外日常安全检查的内容应包括：煤气柜煤气泄漏、柜壁腐蚀、柜底漏水及导轮导轨、钢丝绳、配重块活动状况、煤气柜的水位等。

（3）柜内日常检查的内容应包括：活塞倾斜度、活塞回转度，活塞导轮与柜壁的接触面、柜内煤气压力波动值、柜活塞上部 CO 含量情况、密封油油位高度、油封供油泵运行时间等。

（4）对梯子、内部提升机、顶盖、天窗、进出气口和煤气容量安全阀及排污阀、护栏、平台、钢丝绳、检测仪、遥控装置及电器设备应定期进行检查。

（5）稀油柜的密封油应定期进行性能检验，根据化验结果和指标要求进行密封油的调质或者更换。

（6）发现煤气柜有问题，应及时进行整改。

（7）干式煤气柜的定修应根据运行情况确定，一般每 5～6 年应中修一次，15～20 年应大修。

（8）煤气柜检修制定的检修方案应有安全措施，应经安全管理部门批准方可执行。检修期间，安全部门应派人到现场进行监护。

（9）进入煤气柜内检修作业前，应采取间接置换法去除柜内煤气，达到要求方可作业。置换应遵守下列规定：

1）不应采用空气直接置换煤气的方法；置换介质应选取与待吹扫的煤气特性截然不同的惰性介质，其 O_2 含量和 CO 含量均不超过 1%。

2）使用氮气作吹扫介质时，所使用的氮气量应为气柜容积的 2.5 倍以上，或检测其浓度，置换氧含量小于 2% 为置换合格。

3）使用惰性气体置换煤气前，应将排气口打开，使湿式或干式煤气柜处于最低安全位置。

4）在关掉惰性气体前，应将顶部浮塔或活塞浮起，对可能出现的气体体积的收缩应考虑适当的修正量。

5）在整个置换过程中，煤气柜内应始终保持正压，一般约为 1500Pa，最少不低于 500Pa。

6）在吹扫煤气时，气柜应排空到最低的安全点，关闭进口与出口阀门，使气柜完全与空气隔离。

7）用惰性气体吹扫完毕，应将惰性气体气源从气柜断开，再用空气置换惰性气体。

8）煤气柜内部气体置换是否达到预定要求，应根据 O_2 氧量和 CO 分析或爆发试验确定。

9）煤气柜内活塞下部气体中 CO 浓度小于等于 $1000mg/m^3$（即 800ppm）时和可燃气体浓度降到爆炸下限的 20% 以下时，停止柜内煤气吹扫介质，打开人孔和放散阀，加强柜内空气对流。

（10）用空气置换后，应经指定人员检测确认和规定人员批准后，填写动火证和受限空间内作业申请，方可进行焊接、气割等动火作业和其他检修、清扫作业。

（11）进入煤气柜内作业，应遵守以下规定：

1）不得在雷雨天进行，不宜在夜间进行。

2）进入煤气柜内工作时，所用照明电压不得超过 12V。

3）不得单人作业，必须有煤气防护人员在场监护，监护人员不得入内。

4）应携带 CO 检测仪和 O_2 含量检测仪，必要时佩戴空气呼吸器。

5）应备有必要的联系信号。

6）不应有火源，并有采取防止着火的措施。

7）应使用不产生火星的工具。

318. 煤气柜的检测检验项目有哪些？

答：煤气柜的检测检验项目有：

（1）煤气柜应定期检测检验的内容包括：

1）外观检查，主要检查局部变形、泄漏、腐蚀、柜底漏水等。

2）活动部件检查，主要检查导轮导轨及构件的磨损、塔节或活塞的倾斜度、油沟油位、导轮与导轨间隙和接触状况、防扭滑块与导轨间隙和接触状况等。

3）无损检测，主要检查焊缝、母材表面及内部缺陷等。

4）壁厚测量，主要检查侧板、活塞壁板厚度等。

5）煤气柜基础沉降值及立柱标高测量。

6）煤气柜结构稳定性检测，主要检查煤气柜几何中心位移、柜体直径变化差值、立柱切向偏移、立柱径向偏移、立柱总偏移、立柱挠度、柜体相对倾斜度测量，在煤气柜90%容量时立柱切向偏移不得大于50mm，柜体相对倾斜度测量不得大于1.5‰。

（2）电梯、内部提升机、避雷针应由具有相应资质的检验机构定期检验。

（3）一旦干式煤气柜出现焊缝开裂及密封油外泄漏等问题，需要对煤气柜进行宏观检查、变形测量、壁厚测定、无损检测、导轮导轨检测、活塞油封和倾斜度测量等检测项目。

319. 煤气柜泄漏煤气处置措施有哪些？

答：煤气柜泄漏煤气处置措施有：

（1）发现煤气柜活塞上部微量泄漏煤气、CO浓度超标，或发现柜壁板等微量泄漏煤气时，岗位人员应佩戴空气呼吸器，查找煤气泄漏点。根据煤气泄漏部位和程度采取相应的堵漏措施。

（2）发现煤气柜大量泄漏煤气时，应立即疏散煤气柜周边人员，设置安全警戒，防止煤气中毒，并采取以下措施：

1）稀油密封煤气柜因活塞油沟油位低，煤气击穿油封发生煤气泄漏时，应立即对油系统进行检查调整，启动油泵向活塞油沟加油，至活塞油沟油位达到规定高度，将煤气封住为止。

2）稀油密封煤气柜活塞超过规定柜位，密封油和煤气从油口冒出时，应立即关闭煤气柜进出口阀，打开紧急放散管，将煤气柜柜位降至安全柜位。同时观察密封油油位，及时调整油系统，确保活塞油沟油位达到规定高度，将煤气封住。

3）湿式煤气柜因水封高度不够，煤气击穿水封发生煤气泄漏时，应立即向煤气柜密封圈加水，补充水封高度，直至水封高度达到规定高度，将煤气封住。

4）因煤气柜密封装置损坏或柜壁钢结构撕裂等原因发生煤气大量泄漏时，应立即关闭煤气柜进出口阀门，煤气柜停止运行，向柜内通入氮气或其他惰性气体，控制气柜下降速度，将气柜降到零位。按规定可靠切断气柜进出口煤气，并将柜内煤气置换合格后，根据泄漏原因、泄漏程度制定相应检修处理措施。

320. 煤气柜及附属设施着火如何进行处理？

答：（1）煤气柜本体设施着火时，应立即调整气柜进出口阀门，尽量保持柜位稳定，并确保气柜内部始终处于正压，防止火焰回火至柜内；同时向柜内通入氮气或其他惰性气体。火焰小时，可用灭火器灭火，如火焰大则用消防枪、消防车等设施喷高压水灭火，直到火焰熄灭。火焰熄灭后，如发生煤气泄漏，则查找泄漏点进行处理。

（2）煤气柜放散管着火时，首先应确保煤气柜内始终处于正压，防止火焰回火至柜内，然后向放散管中通蒸汽或氮气灭火。

321. 煤气柜柜位异常如何进行处理？

答：（1）煤气柜柜位超高时，应立即关闭气柜进气阀，采用启动柜后煤气鼓风机抽气、降低主管网压力使煤气柜吐气、开气柜紧急放散阀等方式，将气柜降至安全柜位。气柜降至安全柜位后，对气柜进行相关检查，确保气柜无异常后，投入运行。

（2）煤气柜柜位低时，应立即关闭气柜出口阀、放散阀，确保气柜内保持正压。提高主管网压力使煤气柜进气。必要时可通入氮气或其他惰性气体，保气柜内正压，气柜升至安全柜位后，对气柜进行相关检查，确保气柜无异常后，投入运行。

322. 气柜进出气阀门故障，无法动作如何进行处理？

答：（1）气柜有进出口水封或其他装置可切断煤气进出来源时，封气柜进出口水封，停运气柜，及时组织人员对阀门进行检修。

（2）气柜无其他切断煤气进出来源装置时，密切注意气柜柜容变化，通过调整主管压力、开放散管等方式控制气柜柜位，防止气柜冒顶或落底。同时立即组织人员对阀门进行检修。

323. 煤气加压站与混合站施工有哪些要求？

答：煤气加压站、混合站、抽气机室建筑物的安全要求有：

（1）煤气加压站、混合站与焦炉煤气抽气机室主厂房火灾危险性分类及建筑物的耐火等级应符合相关的规定，站房的建筑设计均应遵守 GB J16 的有关规定。

（2）煤气加压站、混合站、抽气机室的电气设备的设计和施工，应遵守 GB 50058 的有关规定。

（3）煤气加压站、混合站、抽气机室的采暖通风和空气调节应符合 GB J19 的有关规定。

（4）站房应建立在地面上，禁止在厂房下设地下室或半地下室。如为单层建筑物，操作层至屋顶的层高不应低于 3.5m；如为两层建筑物，上层高度不得低于 3.5m，下层高度不得低于 3m。

煤气加压站和混合站的一般规定有：

（1）煤气加压站、混合站、抽气机室的管理室一般设在主厂房一侧的中部，有条件的可将管理室合并在能源管理中心。为了隔绝主厂房机械运转的噪声，管理室与主厂房间相通的门应设有能观察机械运转的隔音玻璃窗。

（2）管理室应装设二次检测仪表及调节装置。一次仪表不应引入管理室内。一次仪表室应设强制通风装置。

（3）管理室应设有普通电话。大型加压站、混合站和抽气机室的管理室宜设有与煤气调度室和用户联系的直通电话。

（4）站房内应设有一氧化碳监测装置，并把信号传送到管理室内。

（5）有人值班的机械房、加压站、混合站、抽气机房内的值班人员不应少于两人。室内禁止烟火，如需动火检修，应有安全措施和动火许可证。

（6）煤气加压机、抽气机等可能漏煤气的地方，每月至少用检漏仪或用涂肥皂水的方法检查一次，机械房内的一次仪表导管应每周检查一次。

（7）煤气加压机械应有两路电源供电，如用户允许间断供应煤气，可设一路电源。焦炉煤气抽气机至少应有两台（一台备用），均应有两路电源供电，有条件时，可增设一台用蒸汽带动的抽气机。

（8）水煤气加压机房应单独设立，加压机房内的操作岗位应设生产控制仪表、必要的安全信号和安全联锁装置。

（9）站房内主机之间以及主机与墙壁之间的净距应不小于1.3m；如用作一般通道应不小于1.5m；

如用作主要通道，不应小于2m。房内应留有放置拆卸机件的地点，不得放置和加压机械无关的设备。

（10）站房内应设有消防设备。

（11）两条引入混合的煤气管道的净距不小于800mm，敷设坡度不应小于0.5%。引入混合站的两条混合管道，在引入的起始端应设可靠的隔断装置。

（12）混合站在运行中应防止煤气互串，混合煤气压力在运行中应保持正压。

（13）煤气加压机、抽气机的排水器应按机组各自配置。

（14）每台煤气加压机、抽气机前后应设可靠的隔断装置。

（15）发生炉煤气加压机的电动机必须与空气总管的空气压力继电器或空气鼓风机的电动机进行联锁，其联锁方式应符合下列要求：

1）空气总管的空气压力升到预定值，煤气加压机才能启动；空气压力降到预定值时，煤气加压机应自动停机。

2）空气鼓风机启动后，煤气加压机才能启动；空气鼓风机停止时，煤气加压机应自动停机。

（16）水煤气加压机前宜设有煤气柜，如未设煤气柜，则加压机的电动机应与加压机前的煤气总管压力联锁，当煤气总管的压力降到正常指标以下，应发出低压信号，当压力继续下降到最低值时，煤气加压机应自动停机。

（17）鼓风机的主电机采用强制通风时，如风机风压过低，应有声光报警信号。

324. 煤气的混合加压有哪些方式？

答：在冶金企业中，煤气用户对煤气的压力、发热值都有不同的要求。企业中的各种煤气都是用管网输送的，在煤气流经管网时，产生阻力损失，使煤气压力降低，为了满足不同的用户对煤气的压力和发热值的不同要求，需要建立若干个煤气加压站和煤气混合站（或混合装置）。

煤气加压站和混合站的建设和改造，应该考虑到站前、站后的管道要经济合理，尽可能简化管网和缩短站前、站后管道的敷设长度。更应该注意安全和防火的要求，使安全生产得到保证。

煤气混合站和加压站的配置方式：根据各煤气用户对煤气的压力及发热值的要求，以及企业管网布置情况和煤气源的压力情况，混合站和加压站的配置方式可以有下列几种：

（1）先混合后加压，此种方法的特点是：

1）加压系统简单，投资省，两种煤气不必单独加压，便于生产维护和气量调节。

2）由于先混合再经加压机，煤气可混合的更均匀。

3）对高、低发热值煤气主管要求比先加压的低。

先混合后加压的配置方式如图 6-12 所示。

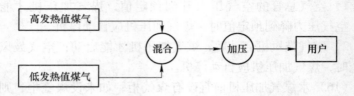

图 6-12　先混合后加压的配置方式

先混合后加压的配置方式适用于以下几种情况：

1）用户需要的混合煤气压力较高。

2）原煤气压力较低。

3）混合站至用户的距离较远。

（2）先加压后混合。先加压后混合的配置方式有以下三种不同的配置系统：

1）高、低发热值煤气分别单独加压，后混合送至用户，如图 6-13 所示。

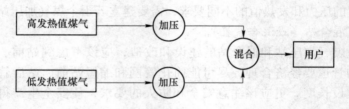

图 6-13　分别加压再混合配置系统

分别加压后混合配置系统适用于高、低发热值两种煤气的情况，这种系统的缺点是：

① 加压设备多，管路复杂，不便于操作及维护。

② 当混合站与加压站不是集中布置时，两根高压煤气管道的长度增加，投资增大。

2）一种煤气压力较高，不需加压即可参与混合，而另一种煤气压力较低，需加压后混合。此种配置系统的特点是只需加压一种煤气，减少了动力消耗。当企业有条件时，应尽量采用这种配置系统，而不宜采用第一种系统。此种系统的配置方式如图 6-14 所示。

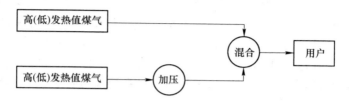

图 6-14　单一加压再混合配置系统

3）当企业需要三种以上不同发热值的混合煤气而又必须增压时，可采用如图 6-15 所示系统，这种系统的特点是加压设备的类型少，系统简单，投资省。

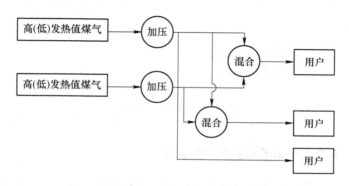

图 6-15　三种不同发热值煤气混合

（3）单独混合或单独加压。

1）单独混合的方式，如图 6-16 所示。

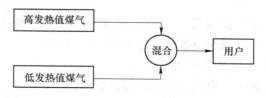

图 6-16　单独混合方式

使用此种配置方式，必须是进入混合站的两种煤气压力较高，不仅可以克服混合站区的压力降，而且还可以直接送至用户，满足用户对压力及热值的要求。这种方式一般适用于要求混合煤气的压力较低的地方，如烧结煤气混合站或压源至用户距离较近，克服阻力后仍然能满足用户压力要求的地方，如有的高炉热风炉煤气混合站。此种方式的特点是系统最为简单，不需要加压设备，投产省。

2）单独加压的方式，如图6-17所示，这种方式适用于：

① 用户不使用混合煤气，只用单一品种的煤气。

② 原煤气压力不能满足用户要求，对于大型钢铁联合企业，由于有各种不同要求的煤气用户，在煤气管网中，往往设有若干个混合站与加压站，其配置的方式也往往是由几种方式组合而成。

图6-17　单独加压方式

325. 室内加压站的布置有哪些要求？

答：室内煤气加压站即加压设备是布置在室内的，并且操作室也和加压站在一起，每一个加压站都有单独的操作室和操作人员，煤气加压站一般包括主厂房、加压机间、辅助生产间及相应的生活福利设施。辅助生产间包括管理室、配电室、变电室、通风机室和维修间。

在主厂房内加压机一般为单列布置，为便于操作和安全生产，各加压机之间的净距及其与墙之间的净距，一般均不应小于1.5m，如果有通道则不应小于2m。

布置设备时，应同时考虑各种管道的合理配置，同时满足设备安装与维修的要求。加压机应布置在起重设备吊钩的工作范围以内，并留出适当的空间用于设备检修。一般可留出一台加压机所占面积作为集中检修的场地。

　　焦炉煤气、混合煤气加压站属于有爆炸危险的厂房，应为单独的建筑物并应符合建筑设计防火规范中的有关要求。

　　主厂房的层数应根据煤气加压机的结构形式和排水器的布置情况决定。

　　辅助生产间的配置应根据企业的不同规模及企业的具体情况而定。为了便于加压机的操作与管理，加压站设有操作室，操作室一般设在常年主导风向的上侧，且位于厂房一侧的中部，操作室有较好的采光条件。与主厂房还应有隔声装置，以降低加压机运行时传过来的噪声。

　　操作室内装有仪表盘，盘上装有反映各台加压机运行（状态、运行、检修、备车）的各种声光信号和电源、电压指示表、启动停车开关、高低压联络管电动阀门的开关、加压机出入口总管煤气压力指示表、加压机出入口总管的高低压报警器。

　　加压机设有通风机室、室内装有低压头的离心式通风机排风，用来冷却鼓风机的电动机，避免电动机温升超过允许的范围。

　　加压站采用两路供电，两路供水，以保证安全。

326. 加压站的工艺管道以及附属设备如何安装？

　　答：加压站的工艺流程，如是先混合后加压则是：入口总管→加压鼓风机→出口总管→用户；如是先加压后混合则是：入口总管→加压鼓风机→出口总管→混合站→用户。

　　加压机的出入口管道上应装设调节蝶阀，蝶阀操作方式多采用手动蜗轮蜗杆传动装置，有条件的应装电动蝶阀，并且可在管理室内操控。靠加压机一侧的闸阀旁应设置放散管及人孔。为方便抽堵盲板，避免管壁及设备产生较大的压力，加压机进出口管道宜布置成 Z 形弯。当主管长度小于 3m 或者出入管为水平直管时，在水平管段上装有一个一级鼓形膨胀器。加压机底部装有排水器，用来排出加压机底部和进出口最低部位积存的冷凝水，如装设双室排水器时，应将加压机底部和出口管道的最低部位接至排水器的高压侧，而将进口管道的最低部位排水管接至排水器的低压侧。

在加压机的入口管道上设有收缩管，使煤气进入的速度分布均匀，减少压力降。在出口管处装设一个扩散管，使动压头（动能）变为静压头（位能）。

加压机进出口管道的压力降，一般控制在 30 ~ 50mm 水柱范围内，进出口管道上的煤气流速，一般选用：焦炉煤气 9 ~ 16 m/s，混合煤气 8 ~ 14m/s。

为了防止加压机发生喘振，在进出口总管应设置大回流管，回流管上装有电动蝶阀，并在管理室内操作。

大回流管的管路，可按以下几种情况取大者设计计算：

（1）用户的需要量小于加压机的喘振极限值时的回流量；

（2）用户开工期间（如点火、烘炉），通过大回流管输送低压煤气时的流量。

（3）当事故停机时，通过大回流管向机后管道输送低压煤气充压时的流量。

进口总管的末端应装有放散管。

327. 煤气加压机站的主要设备参数有哪些？

答：钢铁企业中的煤气用户对煤气压力都有一定的要求，同时煤气在管网中输送，也有阻力损失，要引起压力降低。煤气源的压力一般都不高，根据用户需要煤气种类的不同，需要设立煤气加压站，以保证用户对煤气压力的要求及管道压力的稳定。煤气加压站使用的煤气压缩机，一般为离心式鼓风机，少数使用罗茨鼓风机。D300-1.123/1.043 煤气加压机参数见表 6-11，防爆电动机主要技术指标见表 6-12。

表 6-11　D300-1. 123/1. 043 煤气加压机参数

型　号	D300-1. 078/1. 033	型　式	离心式
进口压力	3000Pa	工作介质	煤　气
进口密度	1. 097kg/m³	旋向角度	顺旋出口90°
进口流量	18000m³/h	进口温度	60℃
转　数	2921r/min	风机升压	8000Pa

表 6-12　防爆电动机主要技术指标

型　号	YB200S-2	额定电压	380V
接　法	三角形	额定转速	2977r/min
标准编号	JB/T 7565. 1—2004	额定电流	133A
出品编号	08J-0205-01	噪　声	LW94dB（A）
防爆合格证	CJEx 0. 7453	功率因数	$\cos\varphi = 0. 91$
额定功率	75kW　50Hz	绝缘等级	F
防护等级	IP54	安全标志量	
防爆标志	dⅡBT4	重　量	650kg

328. 压缩机的类型有哪几种?

答：在煤气输配系统中，压缩机是用来压缩煤气，提高煤气压力或输送煤气的设备。压缩机的种类很多，按其工作原理可分为容积型压缩机和速度型压缩机两大类。

容积型压缩机是由于压缩机中气体体积的缩小，使单位体积内气体分子的密度增加而提高气体压力的。容积型压缩机可分为回转式和往复式两类，其中回转式压缩机又有滑片式、螺杆式、转子式（罗茨式）等几种，往复式压缩机有模式、活塞式两种。

在速度型压缩机中，气压的提高是气体分子的运动速度转化的结果，即先使气体分子得到一个很高的速度，然后又使其速度降下来，使动能转化为压力能。速度型压缩机有轴流式、离心式和混流式三种。

329. 离心式加压机的工作原理是什么？

答：（1）工作原理：离心式加压机由叶轮、主轴、固定壳、轴承、推力平衡装置、冷却器、密封装置及润滑系统组成。

离心式加压机的工作原理为：主轴带动叶轮高速旋转，自径向进入的气体通过高速旋转的叶轮时，在离心力的作用下进入扩压器中，由于在扩压器中有渐宽的通道，气体的部分动能转变为压力能，速度降低而压力提高。接着通过弯道和回流器又被第二级吸入，进一步提高压力。依次逐级压缩，一直达到额定压力。气体经过每一个叶轮相当于进行一级压缩，单级叶轮的叶轮速度越高，叶轮的压缩比就越大，压缩到额定压力值所需的级数就少。

（2）离心加压机的优点：离心式压缩机的优点是输气量大而连续，运转平稳；机组外形尺寸小，占地面积小，设备重量轻，易损部件少，使用年限长，维修工作量小；由于转速很高，可以用汽轮机直接带动，比较安全；缸内不需要润滑，气体不会被润滑油污染，实现自动化控制比较容易。其缺点是高速下的气体与叶轮表面有摩擦损失，气体在流经扩压器、弯道和回流器的过程中会有部分损失，因此效率比活塞式压缩机低，对压力的适应范围也较窄，有喘振现象。

（3）离心加压机类型及组成：

1）单级单吸悬臂式鼓风机（单级离心式鼓风机）。单级离心式鼓风机由机壳、转子组件、密封组件、轴承装置以及其他辅助零、部件组成。

2）单级双吸离心鼓风机。通过齿轮联轴器由电动机直接驱动。机壳由铸钢制成，中机壳和左、右吸气室分成上、下两部分，吸气室为矩形，出气口为锥形。转子和叶轮均由合金钢制成，转子经静、动平衡试验校正后安装，保证了风机运转的平稳可靠。轴承采用强制供油润滑的滑动轴承，设有润滑油循环系统。

3）多级离心鼓风机。鼓风机机壳与轴承箱铸成整体，沿轴线水平剖分为上、下两部分，进风口与出风口均垂直向下；转子各零件均用优质碳钢制成，经静、动平衡试验校正后组装，保证了风机的平稳运转。轴承采用强制供油润滑的滑动轴承，专设润滑油循环系统。

（4）鼓风机的型号：鼓风机的型号是风机制造厂说明鼓风机型号、流量、升压等性能的主要标志，为设计部门和使用部门对风机性能的了解及选型提供了极大的方便。我国制造的煤气离心鼓风机，均用汉语拼音字母作为风机系列的代号，在每一个系列代号中又有各种不同的规格，常以不同的字母和数字加以区别。

鼓风机的型号中，规定左起第一位拼音字母 D 为单吸入式，S 为双吸入式，拼音后数字表示每分钟风量，"-"后面的数字的第一个数字表示工作轮的级数，第二个数字为设计顺序号。

例如：D750-21，表示单吸气口，风量为 $750m^3/min$，二级鼓风机，设计顺序为 1。

S1100-18，表示双吸式，风量为 $1100m^3/min$，单级鼓风机，设计顺序为 8。

330. 煤气加压机有异声、机组冒烟事故如何处理?

答：（1）原因分析：

1）因主轴轴承等各轴承间隙过大，致销、轴与轴承相碰撞。

2）因内部各紧固部分没有紧固好或者松开与固定部位相碰撞。

3）因机身内有异物，与叶轮相碰撞。

4）因机内工艺装备部件问题。

（2）处理措施：停机置换空气合格后解体检查；各紧固部分紧固好；检查机体内部；检查处理泄漏点。

331. 煤气加压机突然停机事故如何处理？

答：（1）主控电脑操作人员发现加压机停机，应立即请示煤气调度，通知用户根据压力使用煤气，并停火。

（2）运行人员对备用加压机确认，备用加压机已经吹扫合格，一切正常后请示调度，启动加压机，平稳后通知用户可以正常使用煤气。

（3）如果备用加压机无法正常使用，先打开加压机进口管与出口母管的大回流阀。

（4）关闭加压机的进、出口阀门。

（5）请示调度，与用户取得联系，使用高炉煤气。

（6）请示领导，找相关人员抢修。修加压机时，机体必须经氮气吹扫合格方可进行。

（7）认真做好记录。

332. 煤气加压机定期维护保养内容有哪些？

答：煤气加压机定期维护保养内容有：

（1）加压机日常维护：交班时，交接班人员共同检查，接班后 30min 巡检一次，检查内容如下：

1）机前机后煤气压力、流量。

2）电机电流。

3）轴承温度、电机温度、环境温度。

4）轴承机壳、电机震动情况。

5）水槽溢流是否正常。

6）鼓风机、电机声响是否正常。

7）油箱油位是否正常加到规定位置。

8）检查各阀门、放散阀、油箱等密封处是否有泄漏每小时记录一次轴温。

（2）备用机维护，包括：

1）加压机彻底切断煤气，防止机内存水。

2）加压机长期备用，每月第一天白班运转 30min，防止电机绝缘下降。

3）保持加压机及附属设备清洁完好，备件仪表充分好使。

4）每天白班将备用机盘车 120° ~ 180°。

5）检查润滑是否符合生产标准。

333. 高炉煤气余压透平发电装置（TRT）安全要求有哪些？

答：高炉煤气余压透平发电装置（TRT）是冶金行业一项重要的余压余热能量回收装置。它利用高炉炉顶煤气的余压和余热，把煤气导入透平膨胀机膨胀做功，驱动发电机或其他装置发电的二次能量回收装置。该装置不仅可以回收煤气的压力能和热能，又可净化煤气，降低噪声污染，同时装置在正常运转时，能替代减压阀组，很好地调节和稳定炉顶压力，对保证高炉顺行、增产具有良好的作用。

TRT 装置有透平主机、大型阀门系统、润滑油系统、液压油系统、给排水系统、氮气密封系统、高、低发配电系统、自动控制系统等八大系统及缓蚀阻垢和远程在线两个可选系统组成。高炉产生的煤气，经重力除尘器（部分工艺为环缝），进入 TRT 装置，经调速阀（并联入口电动蝶阀）、入口插板阀、过煤气流量计、快切阀，经透平机膨胀做功，带动发电机发电，自透平机出来的煤气，进入低压管网，与煤气系统中减压阀组并联。发电机出线断路器，接于 10.5kV 或 6.3kV 系统母线上，经当地变电所与电网相连，当 TRT 运行时，发电机向电网送电，当高炉短期休风时，发电机不解列作电动运行。

高炉煤气余压透平发电装置（即 TRT）安全要求有：

（1）余压透平进出口煤气管道上应设有可靠的隔断装置。入口管道上还应设有紧急切断阀，当需紧急停机时，能在 1s 内使煤气切断，透平自动停车。

（2）余压透平应设有可靠的严密的轴封装置。

（3）余压透平发电装置应有可靠的并网和电气保护装置，以及调节、监测、自动控制仪表和必要的联络信号。

（4）余压透平的起动、停机装置除在控制室内和机旁设有外，还可根据需要增设。

第 **7** 章　典型煤气事故案例分析[1]

案例1. 陕西省某钢铁企业煤气柜爆炸事故

2003 年 9 月 15 日 17：20，陕西省某钢铁企业 10000m³ 湿式螺旋升起式煤气柜发生爆炸，造成 5 人当场死亡，1 人抢救无效死亡，3 人受伤的重大生产安全事故，直接经济损失 50 多万元。

【事故概况】

2003 年 9 月 14 日 14：30 左右，该公司机动厂煤气站职工在例行检查时，发现煤气柜顶部距离中心放空管 1m 处有一条 3m 多长的裂缝，沿径向分布，煤气泄漏严重，立即进行了报告。公司接到报告后，非常重视，研究确定了以胶粘方法进行检修补漏的方案。

当天 23：50，煤气站做完了检修前的准备工作，将煤气柜中节 I、节 N 和钟罩部分高度降至零位；给煤气柜煤气入口管道加了盲板；封了进出口水封；打开了旁路，使煤气不再进入煤气柜，直接供给用户；打开了煤气柜顶部的放空阀门；连接了蒸汽管道，打开了蒸汽阀门，通入蒸汽进行吹扫。

9 月 15 日 9：00 左右，公司有关领导及职能部门、机动厂的领导再次到现场进行了查看，又发现了几处小漏点。之后，由机动厂负责补漏检修工作。机动厂安全员用便携式 CO 监测仪检测了小漏点处的 CO 含量，公司安全部的技术人员在放空口取样用防爆筒做了爆发试验，均未发现超标现象。检修人员即用角向磨光机对泄漏点表面做打磨清理，用强力胶加玻璃纤维布在清理后的金属表面进行粘接。这样修补了三个漏点后，上午工作

---

❶ 本章典型煤气事故案例摘自安全管理网（www. safehoo. com），有删减和编辑。

结束。

下午大约 14：30，机动厂安排 6 个人分成 3 组，按照上午的方法进行打磨粘接修补，检修工作进展正常。17：00 左右，分厂领导带领 2 名车间领导上到柜顶进行检查。17：20，爆炸事故发生。爆炸将煤气柜钟罩顶板近 1/3 部分炸翻，造成 6 人落入气柜内 5m 多深的水中，3 人被冲击波和气浪冲到煤气柜顶部周边致伤。6 名落水人员中 5 人溺水死亡，1 人受伤。另 3 人中，1 人因烧伤医治无效死亡，2 人受伤。

【事故原因分析】

（1）焦炉煤气爆炸极限在 4.5% ~ 35.8%，属于甲级爆炸物。由此可见，本次事故的发生是由于煤气柜内的易燃易爆气体与空气混合形成爆炸性混合气体，遇角向磨光机打磨金属表面产生的火花（即着火源），发生爆炸。

（2）经过现场调查和查阅有关技术资料，分析认为爆炸性混合物的形成有以下两种情况：

1）蒸汽吹扫不彻底，残留下来的焦炉煤气与空气混合。用于蒸汽吹扫的蒸汽管道直径为 $DN50mm$，此处的蒸汽压力约为 0.1 ~ 0.2MPa。如此小流量的蒸汽，对于容积为 10000m³ 的空间来讲可谓是杯水车薪，再加上水槽内尚有 4000 多立方米的水，根本起不到蒸汽吹扫的作用。况且，在蒸汽阀门打开之前，$DN150mm$ 的放空阀已经打开，这样做不但使蒸汽吹扫毫无意义，反而给空气进入煤气柜内部创造了条件，使煤气柜内部的易燃易爆气体与空气混合形成了爆炸性混合气体。

2）煤气柜内通入蒸汽后，柜壁温度就会升高，加上当天气温较高（36℃），这样，气柜内壁吸附的固体残渣，水面漂浮的煤焦油等物质内吸收的易燃易爆气体挥发析出，与空气混合形成爆炸性混合气体。

（3）管理方面原因。通过调查分析，认为管理工作不到位和制度执行不到位以及员工在安全文化素质方面存在一定的差距，是酿成本次事故的重要原因，主要体现在以下几个方面：

1）思想认识不到位，重视不够。接到泄漏情况报告后，从公司领导到分厂、部门领导都对煤气泄漏很重视，但对检修工作中可能出现的情况分析不透，认识不足，重视不够。虽然研究了方案，制定了措施，但方案和措施制定粗略。在煤气柜这类非常危险的区域进行检修作业，没有制定详细、全面的检修方案，暴露出了该公司在安全检修工作管理方面的不足，而且在调查中还发现该方案的审批程序也不完善。

2）检修过程中，又犯了经验主义的错误。上午补漏没有发生问题，下午继续按原方法做，没有考虑到上午没有发生问题，是在一定的条件和环境下进行的。到了下午，由于清洗置换不彻底，煤气柜内的情况随着时间、温度的变化而发生了变化。即条件和环境发生了变化，煤气柜内部的介质情况也发生了变化。

3）采取措施不到位。虽然进行了蒸汽吹扫，但使用的蒸汽压力和流量不具备吹扫能力；采取了工艺隔绝措施，但不彻底，仅给煤气柜煤气进口管道加了盲板，而未给煤气柜煤气出口管道加盲板；采取了检测、监测措施，其取样监测间隔时间、次数不够，取样位置和方法不足以反映煤气柜内易燃易爆物质的真实情况。

4）制度执行不到位。违反了《工业企业煤气安全规程》以及本企业有关煤气检修操作方面的规程，在禁火区内使用角向磨光机打磨钢材表面，而且未按规定办理动火手续。虽然对煤气柜内气体情况进行了监测，但未执行《工业企业煤气安全规程》中"每 2 小时检测一次，停止工作，重新工作前半个小时应重新检测"的规定。

5）对员工的安全培训教育不到位。员工安全生产意识和安全防范意识不强，安全文化素质尚有待于进一步提高，企业在对员工安全生产基础知识和基本技能的教育上还应进一步加强。在事故调查中发现，有关员工对焦炉煤气的知识及其安全防范知识等方面认识存在不足，对规章制度的学习和领会不够深刻。以至于在本次事故发生前，对于检修作业过程中的违章行为未能及时发现和制止。

【整改措施】

（1）公司应该在安全管理方面狠下功夫，扎扎实实、认认真真地查找安全管理工作中的漏洞。要把各级管理人员严格按程序办事，全体员工严格遵守各项安全操作规程当作安全工作的重中之重来抓。努力营造人人遵章守纪，事事注重安全的良好氛围。

（2）加强对全体员工的安全教育培训工作，着重抓好对员工的安全生产基础知识和基本技能的教育，进一步提高员工的安全文化素质、安全防范意识和能力。

（3）在对重大危险设备进行检修前必须制定详细的检修方案和紧急处理预案，严格执行审批程序。同时，在检修期间采取必要的安全防范措施。

案例 2. 河北省邯郸市某钢铁公司锅炉炉膛爆炸特大事故

【事故概况】

河北省邯郸市某钢铁公司在建电厂燃气锅炉安装项目在完成烘炉、煮炉后，按照工程进度计划和调试大纲要求，应于 2004 年 9 月 21 日进入锅炉蒸汽吹管阶段。9 月 23 日 16：00 左右，在锅炉点火瞬间，炉膛及排烟系统发生爆炸，造成锅炉、管道、烟囱等设备垮塌，设备严重损毁，造成 13 人死亡，8 人受伤，直接经济损失 630 余万元。

【事故原因分析】

（1）直接原因。事发当日锅炉点火前，$DN400mm$ 的焦炉煤气主切断阀打开后，操作人员检查、校验燃烧器前的 20 个电动闸阀（共分 4 组，每组 5 个 $DN65mm$）时间长达 15～20min。期间，左前 2 号、3 号，左后 3 号电动闸阀处于全开状态，致使大量煤气通过该 3 个电动阀进入并充满炉膛、烟道、烟囱，且达到爆炸极限，16：00 左右在点火试运行时引起爆炸。

（2）间接原因是锅炉不具备点火运行条件，具体表现在：

1）煤气管道上电动阀的近台控制系统和远程集中控制系统（DCS）尚未调试合格，但却转入锅炉点火程序。

2）点火前，对存在的缺陷是否消除，没有组织人员进行再确认。

3）没有煤气锅炉运行安全操作方面的专门技术文件。

4）尚未达到《锅炉调试大纲》规定的启动前应具备的条件。

（3）在点火前，未对炉内可燃气体浓度进行检测。公司在燃气锅炉司炉岗位工作标准中未作规定，操作人员未按国家安全技术规范规定程序进行工作，致使炉膛烟道内存在大量可燃气体且达到爆炸极限的情况，未能及时发现。

（4）现场调试指挥系统管理混乱，调试单位不能有效履行职责，没有严格按指令程序进行操作。现场指挥擅离职守，进行点火调试等重大事件时，不在现场，出现指令错误或者操作单位（人员）无指令操作。点火前是否进行有效吹扫，是否达到吹扫效果，未予确认，导致炉膛烟道内聚集大量焦炉煤气达到爆炸极限。

（5）有关单位未执行《蒸汽锅炉安全技术检察规程》设置自动点火程序及装置的规定。该炉的燃烧系统在调试时采用人工点火，未设计自动点火燃烧系统，燃气阀门开后控制状况混乱，手动与自动两套阀门控制系统无限定与转换装置，形成操作错误的条件。

（6）现场管理极其混乱，多个单位同时施工却无有效组织，导致点火时其他施工人员未能及时撤离现场，造成人员重大伤亡。

【预防同类事故的措施】

（1）严格执行法规，禁止不具备锅炉调试资质能力的单位进行锅炉调试工作。

（2）对所有运行操作人员进行安全技术培训，考核合格才能上岗。

（3）强化现场责任制度，严密组织协调工作，坚决执行现场纪律，特别强化调试岗位纪律。指挥者必须履行职责，不得脱岗。无关人员不得进入现场。点火操作必须执行规定程序和方案，决不允许擅自行动。

（4）不许未按规定设计和安装联锁保护装置，必须具备自动熄火保护条件，经安全监察部门检验合格后，方可使用。

（5）燃烧供给自动控制联合调试，必须在单项调试完毕且确认达到设计要求后进行。单项或联合调试时，严禁手工点火。

案例 3. 河北省廊坊市某钢铁有限公司二期工程"9·5"事故

2008 年 9 月 5 日 22：30，廊坊市某钢铁公司在建二期煤气管道东部管网工程施工过程中，发生一起死亡 7 人的较大生产安全事故。

【事故经过】

9 月 5 日下午，施工队对二期工程煤气管网东部管线与 1200mm 老管道进行对接施工，分三组作业，其中第一组在 1200mm 老管道内焊接作业，第二组在东部管线南侧 1600mm 管道内焊接作业，第三组在 1600mm 管道外施工。

下班时间到了，未见在 1200mm 管道内作业的 2 名工人出来，18：30 左右，3 名在 1600mm 管道内作业的工人及施工队负责人梁某先后到 1200mm 管道内找人，都没出来。

19：00 左右，在 1600mm 管道外施工的杨某和刘某发现其他人员都不在，于是刘某进入管道内寻找，也没有出来。杨某发觉情况不对，便到宿舍找人返回工地继续寻找。拨打刘某的电话，听见铃声但无人应答，人员具体位置不能确定。当时怀疑管道中有煤气，没有贸然进入，在管道上方不同位置用气焊割开三个孔，通风后进入管道寻找。最后，在 1200mm 老管道内人孔以西 2m 处发现有人躺在管道内，随后报警，组织施救。

9 月 6 日凌晨 0 时左右，7 名施工者被救出，被先后送往医院，经医院诊断，7 人在送达医院前就已经死亡。

【事故性质和事故原因】

（1）事故性质：经调查，认定此起事故为生产安全责任事故。

（2）直接原因：施工队违规作业。

1）施工时采取了先将新煤气管道与旧煤气管道（旧煤气管道已停用，两端封闭，形成了密闭容器）对接焊好，再从新管道内对旧管道开孔，造成旧煤气管道内残余的有毒气体（CO、H_2S）进入新管道。

2）焊接中，在205m长的管道中，只留1个人孔（直径600mm）和1个通风孔，未按该类工程每20~30m留一个通风孔的常规方法作业。

3）当日气候条件特殊，气温高、湿度大、气压低，基本没风，致使管道内空气流通不好，使有毒有害气体大量聚集，导致新管内2名作业人员和进入管道找人的5人缺氧窒息死亡。

（3）间接原因：

1）违法发包、转包。公司违法发包给无营业执照、无施工资质、不具备基本安全生产条件的魏某施工队。魏某又将该项目肢解转包给无施工资质、不具备基本安全生产条件的梁某施工队。

2）安全管理不到位。① 均未签订安全生产协议。② 未将旧煤气管道存在的危害因素告知施工单位，未制定安全防护措施。③ 梁某施工队未针对工程制定专门的施工组织设计和安全技术措施。④ 没有安全管理人员对工程施工进行安全监管，没有按规定派人对管道施工进行安全检测和监护。

3）施工人员安全知识缺乏。施工人员未经安全教育和培训，对管道施工中相关危害因素知之甚少，自我防范意识淡薄。进入管道找人的梁某等人不具备安全生产常识，盲目进入管道找人，造成人员伤亡进一步扩大。

【防范措施】

（1）生产经营单位不得将生产经营项目、场所、设备发包或者出租给不具备安全生产条件或者相应资质的单位或者个人。

（2）施工单位在施工过程中必须按要求进行危险有害因素辨识，制定可靠的安全措施，办理"受限空间安全作业证"，履行审批手续，作业现场应采取通风、监测、监护等措施。

（3）企业对施工方的管理必须加强，对施工和生产的衔接配合必须加强协调。

（4）加强对施工人员的安全教育工作，提高施工人员对作业场所危险有害因素辨识知识和辨识能力、救护的相关知识。避免盲目施救造成事故扩大。

（5）新项目建设期间易发生事故，必须加强建设项目安全管理。必须执行"三同时"有关规定，通过"三同时"严把建设项目入口关。

案例 4. 河北省唐山市某钢铁有限公司"12·24"煤气中毒重大事故

2008 年 12 月 24 日 8：30 左右，河北省唐山市某钢铁有限公司 2 号高炉重力除尘器泄爆板爆裂，致使煤气大量泄漏，发生人员伤亡重大事故。此起事故共造成 17 人死亡，27 人中毒。

【事故经过】

2008 年 12 月 24 日零点后，2 号高炉炉况逐渐变差，出现滑尺现象，3：00 又加入质量较差覆有冰雪的落地矿，炉况进一步恶化。6：30 以后，产生局部气流，出现频繁滑尺，虽减风处理，仍未得到有效控制。7：30，乙班（夜）和丙班（白）交接班时，乙班工长向丙班工长把炉况进行了交待，但丙班仍未采取有效措施。8：30，炉内发生严重崩料，带有冰雪的料柱与炉缸高温燃气团产生较强的化学反应，气流反冲，沿下降管进入除尘器内，造成除尘器内瞬时超压，导致泄爆板破裂，大量煤气溢出。因除尘器位于高炉炉前平台北侧，当时正刮北风，造成大量煤气漂移高炉作业区域，作业区没有安装监测报警系统，导致高炉平台作业人员煤气中毒。没有采取有效的救援措施，当班的其他作业人员贸然进入此区域施救，造成事故扩大。

【事故原因】

（1）高炉丙班工长杨某违反《高炉技术操作规程》没有及时减风消除局部气流和频繁滑尺，致使高炉炉况逐步恶化，形成管道行程，发生大崩料，使顶压大幅上升，致使除尘器泄爆板爆裂，大量煤气泄出。

（2）高炉重力除尘器不应设置泄爆板。另外，泄爆板安装位置不合理，开口朝向炼铁作业区，且高度较低，与炉台距离较近（经现场测量，高炉平台与重力除尘器水平距离 9.3m，垂直高差 9.3m），爆裂后煤气较易扩散到炼铁作业区域。

【防范措施】

（1）高炉重力除尘器不应设置泄爆板。对于已设置类似装置的，建议采取合理的放散措施或设置联锁、报警装置，消除安全隐患。高炉作业区域应设置 CO 检测报警装置。

（2）高炉炉顶及重力除尘器放散阀，应按照设计要求合理配重，不得随意加重和减轻，确保高炉放散阀起到应有的保护作用。建议高压操作的高炉，宜采用自动调压装置。

（3）高炉管理及技术操作人员要熟练掌握炼铁技术操作规程，提高驾驭高炉的能力，加强原燃料质量管理。

（4）加强职工操作技能和安全教育培训，特别是在煤气区作业的职工要熟练掌握煤气自我防范、救护的相关知识。当发现作业区域有煤气泄漏时，要及时上报，无防护装备的人员要迅速撤至安全区域。同时，要迅速组织人员查明泄漏原因，采取有效措施，确保安全。

（5）要按照安全生产及职业卫生的相关要求，进一步加大安全投入，采取必要的措施，不断改善现场劳动条件和治理职业环境，切实保障职工生命安全和身体健康。

案例 5. 河北省南宫市某金属制品有限公司 "8·21" 煤气中毒事故

2009 年 8 月 21 日 21：30，河北省南宫市某金属制品有限公司炼铁厂发生一起煤气中毒事故，造成 6 人死亡，1 人受伤，直接经济损失 500 余万元。

【事故经过】

8 月 21 日 19：25，炼铁厂 1 号高炉主风机跳闸断电，高炉被迫休风。20min 后，故障排除，热风班开始对干式除尘器进行引煤气操作，用煤气置换除尘器箱体内空气，并在主控室依次关闭除尘器 1～7 号箱体 DN 250 放散管气动蝶阀。由于 7 号箱体 DN 250 放散管气动蝶阀没有完全关闭，21：30 1 号高炉热风班 4 名工人在未佩戴空气呼吸器和携带 CO 报警仪的情况下冒雨上到 7 号箱体顶部实施人工关闭。由于 7 号箱体蝶阀没有关闭到位，在未切断煤气气源的情况下，仍处于放散状态，造成除尘器箱体顶部煤气大量聚集，致使 4 人当场中毒。大约 20min 后，在箱体下监护的闫某怀疑上去操作的 4 人可能出现问题，于是召集 2 号炉热风班郭某、毕某，也在未佩戴空气呼吸器和携带 CO 报警仪以及未切断煤气气源的情况下，再次上到 7 号箱体顶部查看情况。当走到 7 号除尘器箱体顶部工作台时，闫某、郭某相继倒下，毕某见情形不对，扭头往回跑，并向值班室打电话报告。

6 名中毒人员经抢救无效死亡，1 人中毒较轻，经治愈后出院。

【事故原因分析】

（1）直接原因：经调查分析，该事故发生的直接原因是作业人员的违章指挥、违章作业。在 7 号箱体放散管气动蝶阀关闭不到位，在未切断煤气气源，放散管仍处于放散状态的情况下，4 名作业人员因未佩戴 CO 报警仪和空气呼吸器，就贸然上到 7 号箱体顶部实施人工关闭，造成 4 人当场中毒，其他 3 名操作人员也在未佩戴呼吸器和未采取任何措施的情况下，盲目进行施救，造成中毒并导致事故扩大。

（2）间接原因：

1）没有安全设施"三同时"及项目竣工验收等手续，主要设备没有相关合格证明及技术资料，不符合国家有关规定。

2）除尘器箱体顶部的放散管高度不够。经实际测量高度为3m，不符合《工业企业煤气安全规程》（GB 6222—2005）规定的"放散管应高出设备走台4m"的要求。

3）违规操作。在雨天和夜间进行带煤气维修作业，不符合《工业企业煤气安全规程》规定的"不应在雷雨天气进行，不宜在夜间进行"的要求。

4）企业在安全教育培训工作上不够深入，不够细致。特别是在落实有关规定对新工的安全教育不到位，重生产、轻安全。职工缺乏安全基础知识，自我保护意识差，安全素质低，安全意识淡薄，习惯性违章指挥、违章操作现象在生产环节中普遍存在。

5）企业安全管理不到位、安全监管力量薄弱。炼铁厂现有职工450余人，只配备了一名专职安全管理人员，未设安全管理机构，安全管理力量非常薄弱，现场管理混乱。安全管理制度不健全，安全责任不清，安全检查不到位，安全隐患得不到及时的消除。实施特殊作业或危险作业时没有严格的监护和防范措施。

6）企业安全投入不足。涉及煤气设施操作的岗位，安全护器具配备不能满足防护及救护需要；煤气设施配置的电气照明及线路损坏严重，不能满足防爆和现场照明要求；特种设备、安全设施未做到定期检测，设施设备存在的安全隐患长期得不到有效根除（如压力容器、CO报警仪长期未检测）。

【防范措施】

（1）认真落实安全生产各项制度。对照国家、省、市有关安全生产管理的法律、法规和规章，进一步完善和充实本单位的安全生产责任制、安全规章制度和各岗位操作规程，提高各级安全生产管理人员的安全管理水平和能力，在此基础上加大安全生产监督检查力度，特别是加大对"三违"现象的检查力度，对职工违章指挥、违章操作、违反劳动纪律的行为，要发现一起，处罚一起，坚决杜绝违章作业的发生。

（2）加强对从业人员安全生产教育和培训。特别是加强对职工岗位操作规程、应知应会、危险预知、应急救援知识的培训，强化职工自保互保意识，教育职工严格遵守安全生产方面的规章制度和操作规程，提高广大职工安全生产意识和能力。

（3）补充完善炼铁厂各项手续。按照国家有关法律法规要求，补充完善炼铁厂的各项手续，由具有相应资质的设计单位补做设计，对照设计进行全面整改，整改完成后，由具有资质的中介机构进行安全现状评价，完成安全设施"三同时"工作。

案例 6. 山西省临汾某钢铁公司"8·24"高炉煤气中毒事故

【事故概况】

2009 年 8 月 24 日，1 号高炉烘炉由 2 号高炉供煤气转为由 3 号高炉供煤气，2 号高炉休风以后，3 号高炉煤气管道需打开向 1 号高炉供煤气。在关闭 3 号高炉煤气管道的蝶阀，打开其后的眼镜阀的作业过程中，4 名作业人员中毒，监护人和赶来救援的值班工长也中毒。其中 3 人死亡，重度中毒 1 人。

【事故要点】

（1）4 号煤气蝶阀关闭以后，煤气压力表显示 2kPa，技师顺手将煤气压力表下面的排污阀开了一下（煤气压力表、排污阀通过三通连接），然后再关闭，此时煤气压力显示为零，就开始组织热风工上高位平台，进行翻 3 号眼镜阀操作。

（2）4 名热风工带上煤气报警器、两套防毒面具上到 3 号眼镜阀平台（平台距地面 7.2m，面积约 4m²），现场测试煤气报警器不报警，带着防毒面具工作不方便，就摘掉了防毒面具。

（3）控制眼镜阀的两根丝杠松开，大锤砸管钳拧不动的丝杠，眼镜阀松动了 10cm 左右，突然一股煤气从松动的法兰处喷出。

（4）有人大喊"快撤"，但为时已晚，没有地方躲，此人就趴到了平台的西边，另 3 人中毒倒在了平台的东面。

（5）在下面监护的人发现情况不正常，便爬上无护笼的直梯去抢救，中毒摔在地上。

（6）值班工长带领人到现场抢救，在系绳子（用绳子将中毒者放下来）过程中也中毒，从约 6m 高度掉了下来。

【事故原因分析】

（1）违反"带煤气作业，操作人员应佩戴呼吸器或通风式防毒面具"的规定。

（2）煤气报警器失效不报警，习惯地认为没有煤气，带着防毒面具工作不方便，就摘掉了防毒面具。

（3）眼镜阀没有完全切断，错误地判断煤气管道内没有压力。

（4）作业场所没有逃生及救援通道。

【预防措施】

（1）加强对从业人员安全生产教育和培训。特别是加强对职工岗位操作规程、应知应会、危险预知、应急救援知识的培训，强化职工自保互保意识。

（2）认真落实安全生产各项制度。特别是加大对"三违"现象的检查力度，坚决杜绝违章作业的发生。

（3）进行带煤气作业前，必须办理、履行审批手续；作业现场必须采取通风、监测、监护等措施。

（4）安全防护器具必须定期校验，保证灵敏可靠。带煤气作业必须携带 2 块以上 CO 检测仪。不得随意摘掉防毒面具。

（5）事故救援人员必须采取可靠的防护措施，不得贸然抢救。

案例 7. 山西省襄汾县某铁合金厂"9·18"煤气中毒

2009 年 9 月 18 日山西省襄汾县某铁合金厂临时停产检修，要检修东烧结阀盖密封箱体盖板等。10 时左右高炉休风，16：25 高炉复风，此时在烧结平台下阀盖密封箱体内进行焊接作业的 3 人中毒，1 人焊好盖板爬出人孔时中毒，平台上配合检修的人员立即去关煤气阀门，将阀门关闭后自己即晕倒在阀门平台区。此次，造成 4 人死亡，1 人轻微中毒。

【事故经过】

10：05 高炉休风，11 时甲班开始检修，当班作业人员没有按规程要求关闭煤气阀门和打开煤气放散阀。16：30，乙班 4 人在没有确认煤气阀门是否关闭、放散阀是否打开，没有办理进入箱体内作业工作票证，也没有检测箱体内煤气浓度的情况下，先后进入阀盖密封箱体内进行焊接作业。

18：25 高炉复风，高炉工长电话告知厂长说高炉要引煤气，厂长回复说行。1 人已从箱体内出来得到厂长通知高炉已引煤气，又进入箱体催促另 3 名作业人员说快点干；然后在人孔处焊接最后一个盖板，当其焊好爬出人孔时，感觉头晕、眼花、说不出话，即晕倒在平台西侧；这时在平台上配合检修的人员，发现人孔处中毒者，立即去关煤气阀门，将阀门关闭后自己即晕倒在阀门平台区；东烧结平台下的人感觉到有煤气，上去关阀门时，发现阀门区的中毒者，便大声喊叫"快救人"。该厂人员听到喊叫相继赶到东烧结平台，立即展开抢救；人孔处中毒者清醒后告知抢救者说箱体内还有 3 人，箱体内的 3 人救出后和阀门区中毒者送往医院经抢救无效死亡。

【事故原因分析】

（1）在检修前，甲班没有按规定关闭煤气阀门、打开放散阀，违反安全操作规程作业。

（2）乙班在没有办理工作票、没有确认煤气阀门的状态、没有进行检测箱体内煤气浓度、没有准备安全防护设施、没有指派专门的安全监护人员的情况下，安排组织人员进入箱体内违章作业。

（3）在得知已经输送煤气，没有采取关闭煤气阀门、打开放散阀等措施的情况下，未能及时组织撤出人员，导致事故发生。

（4）在没有采取任何安全防护措施的情况下，发现煤气泄漏，盲目冒险去关煤气阀门，导致中毒死亡，造成事故扩大。

【预防措施】

（1）加强对从业人员安全生产教育和培训。特别是加强对职工岗位操作规程、应知应会、危险预知、应急救援知识的培训，强化职工自保互保意识，教育职工严格遵守安全生产方面的规章制度和操作规程，提高广大职工安全生产意识和能力。

（2）认真落实安全生产各项制度。特别是加大对"三违"现象的检查力度，对职工"三违"行为，要发现一起，处罚一起，坚决杜绝违章作业的发生。

（3）维修、检修期间容易发生安全事故，应采取有效的安全防护措施。

（4）进入受限空间内作业前，必须办理"受限空间安全作业证"，履行审批手续；作业现场必须采取通风、监测、监护等措施。作业前 30min 必须对氧气及有害气体进行监测，合格后方能作业。

（5）事故救援人员必须采取可靠的防护措施，不得贸然抢救。

案例 8. 江西省某钢铁公司"12·6"中毒事故

2009 年 12 月 6 日，江西省某钢铁公司焦化厂 2 号干熄焦的旋转密封阀出现故障，三名协助处理故障的焦炉当班工人中毒死亡；1 人未佩戴呼吸器进行施救，中毒死亡；最终共导致 4 人死亡、1 人受伤。

【事故经过】

（1）2009 年 12 月 6 日 4：28，江西省某钢铁公司焦化厂 2 号干熄焦的旋转密封阀的故障，安排焦炉当班工人协助 2 名巡检人员进行处理。

（2）因系统内可燃气体浓度较高，其中甲巡检人员先去打开氮气阀稀释系统内的可燃气体浓度。

（3）乙巡检人员在已打开的 2 号干熄焦旋转密封阀人孔旁与 3 名焦炉当班工人会合后，乙巡检人员要去找个钩子处理旋转密封阀里面的异物，走前说：在他未返回之前不能进行作业，并提醒此处危险要他们离开。当他找来钩子回来时发现 3 人都不见了，经寻找看到 3 人均倒在人孔内，就连忙往外拉人，但他感到呼吸困难手脚无力，就立即离开现场，同时用对讲机向主控室呼救。

（4）干熄焦主控人员及甲巡检人员等人听到呼叫后就从不同岗位迅速赶到现场进行抢救；同时通知了调度室、120、公司消防队等单位。

（5）在施救过程中干熄焦主控人员不听他人劝阻且未佩戴防护器具而中毒倒在人孔内。

（6）其他人佩戴好空气呼吸器后与赶来的消防人员将中毒人员救出并送到医院抢救。

【事故原因分析】

（1）3 名焦炉当班工人在巡检工还未关闭平板阀门的情况下打开 2 号干熄焦旋转密封阀人孔进行故障处理，导致有毒有害气体（主要成分为 CO、CO_2、N_2 等）从打开的人孔处冒出，造成中毒事故，违反有关的规定。

（2）乙巡检人员在发现 2 号干熄焦旋转密封阀人孔打开后未及时确认平板阀门是否关闭而离开现场找工具，也没有采取有效措施使 3 名焦炉当班工人离开危险场所；甲巡检人员在发生事故到达现场后也未及时关闭平板阀门。两名巡检人员作为处理故障的主要人员，未确实履行工作职责。

（3）在未佩戴空气呼吸器的情况下贸然进入危险区域，导致事故扩大。

【预防措施】

（1）加强对从业人员安全生产教育和培训。特别是加强对职工岗位操作规程、应知应会、危险预知、应急救援知识的培训，强化职工自保互保意识，教育职工严格遵守安全生产方面的规章制度和操作规程，提高广大职工安全生产意识和能力。

（2）认真落实安全生产各项制度。特别是加大对"三违"

现象的检查力度，对职工违章指挥、违章操作、违反劳动纪律的行为，要发现一起，处罚一起，坚决杜绝违章作业的发生。

（3）维修、检修期间容易发生安全事故，应采取有效的安全防护措施。

（4）进入受限空间内作业前，必须办理"受限空间安全作业证"，履行审批手续；作业现场必须采取通风、监测、监护等措施。作业前30min必须对氧气及有害气体进行监测，合格后方能作业。

（5）事故救援人员必须采取可靠的防护，不得贸然抢救。

案例9. 河北省某钢铁公司"1·4"煤气中毒重大事故

2010年1月4日10时50分左右，河北某钢铁公司炼钢分厂发生煤气中毒重大事故，造成21人死亡，9人中毒，直接经济损失980万元。

【事故经过】

发生事故的炼钢厂有2座120t转炉，其中1号转炉及配套的1号、2号风机系统于2009年6月投产。2号转炉正在砌砖，3号风机系统正在调试，3号风机管道由三叶公司负责施工安装。

2009年12月23日左右，三叶公司向炼钢分厂提出割除2号风机与3号风机煤气入柜总管间的盲板，将3号风机煤气管道和原煤气管道连通。

2010年1月3日8～13时为更换1号转炉天车钢丝绳和割除2号与3号风机管道之间的盲板，转炉停产。8：30左右，炼钢分厂运转工段长电话通知三叶公司现场负责人刘某，"现在转炉停产可以进行盲板割除作业"。约10：30，三叶施工人员在3号风机煤气管道上开了一个人孔，进入管道内对盲板切割出约500mm×500mm的方孔时，发生2人死亡事故，三叶公司施工人员随即停工。事故现场处置后，炼钢分厂副厂长安排当班维修工封焊3号风机煤气管道上的人孔（而未对盲板上切开的方孔进行焊补）。运行班长安排当班风机房操作工李某给3号风机管道

U 形水封进行注水，李某见溢流口流出水后，关闭上水阀门。

1 月 3 日 13 时左右 1 号转炉重新开炉生产。

从 1 月 3 日 13 时至 1 月 4 日 8 时，转炉一直冶炼生产，但由于煤气不合格，没有回收煤气，进行放散。此时煤气柜至 2 号煤气管道三通阀和 3 号煤气管道 U 形水封之间处于贯通状态。由于 3 号管道 U 形水封排水阀关不严，一直漏水。1 月 4 日 10：20 左右经过 21 小时的持续漏水，U 形水封水位下降，水位差小于 27.5cm，失去阻断煤气的作用，煤气柜内的煤气在 2.75kPa 的压力下，通过盲板上新切割的 500mm × 500mm 的方孔击穿 U 形水封。煤气通过仍处于安装调试状态的水封逆止阀、三通阀、电动蝶阀，充满 2 号转炉煤气管道，约 10：55，煤气从 2 号转炉一文溢流水封和烟道等多处溢出，导致正在 2 号转炉区域作业的人员中毒。

【事故原因】

（1）直接原因：在 2 号转炉回收系统不具备使用条件的情况下，割除煤气管道中的盲板，U 形水封未按图纸施工，存在设备隐患，U 形水封排水阀门封闭不严，水封失效，且没有采取 U 形水封与其他隔断装置并用的可靠措施，导致此次事故的发生。

（2）间接原因：

1）钢铁公司违反规定，在工程交接验收前，未对建设项目进行检查，没有确认工程质量是否符合施工图和国家标准规定，而且在未对项目进行验收的情况下，同意三叶公司将 3 号风机煤气管道与主管道隔断的盲板割通，将未经验收的水封投入使用。

2）3 号风机煤气管道施工完毕后，三叶公司违反规定，对 U 形水封的管道、阀门、排水器等设备没有进行试验和检查；没有向钢铁公司提交竣工说明书、竣工图以及验收申请，没有确认水封是否达到设计要求，没按图纸要求安装补水管路和逆止阀。

3）钢铁公司安全生产规章制度不健全，落实不到位，培训不完善，钢铁公司技术和操作人员安全技能低，业务知识差，指挥系统有较大的随意性。在该次煤气管道连通中，口头下达指令，职工只是机械性执行操作指令，在 U 形水封补水后，未对煤气回收系统中存在的危险、有害因素进行分析和确认。

4）甲乙双方均未按《建设工程项目管理规范》实施管理，双方责权不明，项目的实施过程未完全处于受控状态。

5）有关部门对项目立项工作的指导、协调和项目建设监管不力，以致该项目建设过程中存在多处违规行为。

【防范措施】

（1）加强施工作业过程的质量控制和安全管理，确保冶金企业建设项目安全设施与主体工程同时设计、同时施工、同时投入生产和使用。

（2）施工单位要根据项目特点制定周密的施工方案及安全施工措施，严格按照设计图纸进行施工。在施工过程中严格按规范要求进行检查和试验，确认达到设计要求。在验收合格后，方可移交建设单位使用。

（3）冶金企业要认真贯彻执行《工业企业煤气安全规程》，加强煤气生产、储存、输送、使用环节的安全管理；应绘制公司煤气管网图，在煤气设施施工或检修作业时制订文字性方案，采取可靠隔断措施。

（4）冶金企业要根据国家有关规范，结合本企业特点，制定、完善相关专业的管理制度，加强交叉作业过程中的安全管理，制定并严格执行交叉作业方案。要加强从业人员的安全教育和技能培训，提高操作人员的安全意识、操作技能和应急处置能力，保证从业人员熟悉有关煤气安全生产规章制度和安全操作规程。要特别注意加强对农民工的培训。

（5）建立企业突发性事件应急预案，建全企业危险源和危险点台账，完善安全报警系统（如危险气体监测、报警及远程监控等），并对其进行有效监控，以提高煤气本质化安全水平。

（6）各有关部门要按照国家产业政策要求，积极帮助、督促企业补充、完善冶金企业建设项目立项手续，加大项目建设和施工过程的监管力度，确保项目建设与施工处于受控状态。

案例 10. 河北省某冶炼公司"1·18"煤气中毒事故

2010 年 1 月 18 日上午 8 时 30 分左右，河北某建设公司的 6 名检修施工人员进入某冶炼公司 2 号高炉（440m³）炉缸内搭设脚手架，拆除冷却壁时，造成 6 名施工人员煤气中毒死亡。

【事故经过】

2009 年 11 月 22 日 2 号高炉因炉凉造成高炉停产检修。

2010 年 1 月 6 日 15：30 竖炉因生产需要开始恢复生产，冶炼公司将 2 号高炉净煤气总管出口的电动蝶阀和盲板阀打开，由 1 号高炉产生的煤气向竖炉提供燃料供应。

1 月 16 日 17：56，竖炉停止生产，将 2 号高炉的电动蝶阀关闭，而未将盲板阀关闭；在 2 号高炉检修期间干式除尘器箱体的进、出口盲板阀处于未关闭状态，箱顶放散管处于关闭状态，2 号高炉重力除尘器放散管处于关闭状态。

高炉检修施工人员在进入炉内作业前，也未按规定对炉内是否存在煤气等有害气体进行检测，在煤气浓度超标的情况下，盲目进入炉内进行作业。

【事故原因】

（1）停产检修的 2 号高炉与生产运行的 1 号高炉连通的煤气管道仅电动蝶阀关闭，而未将盲板阀关闭，未进行可靠的隔断。

（2）检修期间 2 号高炉煤气净化系统处于连通状态，各装置放散管处于关闭状态；1 号高炉的煤气经 2 号高炉干式除尘器箱体与重力除尘器到达 2 号高炉炉内。

（3）2 号高炉检修前，施工单位与生产单位双方均未对 2 号高炉净煤气总管的盲板阀是否可靠切断进行有效的安全确认。

（4）检修施工人员在进入炉内作业前，未按规定对炉内是否存在煤气等有害气进行检测。

（5）双方未制定检修方案及安全技术措施，均未明确专职安全人员对检修现场进行监护作业。

【防范措施】

（1）加强施工人员安全生产教育。特别是对所实施的作业存在的危险进行告知，检修前必须交底，严格遵守安全生产方面的规章制度，提高安全生产意识和能力。

（2）企业对施工方的管理必须加强，对施工和生产的衔接配合必须加强协调。

（3）维修、检修期间容易发生安全事故，维修、检修应采取有效的安全防护措施。

（4）进入受限空间内作业前，必须办理"受限空间安全作业证"，履行审批手续；作业现场必须采取通风、监测、监护等措施。作业前 30min 必须对氧气及有害气体进行监测，合格后方能作业。每间隔 2h 监测一次。

案例 11. 南京市某钢铁公司煤气泄漏中毒事故

【事故经过】

2012 年 2 月 23 日 11 时 50 分左右，位于南京的某钢铁公司发生煤气泄漏事故，导致转炉煤气倒灌进煤气柜，造成柜内正在进行大修施工的 13 名作业人员煤气中毒。事故导致 6 人死亡，7人受伤。

【事故原因】

（1）直接原因：施工人员在不了解回流管道内存在煤气的情况下，将加压站至煤气柜回流管盲板处的法兰螺栓拆除，导致盲板下移，致使回流管道内的煤气倒灌进入煤气柜，造成煤气柜内作业人员严重中毒。

（2）间接原因。

1）钢铁公司负责人骆某等人擅自违规将该项目分包给没有施工资质的姚某个体施工队。

2）施工过程中，钢铁公司安全员施某，未能及时发现并制止工人拆卸回流管上固定盲板的螺栓。

3）钢铁公司检修负责人田某也没有明确告知作业人员禁动回流管上的盲板，煤气泄漏后也未引起其重视，盲目指挥工人继续作业。

4）施工现场负责人陈某在接到险情报告后，仍盲目指挥工人继续作业，最终造成重大责任事故。

【防范措施】

（1）重点检查煤气作业、设施设备检修的相关安全管理制度是否健全和落实。

（2）是否对煤气作业、设施设备检修等进行事前风险评估，以及有无对相关作业人员进行培训和安全技术交底。

（3）是否配备安全可靠的煤气报警装置以及相关安全设施设备。

（4）对涉及生产、供应以及使用煤气的单位，要督促其设立煤气防护站或煤气防护组，配备防护设施，配齐防护人员。

（5）对未履行建设项目安全设施"三同时"手续的，要责令其立即组织开展煤气设备设施安全现状评价，确保满足安全生产条件。

案例 12. 山东省邹平县某不锈钢公司"11·29"重大煤气中毒事故

【事故经过和原因】

2015 年 11 月 29 日 17：50 左右，山东邹平县某不锈钢有限公司转炉煤气管道发生泄漏，造成 10 人死亡、7 人受伤。初步分析，事故直接原因是煤气管道 1 号排水器水封被击穿，该管道排灰管上闸阀违规开启，下闸阀阀体开裂，造成煤气泄漏。事故暴露出该公司煤气管道设计、建造不符合有关规程要求，煤气安全管理责任不清晰，排灰管未采取有效煤气隔断措施等突出问题。

【防范措施】

（1）加强煤气安全隐患排查治理，按照《工业企业煤气安全规程》（GB 6222—2005）和相关文件要求对表检查，认真排查整改安全隐患。

（2）落实煤气作业审批制度和安全防范措施，实行全过程安全条件确认和监护制度。

（3）加强煤气安全管理人员和从业人员（含相关方从业人员）的安全培训，未经考核合格不得上岗。

（4）强化煤气事故应急管理，制定有针对性的煤气专项应急预案并加强应急演练，发生中毒事故后必须由受过应急技能培训的专业人员施救。

附录1 煤气安全作业考试习题集

第1章 煤气基础知识

一、单项选择题（每题只有一个选项是正确的，不选、多选、错选均不得分）

1. 煤气中所含 CO 越高，其发生煤气中毒的危险性（　　）。
   A. 不变　　　B. 越小　　　C. 越大　　　D. 先大后小

2. 煤气中的杂质在冷凝水中溶解发生电离，电离出 H^+，从而使冷凝水呈（　　）。
   A. 电解性　　B. 中性　　　C. 碱性　　　D. 酸性

3. 焦炉煤气是炼焦过程中煤在高温干馏时的气态产物，1t 干煤在炼焦过程中，可产生煤气（　　）m^3。
   A. 300～350　　B. 1800　　C. 3000　　D. 50～70

4. 高炉煤气是高炉炼铁过程中产生的一种副产煤气，每炼 1t 生铁，可产生煤气（　　）m^3。
   A. 300～350　　B. 1800　　C. 3000　　D. 50～70

5. 转炉煤气是转炉炼钢的副产物，每炼 1t 钢，可产生煤气（　　）m^3。
   A. 300～350　　B. 1800　　C. 3000　　D. 50～70

6. 转炉煤气 CO 含量高达（　　），所以毒性最大。
   A. 5%～8%　B. 23%～30%　C. 26%～31%　D. 50%～70%

7. 高炉煤气 CO 含量为（　　）。
   A. 5%～8%　B. 23%～30%　C. 26%～31%　D. 50%～70%

8. 发生炉煤气 CO 含量为（　　）。
   A. 5%～8%　B. 23%～30%　C. 26%～31%　D. 50%～70%

9. 焦炉煤气 CO 含量为( )。

    A. 5% ~8%   B. 23% ~30%

    C. 26% ~31%   D. 50% ~70%

10. 发生炉煤气、高炉煤气、焦炉煤气、转炉煤气中发生中毒最危险的是( )。

    A. 焦炉煤气   B. 高炉煤气

    C. 发生炉煤气   D. 转炉煤气

11. ( )有轻微臭味；转炉煤气、高炉煤气则无色无味，不易察觉。

    A. 焦炉煤气   B. 天然气   C. 水煤气

12. 高炉煤气回收要求含尘量应小于( )mg/m^3。

    A. 20   B. 15   C. 10   D. 5

13. 转炉煤气回收要求含氧量应小于( )。

    A. 10   B. 5   C. 3   D. 2

14. 转炉煤气的爆炸范围为( )。

    A. 4.5% ~35.80%   B. 30.89% ~89.5%

    C. 18.22% ~83.22%   D. 14.6% ~76.8%

15. 高炉煤气的爆炸范围约为( )。

    A. 4.5% ~35.80%   B. 30.89% ~89.5%

    C. 18.22% ~83.22%   D. 14.6% ~76.8%

16. 焦炉煤气的爆炸范围约为( )。

    A. 4.5% ~35.80%   B. 30.89% ~89.5%

    C. 18.22% ~83.22%   D. 14.6% ~76.8%

17. 发生炉煤气的爆炸范围约为( )。

    A. 4.5% ~35.80%   B. 30.89% ~89.5%

    C. 18.22% ~83.22%   D. 14.6% ~76.8%

18. 一氧化碳无色无味气体，其爆炸范围为( )，燃烧时火焰呈蓝色，毒性极大。

    A. 12.0% ~74.5%   B. 4.0% ~75%

    C. 4.9% ~15%   D. 4.3% ~46%

19. （　）的爆炸下限最低，所以其发生爆炸的可能性更大一些。
  A. 焦炉煤气   B. 高炉煤气
  C. 发生炉煤气   D. 转炉煤气

20. （　）的爆炸区间最大，所以其发生爆炸的可能性更大一些。
  A. 焦炉煤气   B. 高炉煤气
  C. 发生炉煤气   D. 转炉煤气

21. 高炉煤气由于含有大量的 N_2 和 CO_2，所以发热量较低，为（　）kJ/m^3。
  A. 3350 ~ 4000   B. 16300 ~ 18500
  C. 7500 ~ 9300   D. 6100 ~ 7100

22. 焦炉煤气由于含有大量的 H_2 和 CH_4，所以发热量较高，为（　）kJ/m^3。
  A. 3350 ~ 4000   B. 16300 ~ 18500
  C. 7500 ~ 9300   D. 6100 ~ 7100

二、判断题（正确的打"√"，错误的打"×"）

1. 无论何种煤气，其中的有毒成分主要是 CO。（　）

2. 各种煤气由于产生原理不同，其组成成分、物理性质和化学性质也不相同。（　）

3. 从事煤气作业的人员多，密集性大。尤其是检修作业时，一旦发生煤气事故，易造成群死群伤的事故。（　）

4. 高炉煤气含有大量 CO，毒性很强，吸入会中毒死亡，车间 CO 的允许含量为 $30mg/m^3$。（　）

5. 高炉除尘器应设有当煤气压力低于 500Pa 或含氧量达到 10% 时，能自动切断高压电源并发出声光信号装置。（　）

6. 在未经过除尘净化之前，转炉炉气中每标准立方米含尘量达 150 ~ 200g。（　）

7. 完全燃烧需要过剩的空气系数，一般在 1 ~ 1.5 之间。（　）

8. 不完全燃烧指燃料中的可燃物质未能和氧进行完全反应，燃烧产物中存在可燃物质。（　）

9. 石油液化气比空气重 1.5 倍，容易积聚在地面或低洼处，一遇明火，将会造成火灾。（　　）

10. 液化气钢瓶与燃气灶距离要大于 1m 以上。导气软管一般应取 1.5～2m 为宜。（　　）

第2章　煤气事故的预防与处理

一、单项选择题（每题只有一个选项是正确的，不选、多选、错选均不得分）

1. 正常空气中氧的含量为 20.9%，空气中氧含量低于（　　）时，即可发生呼吸困难。
   A. 20.9%　　　　B. 17%　　　　C. 10%　　　　D. 6%

2. 正常空气中氧的含量为 20.9%，空气中氧含量低于（　　）时，立即死亡。
   A. 20.9%　　　　B. 17%　　　　C. 10%　　　　D. 6%

3. CO 与血红蛋白的结合能力比氧与血红蛋白的结合能力大 300 倍，而碳氧血红蛋白的分离要比氧与血红蛋白的分离慢（　　）倍。
   A. 300　　　　B. 1000　　　　C. 1600　　　　D. 3600

4. 当人体（　　）血红蛋白被 CO 凝结时，呼吸停止，并迅速死亡。
   A. 20%　　　　B. 30%　　　　C. 50%　　　　D. 70%

5. 轻度中毒表现为头疼、脑晕、恶心、呕吐、全身乏力、两腿沉重软弱，体征仅脉搏加快，血液中碳氧血红蛋白的含量仅在（　　）以下，病人如能迅速脱离中毒现场，吸入新鲜空气，症状都能很快消失。
   A. 20%　　　　B. 30%　　　　C. 50%　　　　D. 70%

6. 对呼吸骤停的病人给予的心肺复苏急救措施是十分关键的一个环节，是抢救成功的有力保障。循环停止（　　）min 内实施正确的心肺复苏急救效果好。

A. 7   B. 6   C. 5   D. 4

7. 在煤气放散过程中，放散上风侧20m，下风侧（ ）m禁止有
人，并设有警示线，防止误入。

    A. 40   B. 30   C. 20   D. 10

8. 当CO含量在100mg/m³时，连续工作时间不得超过（ ）min。

    A. 50   B. 40   C. 30   D. 20

9. 当CO含量在200mg/m³时，连续工作时间不得超过（ ）min。

    A. 40~50   B. 30~40   C. 20~30   D. 15~20

10. 在煤气设备上动火，必须严格办理动火手续，并可靠地切断
煤气来源，并认真处理净残余煤气，这时管道中的气体经取
样分析含氧量达到（ ）%。

    A. 25   B. 23   C. 19.5   D. 18

11. 动火时，应使煤气设备保持正压，压力最低不得低于（ ）
Pa，以控制在1500~5000Pa为宜，严禁在负压状态下动火。

    A. 1000   B. 800   C. 500   D. 200

12. 煤气设备的接地装置，应定期检查，接地电阻小于（ ）Ω。
以减少雷电造成的火灾，电气设备要有良好的接地装置。

    A. 10   B. 20   C. 30   D. 40

13. 直径大于（ ）mm的管道着火，应将煤气来源逐渐关小（煤
气压力不得低于100Pa），通入大量氮气灭火，火扑灭后，关
闭阀门。

    A. 100   B. 200   C. 300   D. 400

14. （ ）即阻止空气进入燃烧区或用惰性气体稀释空气，使燃烧
因得不到足够的氧气而熄灭的灭火方法。

    A. 抑制灭火法   B. 隔离灭火法

    C. 冷却灭火法   D. 窒息灭火法

15. 发生煤气中毒后，下列不正确的是（ ）。

    A. 在有防护的情况下指挥和施救

    B. 用纱布口罩作为防毒器材

    C. 带上空气呼吸器

D. 携带煤气报警器

16. 电器着火时下列不能用的灭火方法是哪种？（　　）
    A. CO_2 灭火器　　　　　　　B. 干粉灭火器
    C. 用沙土灭火　　　　　　　　D. 泡沫灭火器

17. 在距煤气设备和煤气作业区（　　）m 范围内，严禁有火源，下风侧一定要管理好明火。
    A. 40　　　　　B. 30　　　　　C. 20　　　　　D. 10

18. 当煤气管道内的压力低于（　　）Pa 时，应关闭通往用户的煤气管网，防止产生负压时管网吸入空气发生爆炸。
    A. 3000　　　　B. 2000　　　　C. 1000　　　　D. 500

19. 防爆板的爆破压力一般不超过系统操作压力的（　　）倍。
    A. 2　　　　　B. 1.8　　　　　C. 1.5　　　　　D. 1.25

20. 通常认为，煤气的爆炸下限越低，爆炸的可能性（　　）。
    A. 越小　　　B. 越大　　　C. 不确定　　　D. 无法测量

21. 对煤气中毒昏迷进行救援的人员，应注意其口中是否有呕吐物、舌是否后垂，及时清理和纠正阻碍物、避免气管（　　）。
    A. 腐蚀　　　B. 受伤　　　C. 堵塞窒息　　　D. 污染

22. 除非伤者（　　），否则不能对伤者进行心肺复苏术。
    A. 呼吸停止、心跳停止　　　B. 头晕恶心
    C. 呼吸微弱　　　　　　　　D. 有意识

23. 事故中煤气燃烧火势比较大时，首先通知各煤气用户停止用气；立即采取措施降低煤气压力；同时向着火的煤气管道通入大量（　　）灭火。
    A. 氧气　　　B. 空气　　　C. 蒸汽或氮气　　　D. 氢气

24. 当煤气泄漏发生着火设备被烧红时，立即用水冷却降温，会发生（　　）。
    A. 火势减小　　B. 大火熄灭　　C. 设备变形　　　D. 火势变大

二、判断题（正确的打"√"，错误的打"×"）

1. 重度中毒很快意识丧失，进入深度昏迷，病人体内碳氧血红

蛋白在 50% 以上，如不抓紧救治，就有死亡的危险。（　）

2. 发生煤气事故后，将煤气区域内中毒人员抬到空气清新处后，等待防护站进行现场救治，将煤气中毒人员送至医院的途中不能停止抢救。（　）

3. 发生煤气中毒事故后，应迅速将中毒者及时救出煤气危险区域，抬到空气新鲜的地方，采取措施进行施救，并向煤气防护站和 120 申请现场救援。（　）

4. 人工呼吸应一手捏住伤者的鼻孔，一手托住伤者的下颌，然后口对口进行呼吸。（　）

5. 煤气中毒者已停止呼吸应在现场做人工呼吸，心脏停止跳动的就没必要再进行抢救了，用急救车送往医院即可。（　）

6. 在煤气中毒抢救过程中未经医务人员允许，不得停止抢救。（　）

7. 煤气中毒者未恢复知觉前，应避免搬动、颠簸，尽量在现场进行抢救，不得用急救车送往较远医院急救。就近送往医院进行抢救时途中应采取有效的急救措施，并应有医务人员护送。（　）

8. 心肺复苏术（CPR）即是恢复心跳和肺呼吸的方法，用人工的力量来帮助，最终达到自主心跳和呼吸的目的。心肺复苏分为心复苏——恢复心跳，肺复苏——恢复呼吸。（　）

9. 空气中可燃性气体的浓度过高，遇到明火就可能燃烧；而一旦达到了爆炸极限，就有爆炸的危险。（　）

10. 直径小于或等于 200mm 的煤气管道起火，可直接关闭煤气阀门灭火。（　）

11. 严禁火焰扑灭前，突然完全切断煤气来源，以防止回火爆炸。同时，要切断火势威胁的电源。（　）

12. 处理煤气泄漏及着火基本程序：一堵漏，二降压，三灭火。（　）

13. 发生爆炸后应立即启动应急预案，切断煤气来源，疏散人员，对爆炸地点应加强警戒，迅速将剩余煤气处理干净，爆

炸地点 40m 内严禁烟火。（　　）

14. 煤气事故处理应遵循"先人后设备"的原则，但严禁没有任何安全防护措施的情况下，擅自进行冒险抢救。（　　）

15. 当出现事故或异常情况，煤气来源隔断时，应立即在煤气管道内通入压缩空气进行保压。（　　）

16. 煤气管道的排水器着火时，应立即补水至溢流状态，然后再处理排水器。（　　）

17. 处理煤气事故时，不能少于两人，必须配戴好防毒面具。应采取联系救援、疏散人员、严禁火源等安全措施。迅速减小或控制煤气泄漏量。（　　）

18. 煤气着火时应迅速逐渐降低煤气压力，通入大量蒸汽或氮气，以稀释煤气浓度和减小火势。（　　）

19. 在灭火过程中，尤其是火焰熄灭后，要防止煤气中毒，扑救人员应配备煤气检测仪器和佩戴空气呼吸器。（　　）

第3章　煤气设施的检修与作业

一、单项选择题（每题只有一个选项是正确的，不选、多选、错选均不得分）

1. 有煤气设备的房所必须通风良好，定期检查试漏，测定 CO 含量小于（　　）mg/m³。
   A. 30　　　　　　　B. 40　　　　　　　C. 50　　　　　　　D. 80

2. 设备内照明电压应小于等于 36V，在煤气设备内作业照明电压应小于等于（　　）V。
   A. 54　　　　　　　B. 36　　　　　　　C. 24　　　　　　　D. 12

3. 进入煤气设备内部作业时，安全分析取样时间不得早于动火或进入设备内（　　）min。
   A. 50　　　　　　　B. 30　　　　　　　C. 20　　　　　　　D. 10

4. 在检修动火工作中，每（　　）h 必须重新取样分析。在工作中断后，恢复工作30min，也要重新取样分析。

    A. 4   B. 3   C. 2   D. 1

5. 氮气属于惰性气体，进去检修要采取通风措施，确保其中有足够的( )含量，否则会造成窒息中毒事故。

    A. N_2 B. CO   C. O_2 D. H_2

6. 煤气设施必须有可靠的接地装置，站内接地电阻不大于5Ω，站外接地电阻不大于( )Ω。

    A. 5   B. 10   C. 15   D. 20

7. 若炉膛温度超过( )℃时，可不点火直接送煤气，但应严格监视其是否燃烧。

    A. 500   B. 600   C. 700   D. 800

8. 带压动火作业过程中，必须设专人负责监视压力不低于( )Pa，最好控制在1500~5000Pa，严禁负压动火作业。

    A. 50   B. 100   C. 150   D. 200

9. 审批后的动火作业必须在( )h内实施，逾期应重新办理动火作业许可证。

    A. 72   B. 48   C. 36   D. 24

10. 煤气作业的照明应在( )m以外使用投光器。

    A. 30   B. 20   C. 10   D. 5

11. 人员每次进入煤气设备或管道内工作的时间间隔至少在( )h以上，进行轮换作业。

    A. 1   B. 2   C. 3   D. 4

12. 除有特别规定外任何煤气设备均必须保持正压操作，在设备停止生产而保压又有困难时，则应可靠地( )，并将内部煤气吹净。

    A. 切断煤气来源   B. 放散   C. 关闭   D. 断开

13. 长期检修或停用的煤气设施，应打开( )等，保持设施内部的自然通风。

    A. 法兰   B. 上、下人孔、放散管   C. 膨胀器   D. 阀门

14. 为防止煤气串入蒸汽或氮气管内，只有在通蒸汽或氮气时，

才能把蒸汽或氮气管与煤气管道连通，停用时（　）。

A. 关闭阀门即可　　　　　　B. 不用关闭

C. 断开或堵盲板　　　　　　D. 挂牌

15. 带煤气作业时，使用铜质工具，铁质工具涂黄油，为的是防止产生（　）。

A. 腐蚀　　　　B. 滑动　　　　C. 静电　　　　D. 火花

16. 检修完工后，应对设备进行（　）试漏、调校安全阀、调校仪表和连锁装置等。

A. 试温　　　　B. 试压　　　　C. 测爆　　　　D. 清洗

17. 发现煤气泄漏后，下列哪个作法是正确的？（　）

A. 打开电灯，仔细寻找破损地方

B. 及时关闭总阀门

C. 立即关闭窗户，防止煤气扩散

18. 在煤气放散过程中，（　）m内禁止有人，并设置警示线，防止误入。

A. 40　　　　B. 10　　　　C. 20　　　　D. 30

19. 煤气设施着火事故发生后，应立即向煤气设备阀门、法兰喷水冷却，目的是（　）。

A. 灭火　　　　　　　　　　B. 防止中毒

C. 防止设备烧坏变形　　　　D. 防止发生烫伤

20. 进入涉及煤气的设施内作业，应携带一氧化碳、氧气检测报警仪，必须保证设施内一氧化碳含量0.0024%以下，氧气含量不低于（　）%。

A. 18　　　　B. 19.5　　　　C. 23　　　　D. 25

21. 带煤气危险作业，距泄漏点下风侧扇形（　）m以内工作场所，严禁烟火，禁止无关人员进入危险区域。

A. 10　　　　B. 20　　　　C. 30　　　　D. 40

22. 各煤气使用单位发现（　）骤然下降到最低允许压力时，应立即停火保压，统一听从煤气调度指挥。

A. 煤气流量　　B. 氮气压力　C. 煤气压力　D. 氮气流量

23. 设备设施停煤气时，先用惰性气体置换煤气，然后用（　）调换惰性气体。

    A. 合格的烟气　　B. 煤气　　　　C. 氮气　　　　D. 空气

24. 设备设施送煤气时，先用惰性气体置换（　），再用煤气调换惰性气体。

    A. 空气　　　　　B. 煤气　　　　C. 氮气　　　　D. 合格的烟气

25. 惰性气体是安全、可靠的煤气置换介质，工厂中常用的介质是（　）。

    A. 氩气　　　　　B. 氧气　　　　C. 氮气　　　　D. 空气

26. 若当天动火工作未完，第二天动火前也必须（　），方可继续动火。

    A. 目测后　　　　　　B. 取样再分析合格后

    C. 评估后　　　　　　D. 试探后

27. 爆炸下限小于或等于（　）的易燃易爆气体含量应小于 0.2%，方可动火。

    A. 4%　　　　　　B. 5%　　　　　C. 6%　　　　　D. 10%

28. 爆炸下限大于（　）的易燃易爆气体含量应小于 0.5%，方可动火。

    A. 4%　　　　　　B. 5%　　　　　C. 6%　　　　　D. 10%

29. 带煤气抽堵盲板作业，煤气压力应保持稳定，一般控制在（　）左右。

    A. 1000Pa 以下　　　　B. 2000Pa

    C. 2000Pa 以上　　　　D. 1000～3500Pa

30. 抽、堵（　）煤气盲板时，盲板应涂以黄油，法兰两侧刷石灰浆，以免摩擦起火。

    A. 焦炉　　　　　B. 高炉　　　　C. 转炉　　　　D. 发生炉

31. 在带煤气开孔接管作业前，应将管壁和阀体间的空气用（　）置换干净后，方可进行操作。

    A. 氧气　　　　　B. 煤气　　　　C. 氮气　　　　D. 空气

32. 在煤气岗位区域动火作业的，动火前应"三方"确认，并有现场（　　）。

  A. 技术人员　　 B. 点检人员　 C. 岗位人员　 D. 监护人

33. 氮气置换空气时，管道各末端和死角处应做（　　）实验。

  A. 氧含量　　 B. CO 含量　 C. 氮气含量　 D. 爆发

34. 检修前用氮气置换煤气时，管道各末端和死角处应做（　　）实验。

  A. 氧含量　　 B. CO 含量　 C. 氮气含量　 D. 爆发

35. 动火分析时取样要有（　　），在动火容器内上、中、下各取一个样，再做综合分析。

  A. 前瞻性　　 B. 普遍性　 C. 代表性　 D. 综合性

二、判断题（正确的打"√"，错误的打"×"）

1. 作业人员在进入煤气区域内时必须是两人以上，不得并行，而应一前一后，间隔不少于 5m，并由前行者拿 CO 报警仪。（　　）

2. 在煤气场所作业必须使用铜质工具，使用超过安全电压的手持电动工具，必须按规定配备漏电保护器，临时用电线路装置应按规定架设和拆除，线路绝缘保证良好。（　　）

3. 抽堵盲板和送煤气作业一般不要在夜间进行，但可以在雷雨天进行。（　　）

4. 如果火焰过长而火苗呈黄色则是煤气不完全燃烧现象，应及时增加空气量或适当减少煤气量。（　　）

5. 点火时，严禁人员正对炉门，必须先给火种，后给煤气，严禁先给煤气后点火。（　　）

6. 送煤气时点不着火或着火后又熄灭，应立即第二次点火，直到点燃为止。（　　）

7. 有效地切断煤气来源，采用堵盲板、关眼镜阀或关闸阀加水封的方法进行可靠隔离。短时间检修可用闸阀隔断气源。（　　）

8. 抽堵盲板作业，煤气压力应保持稳定，不低于 1000Pa；在高

炉煤气管道上作业，压力最高不大于 4500Pa；在焦炉煤气管道上作业，压力不大于 3500Pa。（　　）

9. 蒸汽管与煤气主管连接处，不用蒸汽时，必须立即断开。（　　）

10. 用锥型木楔堵漏，适用于煤气管道漏洞；用木楔和石棉绳堵漏，适用于煤气管道或设备破口，作业时应戴好防毒面具。（　　）

11. 对于小裂缝，戴好防毒面具，可顶着管道正压力直接焊补。（　　）

12. 阀门在安装时必须确认其开关位置与外部标志一致。（　　）

13. 禁止在厂房内或向厂房内放散煤气。（　　）

14. 煤气区域生产厂房电气设施应采用防爆型电气设备。（　　）

15. 操作人员穿戴化纤面料的服装，进行生产操作时，由于摩擦也极容易产生静电火花。（　　）

16. 打开煤气设备、管道人孔时，人员应该站在下风侧的位置，要侧身子，防止煤气中毒。（　　）

第 4 章　煤气管理及防护器材

一、单项选择题（每题只有一个选项是正确的，不选、多选、错选均不得分）

1. 由于过滤式防毒面具的滤毒罐中盛装吸收剂量有限，所以环境中 CO 含量不能超过（　　）%。

　　A. 10　　　　　B. 5　　　　　C. 3　　　　　D. 1

2. 使用过滤式防毒面具的环境中，氧气含量应不低于（　　）%。

　　A. 18　　　　　B. 15　　　　　C. 13　　　　　D. 10

3. 空气呼吸器气瓶材料为碳纤维复合材料，额定储气压力为（　　）MPa，容积为 6.8L。

　　A. 18　　　　　B. 20　　　　　C. 25　　　　　D. 30

4. 空气呼吸器报警哨的起始报警压力为( )MPa。当气瓶的压力为报警压力时，报警哨发出哨声报警。

    A. 10   B. 8   C. 5   D. 3

5. 空气呼吸器报警哨报警后，按一般人行走速度计算，到空气消耗到2MPa为止，可佩戴( )min左右，行走距离为350m左右。

    A. 9～10   B. 6～8   C. 5～6   D. 2～3

6. 长管呼吸器的末端是否在安全通风良好的位置，末端必须有专人配CO检测仪监护，现场CO浓度不能超过( )mg/m^3。

    A. 100   B. 80   C. 50   D. 30

7. 定期对检测仪器进行全面校准。一些专家推荐，气体监控仪器应该( )校验一次。

    A. 每年   B. 每季度   C. 每月   D. 每周

8. 使用固定式CO检测报警器，仪器探头每隔( )标定一次。

    A. 每年   B. 每季度   C. 每月   D. 每周

9. 高压空气瓶和瓶阀( )须进行复检，复检可以委托制造厂进行。

    A. 每三年   B. 每两年   C. 每年   D. 每月

10. 便携式一氧化碳报警仪当电源电压下降到一定程度时需要更换电池，此时仪器会每间隔( )发出一个短促声响，提醒使用者更换电池。

    A. 5s   B. 10s   C. 15s   D. 30s

11. CO检测报警仪正确的使用方法是( )。

    A. 别在腰间   B. 拿在手上

    C. 放在工作袋中   D. 放在工作服上衣口袋中

二、判断题（正确的打"√"，错误的打"×"）

1. 煤气管理机构有煤气防护站、煤气调度、煤气化验室及煤气设施的维护机构。( )

2. 隔绝式呼吸器适用于缺氧、严重污染等有生命危险，过滤式

防毒面具无法发挥作用的工作场所。（　　）

3. 正压式空气呼吸器在呼吸的整个循环过程中，面罩内始终处于正压状态。因而，即使面罩略有泄漏，也只允许面罩内的气体向外泄漏，而外界的染毒气体不会向面罩内泄漏，具有比负压式空气呼吸器高得多的安全性。（　　）

4. 监护人不在场，不动火。发现异常现象，必须经批准，方可停止动火。（　　）

5. 未见到批准的动火许可证，不动火。许可证由焊工随身自带，以备有关人员检查。（　　）

6. 避免将高压空气瓶暴露在高温下，尤其是太阳直接照射下。（　　）

7. 各种主要的煤气设备、阀门、放散管、管道支架等应编号，号码应标在明显的地方。（　　）

8. 动火监护人对作业人员负责监护。如有措施不当或不按动火许可证要求工作时，可以提出意见，无权制止动火。（　　）

9. 使用呼吸器，当低于 5MPa 时，立即退出险区，未退出险区时，严禁摘下面具。（　　）

第 5 章　煤气管道的安装与验收

一、单项选择题（每题只有一个选项是正确的，不选、多选、错选均不得分）

1. 补偿器的内部导流板出口与排水点方向（　　）。
　　A. 同向　　　　B. 反向　　　　C. 无关　　　　D. 成 45°角

2. 水封的有效高度或有效压头应为煤气计算压力至少（　　）mm。
　　A. 800　　　　B. 700　　　　C. 600　　　　D. 500

3. 煤气管道每（　　）m 间距应设置一个排水器。
　　A. 500　　　　B. 200 ~ 250　　　　C. 300　　　　D. 600

4. 高压高炉从过剩煤气放散管算起 300m 以内的厂区净煤气总

管，其排水器水封的有效高度应不小于( )mm。

    A. 3000   B. 1000   C. 800   D. 2000

5. 煤气管道排放（ ）与生活下水道相连通，限制在就地或有限范围内集中处理。

    A. 可以   B. 一般不允许 C. 不得   D. 必须

6. 煤气管道热胀冷缩的数值，称为管道（ ）。

    A. 补偿量   B. 弹性   C. 膨胀率 D. 补偿率

7. ( )煤气管网的优点是远点煤气用户受近点用户供气的影响大为减少，实现了供气的全面保证。

    A. 环型   B. 树枝型   C. 辐射型 D. 双管型

8. 煤气管道的排水器泄漏时，应（ ）然后再处理排水器。

    A. 立即补水至溢流状态   B. 首先关闭阀门

    C. 逃生   D. 先将排水器水排出

9. 煤气管道与水管、热力管、燃油管和不燃气体管在同一支柱或栈桥上敷设时，其上下敷设的垂直净距不宜小于（ ）。

    A. 100mm   B. 250mm   C. 400mm D. 500mm

10. 放散管可分为( )。

    A. 低空放散管   B. 高空放散管

    C. 过剩煤气放散管和吹刷放散管   D. 平时放散管

11. 当燃烧装置采用强制送风的燃烧嘴时，煤气支管上应装止回装置或自动隔断阀。在空气管道上应设( )。

    A. 泄爆膜   B. 安全阀   C. 放散   D. 吹扫头

12. 凡经常检修的部位应设可靠的隔断装置，下列设备( )为可靠隔断装置。

    A. 水封   B. 闸阀   C. 蝶阀   D. 插板阀

13. 煤气管道设置排水器的作用是( )。

    A. 支撑   B. 缓冲   C. 减压   D. 排除冷凝水

14. 煤气管道上设置补偿器的作用是( )。

    A. 方便连接 B. 固定作用 C. 消除应力 D. 便于弯曲

15. 管道的环焊缝应离开支架托座( )以上，纵焊缝应在托座的上方。

    A. 100mm   B. 200mm   C. 300mm   D. 400mm

16. 混合煤气管道的设计压力按混合前（　　）的一种管道压力
    计算。

    A. 最低   B. 最高   C. 平均   D. 实际

17. 管道检测试验前，应用（　　）与运行中的管道隔断。

    A. 蝶阀   B. 盲板   C. 球阀   D. 闸阀

18. 架空煤气管道气压强度试验的压力应为设计压力的（　　）倍。

    A. 1. 0   B. 1. 5   C. 1. 15   D. 2. 0

19. 煤气设备和管道隔断装置前，管网隔断装置前后支管闸阀在
    煤气总管旁超过（　　）m 时，应设放气头。

    A. 0. 5   B. 0. 6   C. 0. 7   D. 0. 8

20. 煤气设备或单独的管段上人孔一般不少于（　　）个。

    A. 1   B. 2   C. 3   D. 4

21. 人孔直径应不小于（　　）mm，直径小于（　　）mm 的煤气管道
    设手孔时，其直径与管道直径相同。

    A. 300，600   B. 400，600

    C. 500，600   D. 600，600

22. 架空管道靠近高温热源敷设以及管道下面经常有装载炽热物
    件的车辆停留时，应采取（　　）。

    A. 保温设施   B. 警示标识   C. 防撞措施   D. 隔热措施

23. 防雷接地装置的冲击接地电阻应小于（　　），并应和电气设备
    接地装置相连。

    A. 4Ω   B. 10Ω   C. 15Ω   D. 30Ω

24. 在已敷设的煤气管道（　　），不应修建与煤气管道无关的建
    筑物和存放易燃、易爆物品。

    A. 上面   B. 下面   C. 附近   D. 周围

25. 与铁路和道路交叉的煤气管道，应敷设在套管中，套管两端
    伸出部分，距铁路边轨不少于（　　），距有轨电车边轨和距道
    路路肩不少于（　　）。

A. 3m，2m　　　B. 4m，3m　　C. 5m，4m　　D. 6m，5m

26. 架空管道，钢管制造完毕后，内壁和外表面应涂刷防锈涂料。管道外表面每隔（　）年应重新涂刷一次防锈涂料。

A. 1　　　　　　B. 2　　　　　　C. 3　　　　　D. 4 ~ 5

二、判断题（正确的打"√"，错误的打"×"）

1. 补偿器，宜选用耐腐蚀材料制造。（　）

2. 架空敷设的煤气管道允许穿越爆炸危险品生产车间、仓库、变电所、通风间等建筑物。（　）

3. 穿过墙壁引入厂房内的煤气支管，墙壁应有环形孔，不准紧靠墙壁。（　）

4. 其他管道的托架、吊架可焊在煤气管道的加固圈上或护板上，并应采取措施，消除管道不同热膨胀的相互影响，也可以直接焊在管壁上。（　）

5. 厂房内地沟铺设的煤气管道应尽可能避免装置附件、法兰盘等。（　）

6. 厂房地沟内煤气管道横穿其他管道时，应把横穿的管道放入密闭套管中，套管伸出沟两壁的长度不宜小于100mm。（　）

7. 热煤气管道的敷设应防止由于热应力引起的焊缝破裂，必要时，将管道和管托上下都焊死。（　）

8. 布袋除尘器每个出入口应设有可靠的隔断装置。（　）

9. 插板不是可靠的隔断装置。（　）

10. 密封蝶阀只有和水封、插板、眼镜阀等并用，方可作为可靠的隔断装置。（　）

11. 眼镜阀和扇形阀不宜单独使用，应设在密封蝶阀或闸阀后面。（　）

12. 水封使用较普遍，因其制作、操作和维护均较简便，投资少，只要达到煤气计算压力要求的有效水封高度，即可切断煤气。（　）

13. 蒸汽管道不能与煤气管道长期连通，防止煤气倒流造成煤气

中毒。（　）

14. 煤气水封给水管应装给水封和逆止阀，以防断水时倒窜煤气。（　）

15. 煤气管道冷凝液的排放，应考虑到冷凝液所含有害成分的危害。（　）

16. 管道的环焊缝应离开支架托座 100mm 以上，纵焊缝应在托座的上方。（　）

17. 煤气管道应定期测定管壁厚度，建立管道防腐相关档案。（　）

18. 煤气管道上安装的所有设备和附件在安装前都应进行清洗、涂油和试压。（　）

19. 管道上开口连接支管或附件时，管端插入不得超过管壁。（　）

20. 煤气管网的试验标志着主体工程的竣工，是整体质量的检验。（　）

第6章　煤气柜　加压机

一、单项选择题（每题只有一个选项是正确的，不选、多选、错选均不得分）

1. 干式煤气柜压力波动小，一般波动在（　）左右。

　A. ±5%　　　　B. ±8%　　　　C. ±6%　　　　D. ±10%

2. 干式煤气柜（　）的煤气冷凝水外排，经集水井收集后，需定期用车运到水处理车间集中处理。

　A. 有微量　　B. 有少量　　C. 有大量　　D. 有较大量

3. 湿式煤气柜是在水槽内放置钟罩和塔节，钟罩和塔节随着煤气的进出而升降，并利用（　）隔断内外气体来储存煤气的容器。

　A. 油封　　　　B. 空气　　　　C. 氮气　　　　D. 水封

4. 湿式煤气柜的容积（容量），随（　）的变化而变化。

　　A. 煤气量　　　B. 环境　　　　C. 稳度　　　　D. 蒸汽量

5. 煤气柜在投产启用前或检修前，均须进行气体置换，以免煤气与（　）在柜内形成爆炸性混合物。

　　A. 空气　　　　B. 氮气　　　　C. 烟气　　　　D. 二氧化碳

6. 煤气柜使用（　）进行间接置换，不会产生爆炸和污染，是安全可靠的方法。

　　A. 空气　　　　B. 氮气　　　　C. 氧气　　　　D. 氢气

7. 为使煤气柜在生产中安全运行，不允许升到最高点或降至最低点，以免因碰撞壁面造成损坏，为此应留有（　）安全容量。

　　A. 间隙　　　　B. 上限　　　　C. 下限　　　　D. 上、下限

8. 湿式煤气柜安装完毕，应进行升降试验，升降试验应反复进行，并不得少于（　）次。

　　A. 1　　　　　B. 2　　　　　C. 3　　　　　D. 4

9. 稀油密封型干式柜的上部预备油箱冬季要采取防冻措施，底部油沟应设（　）观察装置。

　　A. 油水位　　　B. 紧急放散　　C. 着床　　　　D. 检测

10. 布帘式煤气柜活塞应设调平装置以及（　）装置，防止气柜发生冒顶事故。

　　A. 油水分离　　B. 紧急放散　　C. 着床　　　　D. 检测

11. 在煤气加压配送生产中，煤气加压系统管网压力严禁（　）。

　　A. 倒机操作　　B. 减压操作　　C. 负压操作　　D. 加压操作

二、判断题（正确的打"√"，错误的打"×"）

1. 剩余煤气放散装置安装在净煤气管道上，是在煤气供用过程中，发生煤气压力骤然升高，超过预定值时，将煤气排出系统外的装置。（　）

2. 炉顶余压透平是利用高炉炉顶煤气余压发电的设备。（　）

3. 过剩煤气必须点燃放散，放散管管口应高于周围建筑物，且不低于20m。（　）

4. 煤气管道应架空敷设，严禁 CO 含量高于 20% 的煤气管道埋地敷设。（　　）

5. 为了防止煤气放散管的晃动而导致的煤气泄漏，根部应焊加强筋，上部用挣绳固定。（　　）

6. 地下管道排水器、阀门及转弯处，应在地面上设有明显的标志。（　　）

7. 余压透平进出口煤气管道上应设有可靠的隔断装置。（　　）

8. 余压透平进口煤气管道上应设有紧急切断阀，当需紧急停机时，能在 10s 内使煤气切断，透平自动停车。（　　）

9. 余压透平发电装置应有可靠的并网和电气保护装置，以及调节、监测、自动控制仪表和必要的联络信号。（　　）

10. 电除尘器应设有当高炉煤气含氧量达到 10% 时，能自动切断电源的装置。（　　）

11. 布袋除尘器应设有煤气高、低温报警和低压报警装置。（　　）

12. 同一气源的若干煤气用户主管连接成的互相关联的统一供气体系，称为管网。（　　）

13. 树枝型煤气管网结构简单、操作方便、投资节省，故获得普遍采用。（　　）

14. 辐射型煤气管网使各用户煤气主管彼此很少干扰，供应上同等地得到保证，停气检修也易于实现；而且由于集中操作，因而便于控制管理，这是它的优点。（　　）

15. 煤气管理部门应备有煤气工艺流程图，图上标明设备和附属装置的号码。（　　）

16. 管网中的煤气用户未经得到煤气调度许可，擅自增减量时会发生管网压力波动。（　　）

17. 限制煤气的流速，可以大大减少静电的产生和积聚。（　　）

附录2　考试习题参考答案

第1章　煤气基础知识

一、单项选择题

1. C　2. D　3. A　4. B　5. D　6. D　7. B　8. C　9. A
10. D　11. A　12. C　13. D　14. C　15. B　16. A　17. D　18. A
19. A　20. D　21. A　22. B

二、判断题

1. √　2. √　3. √　4. √　5. ×　6. √　7. ×　8. √　9. √
10. √

第2章　煤气事故的预防与处理

一、单项选择题

1. B　2. D　3. D　4. D　5. A　6. D　7. A　8. C　9. D
10. C　11. D　12. A　13. A　14. D　15. B　16. D　17. A　18. C
19. D　20. B　21. C　22. A　23. C　24. C

二、判断题

1. √　2. ×　3. √　4. √　5. ×　6. √　7. √　8. √　9. √
10. ×　11. √　12. ×　13. √　14. √　15. ×　16. √　17. √
18. √　19. √

第 3 章　煤气设施的检修与作业

一、单项选择题

1. A　2. D　3. B　4. C　5. C　6. B　7. D　8. D　9. B　10. C
11. B　12. A　13. B　14. C　15. D　16. B　17. B　18. A　19. C
20. B　21. D　22. C　23. D　24. D　25. C　26. B　27. A　28. A
29. D　30. A　31. C　32. D　33. A　34. B　35. C

二、判断题

1. √　2. √　3. ×　4. √　5. √　6. ×　7. ×　8. √　9. √
10. √　11. √　12. √　13. √　14. √　15. √　16. ×

第 4 章　煤气管理及防护器材

一、单项选择题

1. D　2. A　3. D　4. C　5. A　6. D　7. D　8. B　9. A　10. B
11. D

二、判断题

1. √　2. √　3. √　4. ×　5. √　6. √　7. √　8. ×　9. √

第 5 章　煤气管道的安装与验收

一、单项选择题

1. A　2. D　3. B　4. A　5. C　6. A　7. A　8. B　9. B　10. C
11. A　12. D　13. D　14. C　15. C　16. B　17. B　18. C　19. A
20. B　21. D　22. C　23. D　24. B　25. A　26. D

二、判断题

1. √　2. ×　3. √　4. ×　5. √　6. ×　7. ×　8. √　9. ×
10. √　11. √　12. ×　13. √　14. √　15. √　16. ×　17. √
18. √　19. √　20. √

第6章　煤气柜　加压机

一、单项选择题

1. A　2. B　3. D　4. A　5. A　6. B　7. D　8. B　9. A
10. A　11. C

二、判断题

1. √　2. √　3. ×　4. ×　5. √　6. √　7. √　8. ×　9. √
10. ×　11. √　12. √　13. √　14. √　15. √　16. √　17. √

参 考 文 献

[1] 刘扬程. 冶金企业煤气的生产与利用. 冶金工业部钢铁司, 1987.

[2] 魏萍, 程振南. 煤气作业人员安全技术培训教材[M]. 北京: 中国建材工业出版社, 1999.

[3] 郑伟民. 煤气的供应与安全使用[M]. 天津: 天津科学技术出版社, 1988.

[4] 邢同春, 王希芳. 煤气安全生产常识[M]. 青岛: 青岛出版社, 1990.

[5] 机械工业部. 煤气工操作技能与考核[M]. 北京: 机械工业出版社, 1996.

[6] 机械电子工业部. 煤气工基本操作技能[M]. 北京: 机械工业出版社, 1992.

[7] 谢全安, 田庆来, 杨庆彬. 煤气安全防护技术[M]. 北京: 化学工业出版社, 2010.

[8] GB 6222—2005 工业企业煤气安全规程[S].

[9] 中国安全生产协会注册安全工程师工作委员会. 安全生产技术[M]. 北京: 中国大百科全书出版社, 2011.